現 代 數 位 控 制 實 踐

（增訂版）

王　茂　申立群　編著

前　言

数字控制是指以数字計算機作為廣義控制器實現對連續或離散對象(或過程)的開環或閉環控制的控制方法,它在諸多方面都有着傳統模擬控制無法比擬的優點。隨着微處理器及其相關電子技術的發展和進步,基於微處理器的數字控制越來越廣泛地被用於控制工程實踐中。

数字控制技術是一門多學科綜合技術,它不僅包含古典控制理論、現代非綫性控制科學的應用、微處理器数字系統的硬件擴展技術及軟件設計,還涉及非電物理量的数字測量、模擬電路技術等,尤其是現代数字控制實踐中還會遇到電磁兼容技術問題。

目前,大多有關數字控制的著作基本上偏重理論的分析和系統設計,而有關微處理器数字系統技術的教材則大多局限於某種處理器的基本結構和一般應用介紹。在作者的教學實踐中發現,雖然很多讀者對数字控制用到的各方面知識都有較深入的掌握,但在具體的数字閉環控制實踐中往往不能有效地綜合運用。為此,本書作者從工程實際出發,圍遠實際的数字控制系統的設計和實現,介紹了多種常用微處理器的基礎知識及外圍接口擴展技術、数字控制的整個設計過程、硬軟件實現方法等,試圖使讀者從全局的高度對数字控制技術有概括的瞭解,融會貫通地掌握所用到的諸方面的知識,提高對基礎知識的綜合運用水平和實際動手能力。

本書大部分章節的内容都是作者多年数字控制實踐經驗的系統總結和提煉,同時為了方便讀者對数字控制技術有全面、系統的理解和掌握,介紹了有關数字控制的基礎知識。基礎知識的介紹不是簡單的資料匯編,而是作者在參閱了大量相關文獻的基礎上,融會了本人實踐過程中的心得體會,比如基礎部分的硬件擴展及基於匯編語言的控制軟件編程,都結合作者親自設計和調試過的實例來介紹,以期對讀者快速掌握、提昇理解等有所幫助。

本書是一本有關数字閉環控制系統設計及實現的全面、系統而且實用的學習教程,内容涉及常用的微處理器接口擴展設計、多處理器的數據通信、数字控制的電磁兼容設計、角位置信號的数字測量、数字接口的前置和後置處理模擬電路設計等。本書可作為高年級研究生或者愛好計算機硬件設計和数字系統的高年級本科生的教材或參考書,也適合具有一定数字控制實踐經驗的科技人員參考。

本書第1、3、6、8、9章由王茂編著,第2、4、5、7章由申立群編著,博士研究生孫光輝編寫了5.9節的主要内容,碩士研究生金海亮為本書第8章部分内容的編著提供了大量的基礎素材,魏延嶺、顧玥等幫助查閱了許多相關資料,並對初稿中的錯誤甄別進行了大量有益的工作。編著過程中,還得到了哈爾濱工業大學空間控制與慣性技術研究中心游文虎博士的大力支持和幫助。作者在此一並表示感謝。

本書得到自然科學基金(基金號:60904050)、中國博士後基金(基金號:20090450997)、黑龍江省博士後基金(基金號:LBH-Z08182)資助。

作　者
於哈爾濱工業大學

目　錄

第1章 緒 論

過去人們根據計算機參與控制的方式和程度以及完成的功能不同,將數字控制分類為操作指示控制、直接數字控制、計算機監督控制及分佈數字控制、程序控制、順序控制等[1][2]。隨着計算機技術及數字控制技術的發展,現代數字控制往往能同時完成以上所有分類的功能,這樣的分類及稱謂逐漸地被淡化或摒棄。因此,現在所謂的數字控制,就是指以數字計算機作為廣義控制器實現對連續或離散對象(或過程)的開環或閉環控制的控制方法。它的主要內容包括數字校正器一般設計及實現方法、單個數字控制系統實現硬件構成及基於硬件的軟件設計、多個數字控制系統之間的數據通信等。

1.1 數字控制的必要性及優點

隨着控制功能及性能指標要求的日益提高,過去常采用的模擬控制方法遇到越來越大的困難,因此采用全數字化的控制方案越來越顯得必要。同模擬的控制系統比較,全數字化的控制系統具有如下優點[3]:

(1)實踐中用於構成控制系統的很多環節,如運動控制中的角位置測量及反饋系統、指令給定及直流無刷力矩電機的功放等,越來越多地采用了數字實現,全數字化的控制系統可以避免不必要的信息形式轉換,不僅可以簡化系統硬件,而且可以減小誤差。

(2)全數字化的控制系統可以大大提高系統的集成度,從而提高系統的可靠性。

(3)數字系統具有較高的噪聲容限,消除了模擬系統中干擾噪音對系統性能的影響,而且克服了模擬系統難以克服的時漂、溫漂等缺點,有利於提高系統的抗干擾能力和系統精度。

(4)數字化後控制律完全由軟件實現,很容易在不增加或改變硬件的前提下實現一些如控制回路切換等模擬電路難以實現的控制。

(5)現代控制如自適應控制等基本上都是非綫性控制,這樣的控制幾乎無法用模擬的方法實現,數字算法則可方便實現對任何非綫性控制律的逼近,因此數字控制為現代控制在工程實踐中的應用提供了基礎。

(6)全數字化控制系統的控制規律的更換和控制參數調整可以通過更改程序存儲器的內容來完成,使系統調試變得極為方便。

(7)采用數字控制可以基於一套硬件實現多個系統的控制,大大簡化了多控制系統的硬件結構,同時可以不用增加任何硬件完成各系統的信息交換和協同控制。

(8)全數字化的控制方案使數字測系統易於標準化、系列化,有利於縮短研製週期,減少製造成本,而且便於用戶維護和維修。

1.2 目前比較流行的幾種數字控制實現簡介

工業控制中有大量的邏輯控制或數字測量,這類系統一般屬於開環數字控制。由於算法一般比較簡單,系統對數字處理單元的要求不高,但對系統的性價比和可靠性要求較高,這類系統往往采用性價比較高的 8 位單片機,如較流行的英特爾公司的 MCS – 51 系列八位單片機 80C31、PIC 的 8 位單片機等來實現。尤其是近些年來 MCS – 51 系列的 8 位單片機及類似的微處理器芯片不斷推陳出新,在處理速度及性能上也有所發展,基於此類微處理器的數字控制獲得了越來越廣泛的應用。

很多的工業過程控制、運動控制則往往采用閉環控制,而且經常遇到多系統控制。這類系統的控制算法相對復雜,同時性能指標對計算機的運算精度要求也高,因此要求計算機的運算速度較高。

對於單系統閉環控制,大多采用字長較長的高性能單片機,如 MCS – 96 系列的十六位單片機 80C196KX 等,或采用具有較強控制功能的 DSP(稱為 DSC),如 TMS320 系列的 LF2407A、F2812 等來實現。

對於多系統控制則分兩種方式:集中式數字控制和主從分佈式數字控制。集中式數字控制大多直接采用一個工業控制計算機,同時完成幾個系統或參量的數字控制,或者采用基於 PC/104 等簡化的系統計算機構成的數字處理系統來實現。也有很多系統采用分佈式數字控制方式,這類結構中,每個子系統多采用同單系統閉環控制相同的實現方法,上位機則采用一個一般的系統計算機完成人機信息交換或協調控制管理等功能。

1.3 一般單個數字控制系統的硬件構成

現代數字控制幾乎都是基於計算機來實現的,這裏所謂的數字控制硬件,不包含控制系統中的執行部分及被控對象的硬件,而是指數字控制器的計算機硬件及其外圍擴展電路,即圖 1.1 中虛綫框內部分。

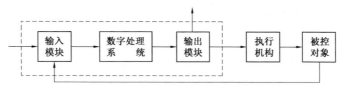

圖 1.1 一般單個數字控制系統硬件構成

控制系統分為開環控制和閉環控制兩種,對於數字實現的控制系統來講,不論開環還是閉環控制,最基本的硬件結構都差不多。籠統地講,它主要由三大部分構成:輸入模塊(前向通道)、計算機系統本身和輸出模塊(後向通道)。輸入類型不外乎數字輸入和模擬輸入,當系統中有模擬輸入時,其硬件結構中會包含多路轉換電路和 A/D 轉換電路。同樣地輸出模塊中也會包含一般的數字輸出口和模擬輸出口,其模擬量輸出是由 D/A 轉換器實現的。數字處理系統則是指工業控制計算機、PC/104 等系統計算機或基於各類單片機、DSP 等不同微處理器構成的硬件系統。

1.4 集中式多系統數字控制及主從分佈式多系統數字控制結構

實踐中常會遇到一個設備中包含幾個控制系統的情形,并且各個控制系統之間還需要進行協同工作或者信息交換,這時可以采用兩種不同的數字控制方案。一是用一個計算機實現對所有系統的控制,如圖 1.2 所示;另一是采用主從分佈式數字控制,如圖 1.3 所示。前者因為要在同一採樣間隔完成幾個控制器的綜合,所以對計算機的運算速度等性能有較高的要求,而且一旦主控計算機出現故障,則會造成所有系統癱瘓,整體安全性較差;但這種方案能夠方便完成幾個控制系統之間的協同控制和信息交換,目前很多應用中都採取這樣的數字控制方式。後者則是將每個系統的控制分給不同的計算機去完成,而系統之間的協調和信息交換採用一個上位機完成,它實質上是一種多機並行控制,其優點是同樣的採樣週期下對每個子系統的運算速度要求不高,可以采用低成本的硬件實現高性能的控制,而且某一個子系統出現故障時不會對其他系統造成大的影響,整體安全性好。

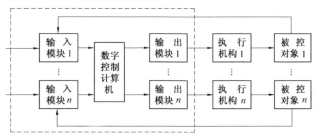

圖1.2　集中式多系統數字控制結構

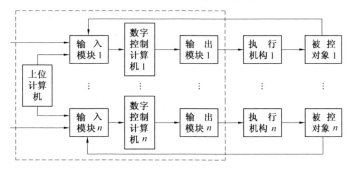

圖1.3　分佈式多系統數字控制結構

　　由於一般計算機的運算速度不可能無限提高,集中式多系統數字控制中的子系統不可能太多,分佈式多系統數字控制對子系統的數量則幾乎沒有限制。當然也可以綜合兩種方案的優點,採用分佈 - 集中式的多系統數字控制方案。這種方案採用多個高性能計算機和一個上位計算機構成多系統數字控制,上、下位計算機構成主從分佈控制,每個下位計算機又採用集中式多系統數字控制方式,它的硬件成本較高,一般很少採用,此處就不做進一步介紹了。

1.5　數字控制方案選擇

　　在數字控制工程實踐中,研究開發人員首先遇到的問題就是方案選擇。方案選擇一般經過兩個過程:第一,首先根據任務要求,提出一種或幾種方案,確保能實現任務所要求的功能和性能指標;第二,對提出的方案進行評估。

　　評估的內容一般包括:可行性評估、性價比評估、研製或開發週期評估、可靠性評估。

　　對於單系統的數字控制,主要考慮採用何種數字控制硬件及外圍擴展芯片。在方案選擇時,不是說選用性能最好的硬件系統及數字芯片就好,而是在能滿足要求的前提下選擇性價比最好的。如果性價比差不多,則要選擇開發人員最熟悉的方案,這樣會大大減小開發研製週期。方案中所采用的数字芯片最好是市面流行的通用器件,以保证元器件供貨的長期性及以後維修時的便利性。

　　對於多系統的数字控制,首先得確定是采用集中式方案還是主從分佈式方案。采用集中式方案,可以簡化硬件系統設計,有利於小型化,故障率也相對較低。但這種方案對数字控制計算機的處理速度要求較高,同時系統運行的整體安全性方面存在較大潛在隱患。而采用主從分佈式控制方案,雖然每個子系統都必須有一套控制硬件,但它對計算機的處理速度要求不高。當采用同等處理速度的計算機時,可以提高採樣頻率,有利於控制系統的性能提高。由於采用多個計算機(或微處理器),可靠性比集中式差,但出現故障時的影響比集中式小。故對大多數数字控制來講,選擇主從分佈式控制方案比較合適。

　　當選定了采用集中式控制方式或主從分佈式控制方式後,数字控制方案的選擇則更多地體現在如何選擇實現数字控制算法的計算機或微處理器。為了方便讀者選擇,下面簡單介紹一下常用的幾種計算機和微處理器的特性及用於数字控制時的優缺點。

1.5.1　工業控制計算機及 DsPACE 實時仿真系統用於数字控制時的優缺點

　　工業控制計算機同一般的 PC 機類似,屬於系統計算機,其基本硬件配置功能、采用的操作系統及軟件資源同 PC 機一樣[4][5]。因為是面向工業控制,它使用的微處理器、所配置的外設一般不如 PC 機先進和豐富,但比普通的 PC 機可靠性高,各部分硬件之間的兼容性也好,處理速度雖然略低於普通的 PC 機但遠高於一般的單片機及 DSP(DSC);同時,為滿足工業控制的需要,在設計上還專門為使用者提供了若干可供外部接口擴展的 PCI 插槽和 ISA 插槽,並提供許多通用的 I/O 及 A/D、D/A 等標準接口板供開發者選擇,因此很多開發人員喜歡用工業控制計算機來實現数字控制。用它來實現数字控制可以省去大量的硬件設計工作和軟件開發工作,使用者可以方便地使用如 C、VC + + 等高級語言編寫数字控制算法實現的應用程序。但工業控制計算機是一個完整的系統機,在用作数字控制時,存在大量的資源浪費,系統的性價比不高;同時整個控制系統硬件體積相對龐大,很難滿足小型化、嵌入式要求。還有一個問題是這樣的数字控制程序大多在 Windows 操作系統下運行,系統的實時性和安全性都存在不足。所謂的實時性不僅僅是指数字系統的採樣頻率能做到多高,還意味着系統上電初始化過程的長短及其採樣定時的準確、穩定與否等。即使采用了 RTX 實時操作系統,其實時性也不比采用其他如 DSP(DSC)等硬件系統好。

　　DsPACE 實時仿真系統是由德國 DsPACE 公司開發的一套基於 MATLAB/Simulink 的控制系統開發及半實物仿真的硬件平臺,可以實現同 MATLAB/Simulink 的完全無縫連接。除了能實現支持 MATLAB/Simulink 的完全無縫連接及控制代碼自動生成等功能外,在本質上同工業控制計算機基本相同,比如它也具有高的可靠性和可擴充性(同工業控制計算機一樣為用戶提供通用的 A/D、D/A 及一般 I/O 擴展板)。用 DsPACE 實時仿真系統來實現数字控制比基於工業控制計算機的實現更加方便,其缺點是無法實現嵌入式設計,從而達到小型化目的,性價比還不如采用工業控制計算機高。

　　工業控制計算機及 DsPACE 比較適合用於集中式多系統数字控制。

1.5.2　PC/104 控制計算機用於数字控制時的優缺點

　　工業控制計算機廠商針對嵌入式應用要求,開發了若干嵌入式主板、嵌入式單板電腦及嵌入式工業控制計算機等產品。在這些產品中 PC/104 嵌入式主板無論從幾何尺寸還是性價比方面講都具有一定的優勢,而且已經形成了一種工業標準,因此在實際的工業數字控制中最為常用。

PC/104 相當於一種功能和性能上都做了簡化的工業控制計算機,它去除了一般工業控制計算機的大部分外擴,比如電源、底板、機箱等,只保留了其中的處理器及核心外圍設備部分;性能上如內存容量、硬盤容量等也進行了縮減,硬盤多采用小容量的 CF 卡,PCI 及 ISA 總綫插槽以 A、B、C、D 四排共 104 針的 IDC 插針替代,實質是一個基於工業控制計算機處理器的最小系統,整個系統的幾何尺寸大大縮小。操作系統則多采用單任務的 DOS,更具實時性。因此PC/104 比工業控制計算機更適合用於數字控制的實現。

在采用 PC/104 進行數字控制硬件設計時,PC/104 可以看作是一個經過二次集成的微處理器,系統中所需的輸入、輸出口可根據使用者的具體要求進行擴展,就如同采用單片機進行數字控制設計一樣。它的優點是處理速度快,體積相對於工業控制計算機及 DsPACE 小很多,可以實現準嵌入式設計。但相對於單片機及 DSP(DSC)來講,其體積還是顯得比較大。

PC/104 的處理速度很快,體積也不算大,性價比也不錯,既可用於集中式多系統數字控制也可用於主從分佈式數字控制的下位機。

1.5.3　MCS－51 系列單片機用於數字控制時的優缺點

MCS－51 系列單片機是一款高性能 8 位單片機,最先由 Intel 公司推出,由於其優越的性能和較強的控制功能,在工程實際中有廣泛的應用[6][7][8]。近些年來相繼有其他公司的類似產品如飛利浦公司的 80C51 系列單片機等見諸市場,但所采用的基本技術和工藝大同小異,只是在某些方面如功耗、時鐘頻率和外設進行了一些改進或擴充,故這裏的 51 系列單片機不單是指 Intel 的 MCS－51 單片機而是包括其他公司類似產品在內的廣義稱謂。

MCS－51 系列單片機采用 8 位 CPU,內部一般集成有 256 到 512 個字節 RAM,通用異步串行通信接口(SCI),包括外中斷和內中斷共 5 個中斷源、兩個中斷優先級的中斷處理單元,一個A 累加器和 B 輔助累加器及若干內部特殊功能寄存器,有的型號芯片還提供了 I2C 總綫。芯片采用準哈佛結構,提供可與低 8 位地址復用的 8 位數據總綫和 8 位高地址總綫、若干讀／寫等控制綫及一般的 I/O 綫。專用的程序讀取控制信號 PSEN 允許用戶通過 16 位地址總綫和 8 位數據總綫實現獨立的 64K 空間程序存儲器擴展;通過外引的 16 位地址總綫和 8 位數據總綫還可實現 64K 空間的數據存儲器及 I/O 擴展(數據存儲空間和 I/O 空間統一編址)。

所有的系列單片機都不擅長計算處理,這是因為它的 CPU 采用較窄的 8 位數據總綫寬度,同時所有的算術和邏輯運算都必須通過一個專用累加器 A 來完成,瓶頸效應嚴重,故大大限制了其運算速度。但 51 系列單片機在有限條指令裏提供了相對多的判斷、跳轉及比較指令,同時提供簡單的硬件乘法及除法電路,因此,51 系列單片機特別適合應用於計算不是很復雜但邏輯控制功能要求較高的工業控制場合。

MCS－51 系列單片機具有較強的邏輯控制功能和較高的性價比,在大多開環數字控制及測量應用中有其獨特的優勢。

1.5.4　MCS－96 系列 16 位單片機用於數字控制時的優缺點

MCS－96 系列單片機是一類 16 位單片機,其 CPU 采用 16 位總綫結構,外部可設置為 8 位或 16 位數據總綫。芯片內部集成有 256 字節的 RAM、通用異步串行通信接口(SCI 接口)、高速輸入／輸出單元、10 位 A/D 轉換器、可處理 8 個中斷源共計 20 種中斷事件的中斷處理單元及其他外圍部件[9][10][11]。

與 MCS－51 系列單片機相比不足之處是其系統結構采用馮·諾依曼結構,程序存儲、數據存儲及 I/O 統一編址,總共的可尋址空間為 64K。除了這點外,在其他方面的功能基本都比 51 系列有所增強,至少不比 51 系列差。尤其是它不僅采用了 16 位的 CPU,而且其内部的 232 個 RAM 都可以用作累加器進行算術、邏輯運算,消除了 51 系列的瓶頸效應,同時其硬件乘、除法電路的位數增大了一倍,大大提高了其運算速度。

同目前常用的單片機比較,MCS－96 系列 16 位單片機是最適合作為工業數字控制的一類單片機,其指令系統中也提供了大量用於判斷、跳轉和比較的指令,不僅保留了 51 系列的強大的控制功能,而且運算能力有大幅度提高,可惜的是由於其功耗相對較大,難以進一步提高工作主頻,其系列中的某些產品正在慢慢淡出市場。不過用户可以選擇其他具有類似性能和功能的單片機來替代。

總之,類似 MCS－96 系列的 16 位單片機是比較適合實現單個閉環系統的數字控制的,尤其適合作為主從分佈式數字控制的下位機,具有較高的性價比。

1.5.5　DSP(或 DSC) 微處理／控制器或 32 位單片機用於數字控制時的優缺點

DSP 是一類主要面向數字信號處理的處理器產品,它具有較高的運算速度和強大的計算能力,流行的 DSP 工作主頻都在 40 MHz 以上,但大多數 DSP 並不大適合作為工業控制來用。隨着技術的發展和應用需求,DSP 生產廠商逐漸將其芯片的數字信號處理能力和工業控制相結合,推出了適合工業控制的 DSP 芯片如 TMS320LF2407A、TMS320F2812 等,這類芯片正在慢慢地被習慣稱為 DSC[12][13][14]。

32 位單片機具有靈活的控制功能,其算術運算能力比 16 位單片機有很大增強。當選擇 32 位單片機時,其實主要是想利用它的算術運算能力,但由於同 DSC 相比其運算能力和速度仍顯遜色,故在追求運算速度的應用場合,它就沒有 DSC 更有優勢,因此這裏不做詳細介紹。

DSC(這裏 DSC 是專指適合工業控制的 DSP 芯片) 内部采用 32 位的中央處理單元,片内集成了比單片機豐富得多的 RAM,同時具有 32K 用於存儲程序的片内 FLASH,SCI 外設接口及先進的 CAN 總綫接口,中斷處理功能和能力更加強大。這類芯片對外提供 16 位地址總綫、16 位數據總綫和若干控制總綫,很適合用户進行外圍數據、程序及 I/O 擴展。系統結構采用哈佛結構,允許進行獨立的 64K 程序存儲空間、64K 的數據存儲空間及 64K 的 I/O 地址擴展。

DSC 畢竟是在 DSP 基礎上發展起來的,其控制功能不如單片機靈活,指令系統中用於判斷、跳轉及比較的指令很少,要想實現像單片機的某些判斷跳轉等功能必須用多條指令完成,但好在該類芯片的工作主頻很高,指令週期極短,這個缺點幾乎不影響其工作效率,只是程序設計稍顯冗長。

同單片機相比,DSC 的性價比不是最好,但隨着技術發展,這類芯片的造價越來越低,到目前為止,如 TMS320LF2407A 這樣的 DSC 的造價已經不比 16 位的單片機高多少,其性價比完全可以同單片機媲美,因此越來越多的開發人員喜歡選用 DSC 來實現各類閉環系統的數字控制。

DSC 可以用於實現單個閉環系統的數字控制,它具有的高速串行 CAN 總綫使其更適合作為主從分佈式數字控制的下位機。由於其運算速度很快,也可以用作多系統集中式數字控制的硬件構成。

1.6　數字控制設計的主要內容及一般過程

數字控制設計的主要內容包括以下幾個方面:數字控制算法設計;控制系統硬件設計;數字控制算法的軟件實現;抗干擾設計。

1. 數字控制算法設計

對於開環控制系統,其算法設計相對簡單,主要是控制規則設計或者數字濾波算法設計。對於閉環系統來講,則基本上是基於古典或現代控制原理進行校正環節設計,以保証整個閉環系統的穩定性和滿足系統動、靜態指標要求。數字控制的直接設計方法,由於其缺乏與過去工程實踐中常用的指標定義有確切對應關係的性能指標定義,一般工程中很少采用。所以數字控制的控制器設計過程同過去的模擬控制設計基本相同。

2. 控制系統硬件設計

控制系統硬件設計主要包括電源系統設計、所選定的微處理器的最小系統硬件設計以及實現控制功能的輸入輸出口硬件擴展設計,有時可能還會涉及到數據存儲的設計問題。

3. 數字控制算法的軟件實現

首先選擇合適的離散化方法,將所設計的模擬校正器轉換為差分方程表達,其目的是以數字算法來逼近或模擬基於古典控制理論設計的控制器。

4. 抗干擾設計

數字控制的抗干擾能力在某些方面比模擬控制有優勢,但是也存在不如模擬控制之處。對於模擬控制來講,當系統遇到某些瞬態尖峰干擾時,系統會在該時刻受到影響,如果系統魯棒性好的話,這樣的干擾不會造成系統癱瘓,當干擾消失後,系統還會保持原有的性能。而對於數字控制來講,控制算法用程序來實現,這樣的瞬態尖峰可能會造成程序的不正常運行,從而使得整個系統癱瘓,因此數字控制中抗干擾設計也是一個重要的內容。

第 2 章　　數字控制硬件設計基礎

　　數字控制硬件設計就是基於所選微處理器的外圍硬件擴展設計。原理上講,外圍硬件擴展同所采用的微處理器本身硬件結構關係不太緊密,但具體設計時的細節考慮則會因為采用的微處理器不同而有所區別。作為數字控制硬件設計的基礎,本章首先介紹幾種數字控制中常用微處理器的外擴接口引腳功能及引腳設置,以便使用者在整體接口層面對這些常用微處理器有個快速、概括的瞭解;然後再介紹一些有關數字接口芯片驅動能力、互相驅動時應注意的事項及混合供電數字系統的電平兼容設計考慮等,這些基礎知識雖然嚴格意義上不屬於硬件擴展原理部分的內容,但對實際數字控制系統的可靠性、電磁兼容等卻十分重要。

2.1　　數字控制中常用微處理器的接口引腳功能及引腳設置

　　一般微處理器芯片本身提供許多用於不同功能擴展的引腳,但用於接口擴展的引腳不外乎數據總綫、地址總綫和控制總綫,大部分外引管腳在接口擴展設計中並未使用。由於本書重點在於擴展設計,因此這裏對常用的數字控制微處理器本身的原理不做詳細介紹。但為設計者方便,下面簡單回顧一下常見的微處理器用於接口擴展的信號引腳定義及功能。

2.1.1　　80C31 單片機用於擴展的主要信號引腳定義、功能及封裝

　　80C31 單片機是 MCS – 51 系列中不具有内部程序存儲器的一款 8 位機型。對外的數據總綫為 8 位寬度,采用準哈佛結構。程序空間和其他空間分開獨立編址,通過外引的 16 位地址綫可擴展 64 K 外部程序存儲空間,其數和 I/O 則采用統一编址,可外擴共 64K 的數據及 I/O 地址空間。為減小處理器芯片尺寸,地址的低 8 位同 8 位數據綫復用,可通過專門的控制信號 ALE 來分離。在進行外部並行接口擴展時,主要用到其 8 根高位地址綫、8 位地址/數據復用綫、程序選擇使能信號 PSEN、一般外設讀/寫信號 RD、WR 綫、外中斷輸入 INT0、INT1 綫以及異步串行通信接口(SCI)等。常用的 80C31 采用標準的 40 腳 DIP 封裝。其主要外引腳功能定義及芯片管腳排列見表 2.1,更詳細的內容見有關文獻[6][7][8]。

表 2.1　DIP40 腳封裝的 80C31 單片機主要引腳定義及功能說明

類型	引腳名	管腳號	功能說明
地址數據復用	AD0 ~ AD7	39 ~ 32	低 8 位地址和 8 位數據復用綫,占處理器的 P0 口。在任何外部總綫操作時,先出現地址信息,然後出現數據信息,同 ALE 信號配合使用,可將地址分離出來。AD0(39) ~ AD7(32)
地址	A8 ~ A15	21 ~ 28	高 8 位地址綫,佔用處理器的 P2 口。A8(21),A15(28)
地址鎖存	ALE	30	地址鎖存輸出。正脈冲信號,變低時鎖存地址,將地址信息 A0 ~ A7 從地址/數據復用綫 AD0 ~ AD7 分離出來

續表 2.1

類型	引腳名	管腳號	功能說明
控制總綫	EA	31	片外程序存儲器選擇輸入,低有效。若有內部程序存儲,EA = 0 則當程序地址超過內部空間最大值時讀取外部
	PSEN	29	片外程序取指控制,低有效。用作片外程序存儲器的讀控制
	RD	17	外部數據、I/O 讀控制綫,低電平有效
	WR	16	外部數據、I/O 寫控制綫,低電平有效
I/O	P1.0 ~ P1.7	1 ~ 8	可作通用 I/O 或多功能復用口
串行通信	RXD	10	片內 SCI 异步串行口接收輸入,也可作一般輸入用
	TXD	11	片內 SCI 异步串行口發送輸出,也可作一般輸出用
外部中斷	INT0	12	外中斷輸入信號 0,也可作為一般輸入口用
	INT1	13	外中斷輸入信號 1,也可作為一般輸入口用
時鐘輸入	XTAL1	19	外部晶振輸入引腳。當采用外部有源時鐘時,CHMOS 型芯片從 XTAL1 端接入,此時 XTAL2 可懸空
	XTAL2	18	
電源電壓	V_{CC}	40	V_{CC} 采用 + 5 V 供電
	V_{SS}	20	電源電壓地

2.1.2 80C196KC 單片機用於並行擴展的主要信號引腳定義、功能及封裝尺寸

80C196 單片機采用 16 位內部數據總綫,在功能尤其是其運算能力方面和處理速度上較 80C31 單片機都有所增強,更適合作為閉環數字控制的微處理器。常用的 80C196KC 采用 68 腳 PLCC 封裝,引出的管腳包括可復用的 8 路模擬輸入通道,多功能的 P0、P1、P2 口和片內高速 I/O 比較少用,擴展中最常用的還是 16 位地址總綫,8 位 /16 位可配置數據總綫,讀 / 寫控制 綫、外部中斷輸入及 SCI 异步串行口等。同 51 系列單片機基本相同,其地址數據綫設計為復 用,故該單片機也提供一根用於分離地址的 ALE 信號。下面簡單介紹其主要外引腳功能定義 及芯片管腳排列,更詳細的內容見有關參考文獻[9][10]。

表 2.2　68 腳 PLCC 封裝 80C196KC 單片機主要引腳定義及功能說明

類型	引腳名	引腳號	功能說明
地址數據復用	AD0 ~ AD15（PORT3、PORT4）	60 ~ 45	外部地址數據復用綫。在任何外部總綫操作時,先出現地址信息,然後出現數據信息,同 ALE 信號配合使用,可將地址分離出來。佔用微處理器的 P3 口和 P4 口,但 CPU 留有專門的地址 1FFE ~ 1FFFH 供 P3、P4 口的重建之用

續表 2.2

類型	引腳名	引腳號	功能說明
控制總綫	ALE/ADV	62	地址鎖存或地址有效輸出。變低時鎖存地址,將地址信息從地址/數據復用綫 AD0 ~ AD15 分離出來。當設置為 ADV 功能時,在總綫週期結束時,變為無效"1",可當作外部存儲器的片選。只有在訪問外存儲器時,ADV 才有效
	BHE/WRH	41	高位字節允許或寫高位輸出。訪問外部存儲器高位字節或整個字時 BHE 有效("0"),寫外存儲器高字節或整個字時,WRH 有效("0")。該信號只在 BUSWIDTH = "1" 時才有效
	BUSWIDTH	64	總綫寬度選擇,低時外部數據總綫為 8 位,高時為 16 位
	RD	61	對外部存儲器及 I/O 的讀信號輸出,低有效
	WR/WRL	40	對外部存儲器或 I/O 寫或寫低位字節信號輸出,低有效
	CLOCKOUT	65	内部時鐘發生器輸出,頻率為 1/2XTAL1,占空比 50%
	EA	2	存儲器選擇輸入。當 EA = "1" 時,訪問 2000H ~ 3FFFH 存儲空間時,指向片内 EPROM;EA = "0" 時,全部存儲器的訪問都指向片外空間。EA 在復位時被鎖存。具有片内 EPROM 的芯片,在編程時 EA = 12.5 V
	INST	63	取指信號,高電平有效。只在外部取指的整個週期輸出為高電平,内部取指時 INST = "0"
	READY	43	延長外部存儲器及 I/O 總綫週期輸入,低有效。若為 "1" 不加等待週期,"0" 增加等待週期,延長週期數可設置
外部中斷	NMI	3	不可屏蔽中斷輸入。一次正跳變產生一次不可屏蔽中斷,其中斷向量指向 203EH。若應用板上不用可直接接地,PCB 板上直接接地不會影響仿真器使用
	EXIINT	15	外部用戶中斷輸入。一次正跳變產生一次外中斷請求。可設為從 9 脚輸入(P0.7) 或 15 脚(EXINT/P2.2) 輸入
高速 I/O	HSI	24 ~ 27	高速輸入 4 個(HSI.0 ~ HIS.3),HIS.2 ~ 3 與 HS0.4 ~ 5 共享
	HSO	26 ~ 29 34,35	高速輸出,共 6 個 HSO.0 ~ HSO.5,HSO.4 ~ 5 同 HIS. 2 ~ 3 共享
復位	RESET	16	復位信號輸入,低有效。只在上電及手動復位時有效,正常運行過程中一直保持高電平,内部具有上拉電阻

續表 2.2

類型	引脚名	引脚號	功能說明
可復用 I/O	P0.0 ~ P0.7	4 ~ 11	8 位高阻輸入,復用為 A/D 模擬輸入
	P1.0 ~ P1.7	19 ~ 23 30 ~ 32	8 位雙向I/O,其中P1.5 ~ 1.7與BREQ、HLDA、HOLD共享
	P2.0 ~ P2.7	18,17,15,44 42,39,33,38	8 位雙向I/O,全部與其他功能復用
串口	RXD	17	SCI 异步串行通信的接收輸入
	TXD	18	SCI 异步串行通信的發送輸出
時鐘	XTAL1	67	無源晶振輸入脚1,若用外部有源晶振,也從此脚引入
	XTAL2	66	無源晶振輸入脚2,若用外部有源晶振,則此脚懸空
供電電源	V_{CC}	1	主電源電壓 + 5 V
	V_{SS}	68,36,14	數字電源地。三個 V_{SS} 脚都必須接地
	V_{PP}	37	編程電壓,編程時接 + 12.5 V,不用時與 V_{CC} 相連即可
	V_{REF}	13	A/D 轉換參考電源輸入和 P0 口電源電壓 + 5 V,使用 A/D 或 P0 口時,此脚必須接 + 5 V
	ANGND	12	模擬輸入地

80C196KC 有幾種不同的封裝,最常用的是 68 脚 PLCC 封裝的 80C196KC 芯片。為方便使用者進行印刷板設計,給出其管脚排列及 PCB 插座幾何尺寸,如圖 2.1 所示。

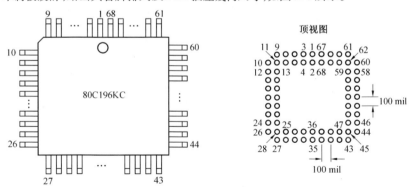

圖 2.1　68 脚 PLCC 封裝的 80C196KC 芯片管脚排列及其插座 PCB 尺寸

2.1.3　DSPLF2407A 數字信號控制器用於擴展的主要信號引脚定義、功能及封裝

DSPLF2407A 控制器采用 3.3 V 供電,較低頻率的外部時鐘可通過内部 PLL 電路實現倍頻,使其最高工作頻率達到 40 MHz,處理速度達到每秒 4 000 萬條指令(40 MIPS)。DSPLF2407A 雖然不像 80C196KC 和 80C31 那樣具有硬件除法器,而且也存在 80C31 那樣的累加器瓶頸效應,但芯片内核采用 16 位定點運算,内部具有專門的硬件乘法器,廣泛采用流水綫操作,並提供特殊的數字信號處理指令,同時由於其工作頻率較高,所以可以快速實現各種數

字信號處理算法。它不僅具有一般 DSP 的數字信號處理能力,同時還擴展了適合數字控制的功能,故有時也稱其為數字信號控制器(DSC)。該芯片內部具有 32 K × 16 位 FLASH 可供使用者存儲程序代碼,同時還具有 2.5 K × 16 位數據/程序 RAM、544 個字的雙口 RAM 及 2 K 字的單口 RAM。該處理器採用哈佛結構,程序、數據及 I/O 分開編址,每個都具有 64 K 可擴展空間。芯片採用 PQFP 貼片封裝,具有 144 個引出管腳,除了 16 位外部地址總綫、16 位數據總綫、控制總綫包括 IS、PS、DS 及 2 個外部中斷輸入,片內外圍接口 SCI、SPI、CAN 等引腳外,還有很多有關電機控制的 PWM 功能引腳、內部 A/D 轉換模擬輸入管腳及事件捕捉功能管腳等,這些引腳在一般的數字控制中並不常用,故這裏只介紹與數字控制的外圍擴展有關的部分,以方便設計者參考。具體見表 2.3。

表 2.3　DSPLF2407A 控制器引腳定義及功能說明[12][13]

類型	引腳名	引腳號	功能說明
控制信號	DS	87	數據空間選通信號,低電平有效。當 CPU 訪問外部數據存儲器時變低,否則總保持高電平。復位、掉電及 EMU1 低有效時,該引腳為高阻態
	IS	82	I/O 空間選通信號,低電平有效。當 CPU 訪問外部 I/O 端口時變低,否則總保持高電平。復位、掉電及 EMU1 低有效時,該引腳為高阻態
	PS	84	程序空間選通信號,低電平有效。當 CPU 訪問外部程序存儲器時變低,否則總保持高電平。復位、掉電及 EMU1 低有效時,該引腳為高阻態
	R/W	92	讀/寫選通,指明與外圍器件通信時信號的傳送方向,通常為讀方式即"1",除非請求寫操作才變低。當 EMU1 低時和掉電期間該腳為高阻態
	W/R/IOPC0	19	寫/讀選通,通常為低,除非有外部寫操作請求才變低,是 R/W 的信號反
	WE	89	寫使能引腳,下降沿表示控制器驅動外部數據總綫 D15 ~ D0,對所有外部程序、數據、I/O 寫有效。當 EMU1 低時和掉電期間該腳為高阻態
	STRB	96	外部存儲器訪問選通。該引腳一直為高電平,當 CPU 插入一個低電平表示一個外部總綫週期,在訪問外部空間時都有效。當 EMU1 低時和掉電期間該腳為高阻態
	READY	120	訪問外部設備時,該信號拉低來增加等待狀態
	MP/MC	118	微處理器/微控制器方式選擇引腳。復位時為低表示工作在微控制器方式下,並從內部 FLASH 裏 0000H 處開始執行程序;復位時為高則表示工作在微處理器方式下,程序從外部程序存儲器的 0000H 開始執行,同時將 SCSR2 的第 2 位置位。燒寫片上 FLASH 時,必須為"0",同時 VCCP 接 5V。仿真時,該引腳必須接"1"

續表2.3

類型	引腳名	引腳號	功能說明
控制信號	RD	93	讀使能信號,當啟動一個外部讀總綫週期包括讀外部程序存儲器、外部數據存儲器及外部 I/O 時為"0"有效。當 EMU1 低時和掉電期間該腳為高阻態
	ENA_144	122	高電平有效,使能外部接口信號。若有外擴存儲器及 I/O 時,必須通過 10 K 電阻接高電平,否則 A0 ~ A15,D0 ~ D15,RD、WE 等用於外部擴展的信號無效
	VIS_OE	97	可視輸出使能,當數據總綫輸出時有效(為"0"),可視輸出方式下,任何外部總綫驅動為輸出時該引腳都有效,可用作外部譯碼邏輯控制,防止數據總綫衝突
A 總綫	A0 ~ A15		16 位地址總綫輸出(括號裏的數字為腳號):A0(80),A1(78),A2(74),A3(71),A4(68),A5(64),A6(61),A7(57),A8(53),A9(51),A10(48),A11(45),A12(43),A13(39),A14(34),A15(31)
D 總綫	D0 ~ D15		16 位數據總綫引腳(括號裏的數字為引腳號):D0(127),D1(130),D2(132),D3(134),D4(136),D5(138),D6(143),D7(5),D8(9),D9(13),D10(15),D11(17),D12(20),D13(22),D14(24),D15(27)
片內外圍設備接口	CANRX	70	CAN 接收數據引腳
	CANTX	72	CAN 發送數據引腳
	SCITXD	25	SCI 异步串行口發送引腳
	SCIRXD	26	SCI 异步串行口接收引腳
	SPICLK	35	SPI 時鐘引腳
	SPISIMO	30	SPI 從動輸入、主控輸出引腳
	SPISOMI	32	SPI 從動輸出、主控輸入引腳
	SPISTE	33	SPI 從動發送使能引腳(可選)
外部中斷及復位	RS	133	控制器復位引腳。RS 使 LF2407A 終止執行,並使 PC = 1;當 RS 從低變高後控制器從程序存儲器的 0H 處開始執行程序
	PDPINTA	7	功率驅動保護中斷輸入引腳1
	XINT1	23	外部用戶中斷輸入引腳1,邊沿信號有效極性可編程
	XINT2	21	外部用戶中斷輸入引腳1,邊沿信號有效極性可編程
	CLKOUT	73	時鐘輸出引腳,輸出時鐘信號為CPU時鐘或監視定時器時鐘,由系統控制狀態寄存器的 CLKSRC.4 控制
	PDPINTB	137	功率驅動保護中斷輸入引腳2

續表 2.3

類型	引腳名	引腳號	功能說明
時鐘	XTAL1	123	晶體振盪器輸入引腳1,或有源時鐘輸入到 PLL
	XTAL2	124	晶體振盪器輸入引腳2,或 PLL 振盪器輸出。當 EMU1 低時和掉電期間該腳為高阻態
引導信號	BOOT_EN	121	引導 ROM 使能。復位期間被採樣,以更新 SCSR1.3 位狀態。仿真時或燒寫 FLASH 時,可接高或低;但運行時,若不啟動 ROM 引導,則必須接高電平
編程電壓輸入	$V_{CCP}(5V)$	58	内部 FLASH 編程電壓輸入。程序下載到 FLASH 時必須接 5 V,仿真時可高可低,最好接高電平;運行時也是可高可低,但最好接地,以防 FLASH 内容被意外更改
仿真及編程	EMUO	90	具有内部上拉的仿真器 I/O 的 #0 引腳。當 TRST 為高時,該引腳用作仿真器的中斷。通過 JTAG 掃描可定義為 I/O 引腳
	EMU1/OFF	91	仿真器的 #1 引腳,該引腳可禁止所有輸出,當 TRST 拉高時,該引腳用作仿真器的中斷。當 TRST 拉低時,定義為 OFF。該引腳為低時所有輸出引腳變為高阻。只用於測試和仿真
	TCK	135	帶内部上拉的 JTAG 測試時鐘。
	TDI	139	帶内部上拉的 JTAG 測試數據輸入,在 TCK 的上昇沿從 TDI 輸入的數據被鎖存到選定的寄存器(指令或數據)
	TDO	142	JTAG 掃描輸出,測試數據輸出。在 TCK 下降沿選定寄存器中的内容被移出到 TDO 引腳
	TMS	144	帶内部上拉的 JTAG 測試方式。該串行控制輸入在 TCK 上昇沿鎖存到 TAP 的控制器中
	TMS2	36	帶内部上拉的 JTAG 測試方式選擇2,該串行控制輸入在 TCK 上昇沿鎖存到 TAP 的控制器中。只用於測試和仿真,在用戶使用時,不可接
	TRST	1	帶内部上拉的 JTAG 測試復位。當 TRST 拉為高時,掃描系統控制器運行,若該信號未接或為低時,控制器運行在功能方式,且測試復位信號無效

續表2.3

類型	引脚名	引脚號	功能說明
供電電源	V_{DD}	29,50 86,129	内核電源電壓 + 3.3 V,數字邏輯電源
	V_{DDO}	4,42,67 77,95, 141	I/O緩衝器電源電壓 + 3.3 V,數字邏輯和緩衝器電源電壓
	V_{SS}	28,49, 85,128	内核電源地,數字參考地
	V_{SSO}	3,41,66 76,94 125,140	I/O緩衝器電源地,數字邏輯和緩衝器電源地

DSPLF2407A 芯片采用表貼封裝,其管脚排列及實際的幾何尺寸如圖2.2 所示。

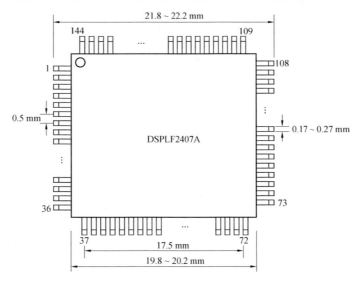

圖2.2 DSPLF2407A 管脚排列及物理尺寸

2.1.4 工業控制計算機、PC/104 的 ISA 總綫引脚及物理尺寸定義

在數字控制實踐中,許多設計用一臺工業控制計算機作為數字控制的核心硬件,雖然無法實現真正意義的嵌入式系統,但却能給設計者帶來許多便利。工業控制計算機提供可同時適合 PC/XT 和 PC/AT 的 ISA 總綫插槽[4][5],用户可通過它實現具體數字控制系統的外圍接口擴展。而 PC/104 是為適應嵌入式系統應用的特殊要求而優化的 PC 或 PC/AT 系統機,將板卡的長寬比降至3.775 英寸比3.550 英寸(即96 mm 比90 mm),通過自堆叠總綫,省去了對底板或板卡插槽的需求,其總綫結構的 104 個信號綫分佈在兩個總綫連接器上,P1 連接器上有 64 個

信號引腳、P2 連接器上有 40 個信號引腳。故稱這種總綫結構為"PC/104"。PC/104 分為 8 位和 16 位兩類模塊,分別對應於 PC/XT 和 PC/AT 總綫。

　　使用工業控制計算機實現數字控制時,整個工業控制計算機被當作一個微處理器的最小系統。但不同於真正意義上的微處理器最小系統,它具有相當強大的功能,並提供十分豐富的外圍接口資源。在設計數字控制系統時,設計者根本不必關心有關核心數字硬件構成,包括時鐘電路、復位電路、電源系統、程序存儲器乃至數據存儲器、人機交換及顯示等,只需要根據實際需要設計基於 ISA 總綫插槽的擴展部分即可。

　　同使用工業控制計算機作為數字控制一樣,對於實際的嵌入式系統應用,PC/104 也相當於一個微處理器最小系統,一般内部具有 64 MB 的在板 SDRAM,4Mbit 的 FLASH BIOS,提供可分別設置為 RS232C 或 RS422 或 RS485 的串行接口;2 個支持 USB2.0 標準的 USB 接口、同顯示器連接的接口、同鍵盤、鼠標連接的 PS/2 接口、支持與 FDD 共享的 SPP/EPP/ECP 模式的並口,可外接 CF 卡作為其硬盤等等。同工業控制計算機不同的是,PC/104 要求用戶提供如下電源: + 12 V(+ 12.6 V ~ + 11.4 V,1 A) , + 5 V(+ 5.25 V ~ + 4.75 V,2 A) , − 5 V(− 4.75 V ~ − 5.25 V,0.2 A) , − 12 V(− 11.4 V ~ − 12.6 V,0.3 A) 。

　　由於基於工業控制計算機或 PC/104 的數字控制一般是將工業控制計算機或 PC/104 作為一個微處理器的最小系統來對待,如上所述,在構成數字控制系統時只需要針對它們提供的接口來設計系統中所需要的其他擴展接口硬件即可。為此下面分別介紹其接口定義及設計時需要注意的事項。

1. 工業控制計算機的 ISA 總綫

表 2.4　工業控制計算機的 ISA 總綫信號定義及管腳安排[4]

類型	信號名稱	I/O	管腳定義	有效電平	功能說明
時鐘與定位	OSC	O	B30		週期為 70 ns 的振盪信號,占空比 2︰1
	CLK	O	B20		週期為 167 ns(AT) 的系統時鐘,占空比 2︰1。210 ns(XT) 占空比 3︰1
	RES DRV	O	B2	高	上電復位或初始化系統邏輯
	OWS	I	B8	高	零等待狀態,無需插入等待狀態,可完成總綫週期
數據	SD0 ~ SD7	I/O	A9 ~ A2		雙向數據總綫的 0 ~ 7 位,為處理機、存儲器、I/O 設備提供數據。SD0 為最低位
地址總綫	SA0 ~ SA19	O	A31 ~ A12		地址 0 ~ 19 位,提供對存儲器、I/O 設備的尋址,SA0 為最低地址位
	BALE	O	B28	高	由 82288 總綫控制器提供,允許鎖存來自處理機的有效地址信息
	AEN	O	A11	高	允許 DMA 控制器控制地址總綫、數據總綫及讀 / 寫命令信號,進行 DMA 傳輸

續表 2.4

類型	信號名稱	I/O	管腳定義	有效電平	功能說明
控制總綫	IRQ3 ~ 7,9	I	B25 ~ B21,B4	高	I/O 設備的中斷請求綫。IRQ3 優先級最高
	DRQ1 ~ 3	I	B18,B6,B16	高	I/O 設備的 DMA 請求綫。DRQ1 優先級最高
	DACK1 ~ 3	O	B17,B26,B15	低	DMA 應答綫,分別對應 DMA 請求 1 ~ 3 級
	T/C	O	B27	高	當一通道計數終結時,由 DMA 控制器給出
	IOR	O	B14	低	I/O 讀命令綫
	IOW	O	B13	低	I/O 寫命令綫
	SMEMR	O	B12	低	< 1MB 空間的讀 / 寫或只讀存儲器讀命令
	SMEMW	O	B11	低	對 < 1MB 空間的讀 / 寫存儲器的寫命令綫
	I/OCHCK	I	A1	低	向 CPU 提供 I/O 設備或擴充存儲器奇偶出錯信號
	I/OCHROY	I	A10	高	I/O 通道就緒,若是低速存儲器或 I/O 設備,則在檢測到一個有效地址和一個讀 / 寫命令時,該信號變低,總綫週期用整數倍的時鐘週期延長不超過 10 個時鐘週期(2.5 μs)
	REFRESH	I/O	B19	低	該信號指示刷新週期
電源地綫	+ 5 V, − 5 V + 12 V, − 12 V		B3,B29,D16 B5,(B9),B7		(B3,B29,D16): + 5 V,B5:5 V,B9: + 12 V,B7: − 12 V
	GND		B1,B10 B31,D18		
高位數據綫	SD8 ~ SD15	I/O	C11 ~ C18		雙向數據綫的高 8 位
	SBHE	O	C1	高	數據高位允許信號
	MEMCS16	I	D1	低	16 位存儲器芯片選擇信號
	I/OCS16	I	D2	低	16 位 I/O 芯片選擇信號
高地址	LA17 ~ 23	O	C8 ~ C2		存儲器及 I/O 的最高 7 位地址

續表 2.4

類型	信號名稱	I/O	管脚定義	有效電平	功能說明
高位控制總綫	IRQ10 ~ 15	I	D3 ~ D7	高	中斷請求。IRQ10 最高級,IRQ15 最低
	DRQ0	I	D9	高	DMA 請求信號,DRQ0 為最高級
	DRQ5 ~ 7	I	D11,D13,D15	高	DMA 請求信號,DRQ5 為最低級
	DACK0	O	D8	低	對 DRQ0 的應答信號
	DACK5 ~ 7	O	D10,D12,D14	低	對 DRQ5 ~ 7 的應答信號
	MASTER	I	D17	低	控制系統總綫處於三態
	MEMR	O	C9	低	對所有存儲器的讀命令
	MEMW	O	C10	低	對所有存儲器的寫命令

工業控制計算機 ISA 插槽的實際排列及機械尺寸如圖 2.3 所示。圖中給出了金手指中心之間的距離及 A、B 槽第 31 脚和 C、D 槽第 1 脚金手指中心之間的距離及其他定位距離供設計 PCB 時參考,PCB 上的金手指可采用 50 mil × 250 mil 的外形,A1 金手指中心同用於外部引綫的 37 芯 D 型插座的靠近 A1 側的那排焊盤中心位置的距離大約在 610 mil。

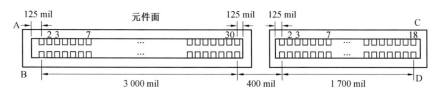

圖 2.3　PC/AT 的 ISA 插槽信號排列及機械尺寸圖

當只用 8 位接口時,C、D 槽沒有用,A、B 槽的信號基本兼容 PC/XT 的信號,除了 B19 信號和 B8 信號外。對於 XT 機 B19 為 DACK0(DMA0 的應答),而 AT 的該脚為 REFRESH,XT 某一個槽上的 B8 為板選中信號,AT 則都改為了 OWS 信號。

2. PC/104 的 ISA 總綫

PC/104 的對外接口共有 104 根信號,其管脚排列及定義見表 2.5。下面詳細說明。

表 2.5　PC/104 管脚定義(8 位機沒有 C 排、D 排,只有 B 排和 A 排)

	J1/P1			J2/P2	
管脚	B 排	A 排	管脚	C 排	D 排
32	GND	GND			
31	GND	SA0			
30	OSC	SA1			
29	+ 5 V	SA2			
28	BALE	SA3	19	機械定位	GND

續表 2.5

	J1/P1			J2/P2	
管脚	B 排	A 排	管脚	C 排	D 排
27	TC	SA4	18	SD15	GND
26	DACK2 *	SA5	17	SD14	MASTER *
25	IRQ3	SA6	16	SD13	+ 5 V
24	IRQ4	SA7	15	SD12	DRQ7
23	IRQ5	SA8	14	SD11	DACK7 *
22	IRQ6	SA9	13	SD10	DRQ6
21	IRQ7	SA10	12	SD9	DACK6 *
20	BCLK	SA11	11	SD8	DRQ5
19	REFRESH *	SA12	10	MEMW *	DACK5 *
18	DRQ1	SA13	9	MEMR *	DRQ0
17	DACK1 *	SA14	8	LA17	DACK0 *
16	DRQ3	SA15	7	LA18	IRQ14
15	DACK3 *	SA16	6	LA19	IRQ15
14	IOR *	SA17	5	LA20	IRQ12
13	IOW *	SA18	4	LA21	IRQ11
12	SMEMR *	SA19	3	LA22	IRQ10
11	SMEMW *	AEN	2	LA23	IOCS16 *
10	機械定位	IOCHRDY	1	SBHE *	MEMECS16 *
9	+ 12 V	SD0	0	GND	GND
8	SRDY *	SD1			
7	– 12 V	SD2			
6	DRQ2	SD3			
5	– 5 V	SD4			
4	IRQ9	SD5			
3	+ 5 V	SD6			
2	RESET	SD7			
1	GND	IOCHK *			
注:			帶 * 號的信號為低電平有效		

（1）地址和數據信號綫

BALE——總綫地址鎖存使能信號綫，由平臺 CPU 驅動，用來表示 SA < 19∶0 >、LA < 23∶17 >、AENx 以及 SBHE# 信號綫在什麽時候有效。當 ISA 擴展卡或 DMA 控制器佔用總綫時，它也被置為邏輯 1。

SA < 19:0 > —— 地址信號綫,由當前 ISA 總綫的擁有者驅動,定義用來訪問存儲器最低的 1 MB 地址空間所需要的低 20 根地址信號綫。

LA < 23:17 > —— 鎖存地址信號綫,由當前 ISA 總綫擁有者或 DMA 控制器驅動,所提供的附加的地址信號綫是用來訪問 16 MB 的存儲器地址空間。

SBHE * —— 系統字節高位使能信號綫,由當前 ISA 總綫擁有者驅動,以表明有效數據在 SD < 15:8 > 信號綫上。

AENx —— 地址使能信號綫,由平臺電路驅動,以告知 ISA 資源不能對地址信號綫和 I/O 命令信號綫進行響應。通過這個信號綫,可以通知 I/O 資源一個 DMA 傳送週期正在執行,而且只有具有有效 DACKx# 信號綫的 I/O 資源才能響應 I/O 信號綫。

SD < 15:0 > —— 數據總綫 0 ~ 7 或 8 ~ 15,由一個 8 位數據週期驅動,而 0 ~ 15 由一個 16 位數據週期驅動。

（2）週期控制信號綫

MEMR * —— 存儲器讀信號綫,由當前 ISA 總綫擁有者或 DMA 控制器驅動,在一個週期內請求存儲器資源將數據送至總綫。

SMEMR * —— 系統存儲器讀信號綫,在一個週期內請求存儲器資源將數據送至總綫。當 MEMR# 為有效狀態,并且 LA < 23:20 > 信號綫譯碼到第 1 MB 空間時,該信號綫有效。

MEMW * —— 存儲器寫信號綫,請求存儲器資源接收數據綫上的數據。SMEMW * 系統存儲器寫信號綫在一個週期內請求存儲器資源接收數據綫上的數據。當 MEMW * 為有效狀態,并且 LA < 23:20 > 信號綫譯碼到第 1 MB 空間時,該信號綫有效。

IOR * —— I/O 讀信號綫,由當前總綫擁有者或 DMA 控制器驅動以請求 I/O 資源在此週期內將數據送至數據總綫。

IOW * —— I/O 寫信號綫,請求 I/O 資源接收數據總綫上的數據。MEMCS16 * 存儲器 16 位選擇信號綫由存儲器資源驅動,以示該資源支持 16 位數據存取週期,並允許當前 ISA 總綫擁有者執行較短的週期。

IOCS16 * —— I/O16 位芯片選擇信號綫,由 I/O 資源驅動,以示該資源支持 16 位數據存取週期,並允許當前 ISA 總綫擁有者執行較短的缺省週期。

IOCHRDY —— I/O 通道就緒信號綫,允許資源對 ISA 總綫擁有者表明需要延長週期時間。

SRDY * —— 同步就緒(或 NOWS * 無等待狀態信號綫),由被訪問資源驅動為有效,以表明要執行一個比缺省週期更短的存取週期。

（3）總綫控制信號綫

REFRESH * —— 存儲器刷新信號綫,由刷新控制器驅動,以表明將執行一個刷新週期。

MASTER16 * —— 16 位主控信號綫,僅由已經被 DMA 控制器賦予總綫擁有權的 ISA 總綫擁有者擴充卡驅動有效。

IOCHK * —— I/O 通道檢驗信號綫,可以由任意資源驅動。在沒有特定中斷的一般錯誤發生時,它被驅動為有效狀態。

RESET —— 復位信號綫,由平臺電路驅動為有效狀態。任何接收到復位信號的總綫資源必須立即使所有輸出驅動器處於三態,並進入適當的復位狀態。

BCLK —— 系統總綫時鐘信號綫,由平臺電路驅動。頻率為 6 ~ 8 MHz(±500 ppm),週期的占空比為 50% ±約 5%(對於 8 MHz 的頻率而言是 57 ~ 69 ns)。

OSC—— 振盪器信號綫,由平臺電路驅動的時鐘信號。其頻率為 14.318 18 MHz
(±500 ppm),週期的占空比為45% ~ 55%。它不與任何其他總綫信號綫同步。

(4)中斷信號綫

IRQx—— 中斷請求信號綫,允許擴充卡請求平臺 CPU 提供的中斷服務。

(5)DMA 信號綫

DRQx——DMA 請求信號綫,I/O 資源將其驅動為有效狀態來請求平臺 DMA 控制器服
務。

DACKx *——DMA 應答信號綫,由平臺 DMA 控制器驅動為有效狀態以選中請求 DMA 傳
送週期的 I/O 設備。

TC—— 終端計數信號綫,由平臺 DMA 控制器驅動,以表明所有的數據已經被傳送。

圖2.4 給出 PC/104 的機械尺寸和104 根信號綫引出排列,以方便設計者在設計 PCB 板時
參考。其中4 個定位孔與 A、B、C、D 插針之間的幾何尺寸關係最為關鍵,它適合所有型號的
PC/104,但不同型號的 PC/104 的整板外邊沿幾何尺寸可能會有所區別。值得說明的是對於8
位的 PC/104 沒有 C 排和 D 排插針幾何尺寸等,其他方面則完全相同。需要特別指出的是 ISA
規範規定,以下信號必須由能夠提供 20 mA 灌電流的器件驅動:MEMCS16 *、IOCS16 *、
MASTER16 *、SRDY *,而其他所有信號則可以由能夠提供 4 mA 灌電流的器件驅動。

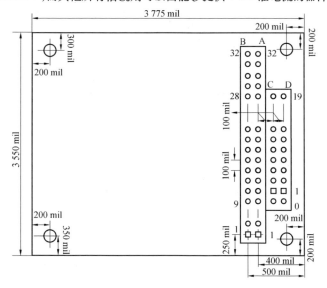

圖2.4　PC/104(16 位) 機械尺寸及外引管脚排列示意圖

2.2　關於 TTL 數字接口芯片驅動問題

在數字控制系統硬件設計中不可避免會用到一些 TTL 接口器件,如果不考慮有關驅動問
題,則可能會使原理上正確的硬件設計在實現時出現錯誤。

TTL 數字芯片的驅動問題包括兩個方面,一是它是否能被其他電路或芯片驅動,另一是它
是否能驅動其他芯片或電路即 TTL 芯片的驅動能力。前者主要關心 TTL 的輸入結構及參數,

後者則取決於其輸出結構及參數。在數字控制設計中這兩方面的問題都會遇到,但更多遇到的是後者。

2.2.1 一般 TTL 芯片的輸出、輸入結構

為了更好地理解驅動能力,這裏先介紹一下一般 TTL 的輸入、輸出結構。一般的 TTL 芯片的輸出大多采用推挽式結構[15]如圖2.5(a)所示,還有采用集電極開路輸出的如圖2.5(b)所示,而輸入則采用如圖2.5(c)所示的結構[15]。對於圖2.5(a)還分兩種,一個是三態輸出即輸出分為"1"、"0"及"Z",一個是圖騰柱輸出即只有"1"、"0"輸出。

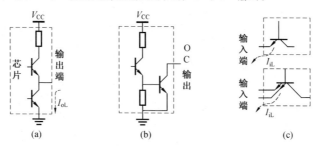

圖2.5　一般 TTL 芯片的輸出、輸入結構

OC 門輸出的 TTL 電路一般速度較慢,很少用於驅動其他 TTL 芯片,只用在少數特殊場合[15]。除了 OC 輸出的門電路,大多門電路則采用圖騰柱輸出結構;總綫驅動器和鎖存器則多采用三態輸出結構。圖2.5(a)中的 I_{oL} 是指當其輸出為"0"時允許下級電路往裏灌入的最大電流,而圖2.5(c)中的 I_{iL} 則是指當其輸入接"0"時流出管脚的最大電流,這些指標一般都能從芯片手册中查到。

2.2.2 其他電路驅動 TTL 芯片

這裏的其他電路是指非 TTL 電路,如低速 CMOS、高速 CMOS 電路及其他模擬電路。低速 CMOS 器件(如 CD400B/CD4500B 系列芯片)一般采用高電壓供電,在驅動 TTL 電路時首先要考慮電平轉換,保证其 V_{oL} 及 V_{oH} 滿足 TTL 的 V_{iL} 及 V_{iH} 的要求。高速 CMOS 電路如74HC 系列器件則采用同 TTL 相同的 + 5 V 供電電壓,不存在電平轉換問題,其 V_{oL} 及 V_{oH} 分別小於1.0 V和大於3.5 V,自然滿足 TTL 的輸入電平要求[6]。從電平兼容角度來講,用 HC 器件驅動 TTL 沒有任何問題,關於其驅動能力的考慮同 TTL 驅動 TTL 相同,稍後討論,此處不詳細介紹。

在數字控制中還經常遇見用電阻和電容搆成的模擬電路驅動 TTL 器件的情形,如圖 2.6所示。在這樣的應用中,有一個問題必須引起注意,即 TTL 器件的輸入端所接的電阻可能會造成輸出端得不到正確的信號。這是因為 TTL 器件采用圖2.5(c)所示的輸入結構,電路工作時會有 V_{iL} 流過輸入端的電阻,在該電阻上產生壓降,當電阻值太大時可能使 TTL 器件的輸入端一直處於"1"電平,從而得不到正確的輸出結果。因此,一般不建議采用圖 2.6 的接法,而采用其他變通接法。比如復位電路可以將阻、容元件換個位置,再將反向器換成非反向器即可。對於有些電路必須采用圖 2.6 接法時,則應根據 I_{iL} 控制電阻值的大小。強調一下即使通過控制電阻值可得到正確的結果,但這樣的電路接法的抗干擾性也不好,應盡量避免使用。

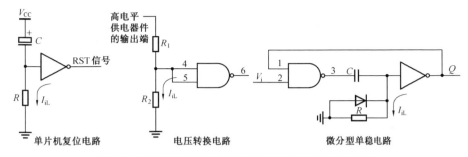

圖 2.6　電阻和電容構成的模擬電路驅動 TTL 電路的幾種情形

2.2.3　TTL 電路驅動其他接口電路

因為 HC 電路的 V_{iL} 遠小於 TTL 的 V_{iL}，其驅動能力方面不存在問題。但 TTL 電路的輸入、輸出電平同 HC 的有差別，尤其是其輸出在電源電壓 + 5 V ±5% 時，V_{oL} 及 V_{oH} 分別保證為 0.4 V 以下和 2.7 V 以上，而 HC 電路的輸入端要求 "1" 電平必須為 3.5 V 以上，故用 TTL 驅動 HC 電路時存在電平不兼容問題，也就是說 TTL 不能可靠驅動 HC 電路。結合以上論述可見，HC 電路能驅動 TTL 電路，而 TTL 則不能可靠驅動 HC 電路，因此在數字系統設計時，不建議兩種芯片混用，要麼都用 TTL 型要麼都用 HC 型。如果實在需要混用，則必須考慮誰驅動誰的問題。另外高速 CMOS 電路中還提供一個同 TTL 電平兼容的 74HCT 系列芯片[6]，它是為解決 TTL 驅動 HC 時不可靠問題而設計的，其 V_{iH} 為 2.0 V 以上，但這一系列的芯片型號不是很全。在 TTL 同 HCT 混用的數字電路設計中，可不必擔心電平兼容問題，只考慮驅動能力即可。

2.2.4　TTL 電路驅動 TTL 電路時的驅動能力

當 TTL 芯片用於驅動 TTL 電路時，其驅動能力就是指某個作為輸出的 TTL 芯片的輸出端允許接入的下級 TTL 電路的多少。具體地講，就是當一個輸出端只接一個下級電路的輸入端時，能否驅動取決於圖 2.5(a) 的 I_{oL} 是否大於圖 2.5(c) 中的 I_{iL}；當一個芯片的輸出端同時接許多下級 TTL 電路的輸入端時，能否驅動則取決於其 I_{oL} 是否大於後級電路 I_{iL} 的總和。

但數字電路中經常有多個具有三態輸出的芯片輸出端並接在一起的情況，也有可能並接在一起的各芯片的輸出管腳同時還接有許多其他芯片的輸入腳，如圖 2.7 所示常見的雙向數據總綫接法就屬於這種情形。這種情形下的驅動問題要稍微復雜一些，下面詳細說明。

在常見的數據總綫接法中，微處理器的輸出口的輸出端及外設輸入接口芯片 1 到 n 的輸出端同時接到總綫上，但同一時刻只允許一個芯片處於 "1" 或 "0" 狀態，而其他的則處於 "Z" 狀態，否則會出現總綫競爭。n 個外設輸出接口芯片及微處理器的輸入接口的輸入端也同時接到該總綫上，它們能同時接收總綫的信號，不存在競爭問題。對於這樣復雜的數字系統，考慮芯片的驅動能力時，應該對所有輸出同總綫連在一起的芯片，如圖 2.7 中微處理器輸出口芯片、外設輸入接口 1 ～ n 的芯片進行考查，要保證每個輸出掛在總綫上的芯片的 I_{oL} 不僅要大於掛在總綫上的所有外設輸出接口芯片及微處理器輸入接口芯片的 I_{iL} 之和，而且還應該考慮留出足夠的裕量，這是因為其他處於 "Z" 狀態的輸出結構會有漏電流 I_{z} 流入那個輸出端處於 "0" 狀態的芯片。

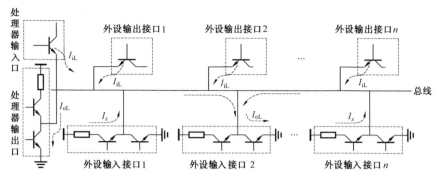

圖2.7　一般數字系統的雙向數據總綫接法示意

2.3　5 V, 3.3 V 混合供電系統中的電平兼容問題

　　隨着數字電路運行速度的提高和系統對低功耗的要求,越來越多的數字芯片尤其是微處理器器件都采用低電壓 3.3 V 甚至更低電壓,如 2.5 V、1.8 V 供電,而在應用系統中可能遇到一部分數字電路芯片采用低電壓供電而其他芯片則采用傳統的直流 5 V 供電的情形。對於數字控制來講,一般常遇到的是 3.3 V 和 5 V 混合電壓供電的情形,這裏着重介紹此類混合電壓系統在應用過程中的電平兼容處理。

　　在混合供電數字系統中,一般 3.3 V 供電的數字器件的低電平輸出 V_{oL} 都能滿足同 5 V 供電的器件的電平兼容要求,而其高電平輸出 V_{oH} 大約為 2.9 V 左右,也能滿足一般 5 V 供電的 TTL 電路的輸入 V_{iH} 要求,故用 3.3 V 供電的數字器件驅動 5 V 供電的 TTL 電路不存在電平兼容問題,設計時只需要考慮其驅動能力滿足即可。但反過來用 5 V 供電的 TTL 電路驅動 3.3 V 供電的數字器件時,則必須考慮電平轉換問題,比如 3.3 V 供電的 DSP 一般不能直接用 5 V 供電的 TTL 器件作為其輸入接口,必須通過電平轉換方可。

　　目前很多數字接口器件在設計上都考慮了同 5 V 供電的 TTL 電路的接口問題,如 3.3 V 供電的 74LVC 系列、74LVTH 系列的接口芯片及多電壓供電的 EPLD 或全 3.3 V 供電的 EPLD 器件。所有這些器件的輸入端都能兼容 5 V 供電的 TTL 電路的輸出電平,可以直接同 5 V 供電的 TTL 電路連接,所以在混合供電數字系統中必要時可以采用此類數字芯片實現電平轉換。比如目前常見的 A/D 轉換器件的數字輸出大多采用 5 V TTL 電平,當用於 3.3 V 供電的 DSPLF2407A 數字系統時,可通過一級 3.3 V 供電的 74LVTH374 或 74LVTH244 進行電平轉換後再同 DSP 連接。

　　混合供電數字系統中的 3.3 V 電源的產生和過去的 5 V 電源的產生類似,也有類似 7805 系列的電壓調整器集成電路模塊如 TPS75733 等可供使用。硬件設計時,讀者可以通過查詢有關芯片手册來選定。

2.4　關於 OC 輸出結構的數字器件的使用

　　前面提到,OC 輸出數字器件速度較慢,不大適合一般的快速數字電路應用。但此類數字器件具有區別於 TTL 數字器件的特殊功能,可用於以下幾種情形的特殊應用場合。

1. 電平轉換

OC 門的輸出級外接電源可采用 0 ~ 15 V,有個別芯片可適用更寬的電壓範圍 0 ~ 30 V。但其芯片本身的供電電壓采用 5 V,輸入電平采用 TTL 電平,因此可用於實現 TTL 到其他電平的轉換功能。

2. 小功率驅動

一般 OC 輸出結構數字器件允許灌入的電流比 TTL 器件的大,因此可用於驅動諸如發光二極管、繼電器的控制綫圈等。

3. 多路輸出信號的"綫與"

不同於 TTL 數字芯片,OC 數字器件的輸出級為集電極開路,其輸出只有兩種狀態即"懸空"狀態和"0"狀態,并且當輸出處於"0"狀態時允許灌入的電流較大,因此,多個芯片的輸出端可以直接連接實現所謂的"綫與"功能而不會導致電平衝突或器件損壞。"綫與"方式不僅可以簡化電路設計,而且對於某些特殊應用如 CAN 總綫的物理結構實現提供了基礎和便利。

OC 輸出電路的使用中有一個值得初學者注意的問題,這就是在大多數應用場合其輸出端必須外接上拉電阻,以獲得確定的電平用於正確驅動下級電路。

2.5　關於微處理器芯片本身的準雙向口及其操作說明

許多微處理器器件本身具有的 I/O 口綫中,除了常見的輸入口綫、輸出口綫、雙向 I/O 口綫外,還有一類特殊的 I/O 口綫叫做準雙向口綫。比如 MCS – 51 系列微處理器芯片本身提供的 P1、P2 及 P3 口[6][7][8],MCS – 96 系列的微處理器芯片本身提供的 P1 口和 P2.6、P2.7 口綫[9][10][11] 都為準雙向口。它同真正的雙向口的區別是硬件結構上沒有采用三態結構,具體結構參見有關文獻,此處不詳細給出。

準雙向口的"寫"操作同輸出口或真正的雙向口的操作沒有區別,但對其的"讀"操作則與輸入口或真正的雙向口有很大的不同。

對於 MCS – 51 系列單片機來講,"讀"P1、P2、P3 口的操作分兩種,一種是讀鎖存器操作,另一種是讀外部引腳操作,它依靠指令來區分。對於 MCS – 96 系列單片機來講,讀 P1、P2.6、P2.7 時沒有 MCS – 51 那樣的區分,它只有讀外部引腳指令。基於準雙向口硬件結構的特殊設計,為了讀引腳操作時能真正得到外部引腳電平,在進行讀操作之前,必須先往該口寫入"1",然後再讀方可,否則可能讀到一個錯誤的結果。

DSPLF2407A 微處理器本身提供的 I/O 沒有準雙向 I/O。

2.6　數字控制中幾種常用微處理器的中斷結構特點及區別

之所以要介紹微處理器的中斷結構,是由於大多閉環數字控制都需要採樣定時,并且對實時性有較高的要求,而實踐中往往采用微處理器的中斷功能來實現。所有的控制器算法實現程序代碼一般都放在一個定時中斷處理程序段內。實現定時中斷可以有很多方法,比如采用外部中斷方式,這時外部中斷引腳接入採樣定時的控制信號,也可以以基於微處理器本身晶振時鐘的內部定時器中斷方式來實現。采用外部定時中斷有兩個優點:第一,外部中斷定時信號一般同數字控制中其他硬件采用同一信號,信號同步性比較好;第二,外部定時中斷信號往往

具有較高的精度,比采用微處理器本身晶振提供的定時準確。而采用内部定時器定時則具有
硬件結構簡單的優點,缺點是定時精度較差而且同其他硬件部分的信號同步性不好。

不論采用何種微處理器,也不論以什麼方式產生定時中斷信號,對軟件設計來講都涉及中
斷處理。常用的微處理器如80C31、80C196KC 及 DSPLF2407A,其處理器内部的中斷結構存在
差別,下面分別簡單介紹其中斷系統的特點及在軟件設計時應注意的事項。

2.6.1　80C31 單片機中斷系統特點

MCS – 51 系列單片機有許多不同的型號,各個型號單片機的中斷源的數量可能存在差
異,但基本結構都是相同的。對於最簡單的 80C31 單片機來講,具有如下幾個中斷:兩個外部
中斷,SCI 串口接收中斷,SCI 串口發送中斷,定時器 T0 及定時器 T1 中斷。其中斷系統的特點
是,每個中斷都對應一個固定的中斷入口地址,比如外部中斷 0 的中斷入口地址固定為
0003H,定時器 T0 的中斷入口地址固定為 000BH 等。一旦有某個中斷請求被響應,則微處理
器 CPU 會直接將其程序計數器 PC 强制設置為對應的中斷入口地址,然後從該地址開始執行
中斷處理程序。這就是說 MCS – 51 系列單片機的中斷入口地址不能由用戶自己隨便設置,同
時由於微處理器提供的若干中斷入口地址之間只有非常有限的地址空間資源,一般遠遠不夠
存放中斷處理程序的代碼,因此在軟件設計時,往往需要用戶在所用到的中斷入口地址處設置
一條跳轉指令 SJMP/LJMP XXXXH,將中斷處理程序指向程序存儲空間中的 XXXXH 地址,也
即真正的中斷處理一般並不或者不能存放在實際的中斷入口處開始的地址空間。

MCS – 51 系列單片機在響應了某種中斷請求後,有些中斷源的請求會在響應後自動由硬
件清除,而有些則不能通過硬件清除,必須由用戶通過軟件加以清除,這點在軟件設計時需要
引起注意,否則會出現錯誤。

2.6.2　80C196KC 單片機中斷系統特點

80C196 單片機中斷結構采用中斷向量的方法實現,它雖然也規定了固定的中斷向量存放
地址,一般是程序地址 2000H ~ 2013H 區域和 2030H ~ 203FH,但這些地址並不像 MCS – 51
系列單片機那樣直接作為中斷入口地址來用,而是在這些地址存放指定中斷入口地址(一個
字長)的信息。80C196 單片機響應一個中斷後,首先從對應該中斷請求的固定地址處取得中
斷入口地址信息也即中斷向量,然後將這個中斷向量裝入程序計數器 PC,開始執行中斷處理
程序。所以80C196 的中斷向量實際上等同於 MCS – 51 系列單片機軟件設計時在其中斷入口
地址處設置的第一條跳轉指令 LJMP XXXXH 中的 XXXXH,也就是說80C196 單片機的中斷處
理入口地址是可以由用戶自己設定。

另外,80C196 單片機的中斷源總體來講比 MCS – 51 系列單片機要豐富。在中斷優先級設
定方面,它不僅可以通過硬件優先級實現,還可以通過軟件實現,比較靈活。

2.6.3　DSPLF2407A 數字信號控制器中斷系統特點

DSPLF2407A 的中斷系統結構采用兩級管理,主要目的是為擴充中斷源數量。其一級中
斷結構有點類似於 MCS – 51 系列單片機,也采用固定中斷入口設置方法,一旦有某種類型的
中斷請求,CPU 響應後直接將當前 PC 值指向該中斷對應的固定入口地址,中斷處理程序將從
這個固定的地址處開始執行。因為同 MCS – 51 系列單片機相同的原因,一般在其固定的中斷
入口處放一條跳轉指令,以便將程序指引到實際的中斷處理程序代碼處去執行。一級中斷入

口共有 11 個，分別為 0000H、0002H、0004H、0006H、0008H、000AH、000CH、000EH、0022H、0024H 及 0026H，常用的只有前 7 個。0024H 為 NMI 中斷入口，000EH 為 CPU 分析中斷，0022H 為陷阱中斷，0026H 為仿真陷阱中斷入口地址，這些在用戶設計中則基本不用。

與 MCS－51 不同的是，DSPLF2407A 在每類一級中斷下還包含有若干二級中斷信息，也就是說有許多中斷源會產生同一類的一級中斷請求。二級中斷請求信息包含在三個 16 位寄存器裏，除了兩位作為保留不用外，共指示 46 個中斷源。當某個中斷請求被響應後，CPU 自動將對應的寄存器內容裝入一個中斷向量寄存器(PIVR)中，供 DSPLF2407A 的 CPU 來確定到底哪個中斷請求被響應。但這個甄別工作必須靠用戶程序來完成。

同 MCS－51 一樣，DSPLF2407A 的大部分中斷請求標誌位不會由硬件自動清除，需要用戶自己用軟件來專門清除，否則 CPU 可能只響應一次中斷，而不再響應其他後續的中斷請求。有關詳細說明參見文獻[12]和[13]。

第 3 章　　數字控制基本硬件擴展設計

基於微處理器的數字控制系統硬件擴展設計同其體系結構有關,不同體系結構的微處理器在其程序、數據及 I/O 擴展設計上會有所區別。

微處理器在結構體系上分為兩種:一種稱為哈佛結構;另一種稱為馮‧諾依曼結構,此結構有時也稱為普林斯頓結構。兩種體系結構的最大差別是程序、數據和 I/O 的編址方式不同。基於哈佛結構設計的微處理器,其程序、數據及 I/O 是分開獨立編址的,而基於馮‧諾依曼結構設計的微處理器,其程序、數據及 I/O 是統一編址的。也有某些單片機如 MCS－51 系列單片機融合了兩種體系,雖說總體結構是采用哈佛結構,但其數據和 I/O 却是統一編址的。

總的來講,微處理器系統硬件設計主要包括如下幾個方面內容:基於微處理器的最小系統設計、總綫驅動能力擴展、一般數字 I/O 擴展、模擬／數字轉換及數字／模擬轉換接口擴展、程序存儲器擴展和數據存儲器擴展。程序存儲器擴展嚴格講應該屬於最小系統設計的內容,但考慮到其重要性,一般都將此部分內容從最小系統設計中獨立出來而同數據存儲器及 I/O 擴展一起介紹。本章將針對幾種常用的微處理器,介紹其有關基本硬件擴展的設計方法。

3.1　　數字控制中常用微處理器的最小系統設計

微處理器的最小系統是指保证該處理器芯片能正常工作的基本硬件構成,它是任何數字處理或控制系統的核心部分。不論采用何種微處理器,也不論數字系統將要實現或完成怎樣的功能,設計過程中都會也最先遇到的就是最小系統設計。

具體地講,最小系統設計就是保证微處理器正常工作的芯片本身的引脚連接和最基本的外圍電路連接。微處理器芯片本身的連接一般包括電源、地及個別特殊管脚的設置連接,如 80C31、80C196KC 的 EA 管脚,DSPLF2407A 的 BOOTEN/XF、MP/MC 等引脚。而保证微處理器正常工作的基本外圍電路,嚴格意義上講是指時鐘電路、復位電路和程序存儲器擴展電路,但對於許多內部具有 EPROM、E^2PROM 或者 FLASH 程序存儲器的微處理器,最小系統設計不涉及程序存儲擴展,對於內部不帶程序存儲器的芯片,程序存儲器擴展設計又是一個很重要的硬件擴展設計內容,一般的文獻都把它放在專門的章節介紹,本書也如此,不把存儲器擴展作為最小系統設計的內容來討論。故這裏所謂的最基本外圍電路是指時鐘電路和復位電路。

最小系統設計中,微處理器本身的連接會因為所選處理器的不同而不同,其具體設計上缺乏共性,故此處不詳細介紹,實際設計時可參閱所選用的微處理器的數據手册進行設計。而外圍的時鐘電路和復位電路在具體設計上對任何微處理器都大同小异,故此處有必要進行詳細介紹。

3.1.1　　微處理器的時鐘電路設置與連接

時序控制是時序邏輯電路工作的基礎,而計算機的處理器不過是一種結構復雜、功能强大的時序邏輯電路而已,因此任何處理器的正常工作都離不開時鐘電路。

所有微處理器都提供時鐘輸入接口,而且允許兩種形式的輸入連接:一種是采用無源晶體為處理器提供時鐘信號,這也是最簡單的時鐘設置方法;另一種是采用有源晶振的時鐘輸入連接。

1. 采用無源晶體產生時鐘信號的連接方法

一般的微處理器都提供兩個供時鐘信號連接的輸入引腳,如 MCS - 51 系列、MCS - 96 系列單片機及 DSPLF2407A 數字信號處理／控制器的 XTAL1、XTAL2 引腳[6]~[14]。在微處理器芯片內部都設置了片內振盪電路連接到這兩個引腳。當采用無源晶體產生時鐘信號時,可按圖 3.1 所示的形式將晶體連接到微處理器的 XTAL1 和 XTAL2 上。晶體本身沒有極性,其兩端同 XTAL1、XTAL2 隨便連接。

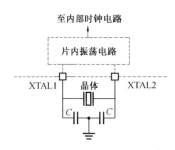

圖 3.1 采用無源晶體產生時鐘信號的連接方法

【注意】 這裏的晶體本身並不能產生時鐘信號,它必須同片內振盪電路及外接電容一起使用才行。使用者通常不注意晶體和晶振的區別,把晶體也稱作晶振。外接的電容 C 應該采用高頻電容,要保证電容的寄生電感很小,一般采用瓷片電容即可,根據晶體頻率的大小,電容值大小選在 20 pF ~ 33 pF 之間。

采用無源晶體產生時鐘信號的優點是成本較低、連接簡單,缺點是頻率穩定度稍差。

在印刷電路設計時,外接的晶體和電容應盡量靠近微處理器芯片布置,走線應盡量短。這一方面是為了減小印刷綫條的寄生電容和電感的影響,另一方面也能減小時鐘電路對其他電路造成高頻干擾。

2. 采用有源晶振的時鐘信號連接方法

有時為了獲得高穩定度的時鐘信號,采用有源晶振。有源晶振同晶體不同的是,它必須外部提供工作電源,但不用再接任何外圍器件就可直接給出穩定的時鐘信號。

當采用有源晶振時,對於常用的 CMOS 型的 MCS - 51 系列單片機、MCS - 96 系列單片機及 DSPLF2407A 都從微處理器的 XTAL1 引腳接入,而 XTAL2 可以懸空不接。對於某些型號的微處理器,比如 HMOS 型的 MCS - 51 單片機,接法可能有些不同,具體請參見芯片數據手册。采用這種時鐘發生電路接法時,微處理器芯片內部的振盪電路被旁路。

采用有源晶振作為時鐘電路的優點是能得到較為穩定的時鐘信號,缺點是成本稍高,需要外接電源。

同樣地,在印刷電路設計時,有源晶振器件應盡量靠近處理器布置。

3.1.2 微處理器的復位電路設置與連接

復位對於微處理器來講有兩個作用,其一是上電時的時鐘同步和狀態準備,其二是當運行出現異常時的糾正,復位可保证系統重新回到正常的運行狀態。

微處理器一般都提供一個 RESET 引腳,復位電路通過該引腳給處理器提供一個滿足某些方面如電平和脈冲寬度等要求的信號,可使處理器開始正常工作。

復位分為上電和手動復位兩種情形,一般復位電路要能同時實現這兩種功能。

1. 采用阻容元件構成簡單的上電及手動復位電路

簡單的復位電路采用阻容元件構成,如圖 3.2 所示。

對於不同的微處理器,復位電平的要求可能不同,比如 80C31 的復位信號 RESET 要求

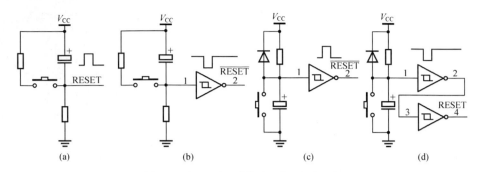

圖 3.2　幾種阻容元件搆成的簡單復位電路

10 ms 以上的高電平,而 80C196 則要求電源等穩定後 RESET 引腳至少保持 2 個狀態週期的低電平才能有效復位,DSPLF2407A 也是要求 RESET 低電平復位。

　　在設計復位電路時,應該考慮其可靠性和電磁兼容。圖 3.2 中(a)、(b)分別是高電平和低電平復位電路,但都不是一個好的復位電路設計,這是因為 RESET 引腳對地接入的電阻容易引入干擾從而造成處理器異常復位。對於圖 3.2(b)的復位電路,還可能因為對地接入的電阻太大而造成不能復位的情況。這是因為反相器的輸入引腳會有漏電流通過電阻流入地,這個漏電流可能使 RESET 一上電就總保持在高電平狀態,從而使反相器的輸出一直保持為低電平。因此實際使用時不建議使用圖 3.2 中(a)、(b)的復位電路設計,而最好採用圖 3.2(c)、(d)的設計方法。圖 3.2(c)、(d)中的二極管是為了掉電時電容快速放電,以便再次上電時能可靠復位。阻容元件網絡最好經過一級隔離再接到微處理器的 RESET 引腳,而隔離級電路也最好採用具有施密特結構的組件實現。

　　采用這種方法搆成復位電路的優點是造價比較低,缺點是可靠性稍差。

　　2. 采用專用集成電路的上電及手動復位電路

　　復位電路雖然簡單,但對微處理器是否能在上電時正常運行具有至關重要的作用。實際中往往會遇到這樣的情形:仿真狀態下調試能夠通過,但脫機運行時則不能正常工作。造成這種情形的一個可能原因就是復位不可靠。

　　為了保證微處理器的可靠復位,同時實現電源的監控,多家芯片製造廠商研製了專門用於電源管理和復位信號發生的集成電路芯片。這些專用的芯片不僅具有電源監控、上電復位信號和手動復位信號的發生功能,同時還具有看門狗功能,這為數字系統的可靠運行提供了進一步的保證。

　　下面介紹一類集電源監控、復位控制於一體的專門芯片 TPS382X – XX。該系列產品由德州儀器公司生產,分 TPS3820 – XX、TPS3823 – XX、TPS3824 – XX、TPS3825 – XX、TPS3828 – XX 五種型號,每個型號系列又分別有 TPS382X – 25(2.5 V 輸出)、TPS382X – 30(3 V 輸出)、TPS382X – 33(3.3 V 輸出)、TPS382X – 50(5 V 輸出)4 種不同的供電電壓和輸出電壓形式,總共 20 種。采用 5 芯管脚的 SOT23 – 5 封裝形式,全系列滿足工業級(– 40 ～ + 85 ℃)以上的溫度要求。其中 TPS3824 – XX 系列產品可同時給出高電平有效和低電平有效的復位信號,具有看門狗功能,但却沒有手動復位接口;TPS3825 – XX 系列產品也可同時給出高電平有效和低電平有效的復位信號,具有手動復位接口,却不帶看門狗功能。其餘系列只能給出低電平有效的復位信號,但允許手動復位輸入並都具有看門狗功能。圖 3.3 給出管脚定義及排列示意,其中 WDI 端為外部看門狗輸入，MR 為手動復位輸入端，可直接接復位開關，V_{DD}、GND 為供電電源、地端，RST（RST 非）為產生的復位信號。

圖 3.3　TPS382X – XX 芯片管脚定義及排列

　　該芯片的接綫非常簡單，使用者可根據自己設計的數字系統的供電電壓、是否需要看門狗功能等需求來選擇。當選擇了具有看門狗功能的芯片，但實際使用却不用時，"餵狗"輸入引腳 WDI 懸空處理即可。當需要開啟看門狗功能時，WDI 必須由微處理器進行控制，具體需要微處理器提供怎樣的"餵狗"信號，請參閱 TPS382X 的數據手册，此處不再詳細介紹。

　　對於要求較高的應用場合，比如基於 DSPLF2407A 的數字控制，建議采用此類器件作為復位電路。圖 3.4 給出采用 TPS382X 芯片作為 DSP 數字系統的復位電路接法，供使用者參考。

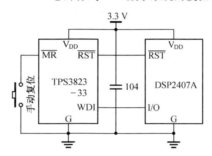

圖 3.4　采用 TPS382X 芯片作為 DSP 數字系統的復位電路接法

3.2　微處理器總綫驅動能力擴展

　　一般單片機或 DSP 的總綫驅動能力都有限制，若外擴的接口數量較多，則需要增加總綫的驅動能力，尤其是數據總綫。

　　原則上建議數據總綫的驅動（常常采用 74LS245 芯片完成）應加在微處理器芯片和所有外擴的設備之間，而不能只對一部分外擴設備加驅動另一部分不經過驅動直接同微處理器芯片的數據綫相連。

　　但有時可能因為微處理器芯片本身的硬件原理限制，或因為用戶有其他考慮，不得不違背以上原則。前一種情形在 MCS – 51 系列單片機系統設計中會遇到，其外擴的程序存儲器（EPROM）的數據總綫可以不經過 74LS245 驅動而直接同微處理器芯片相連。之所以可以這麼做，是因為 MCS – 51 系列單片機程序讀取是由專用的程序"讀"信號 PSEN 完成的，而不是由其他 I/O 或數據擴展接口的讀取信號 RD 完成，所以 EPROM 的數據總綫不經過驅動直接連接並不會造成總綫競争。

　　後一種情形可能會在下列設計考慮中遇到。假如系統中擴展的接口太多，甚至超過一片74LS245 的負載能力，這時要麼采用多片驅動芯片，要麼只對其中一部分接口加驅動而將另外的接口直接同微處理器芯片的數據總綫相連。若采用加多片驅動的設計方法,則必須考慮多片驅動芯片的片選問題,不能引起總綫衝突,這樣勢必會增加設計的復雜度。一般地,為簡化硬件設計常采用後一種設計。這種設計的具體實現是這樣的:假設微處理器芯片本身的數據總綫驅動能力為8個TTL,則在設計時可以將7個外擴的I/O等接口的數據綫同微處理器數據總綫直接相連,而其餘的外擴接口的數據總綫通過一片74LS245芯片驅動(具有8個TTL的負載能力),這樣可以將微處理器的數據總綫帶載能力擴展到15個TTL。這樣的設計中,用於驅動能力擴展的74LS245實際上和其他7個外擴的接口處於同一層次,此時它也相當於一個擴展的外設,因此必須考慮用專門的片選信號來控制這個74LS245的"OE"端,以便同其他7個外擴接口區分開來,避免總綫競爭,如圖3.5所示。

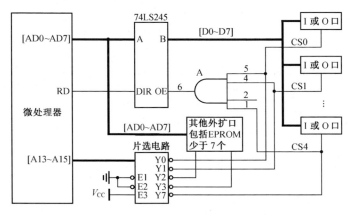

圖3.5　部分外擴接口數據總綫經74LS245驅動的電路接法

在圖3.5中,直接連到微處理器數據總綫上的7個外擴接口既可以有輸入口又可以有輸出口。而用於總綫驅動的74LS245的"OE"端則采用它所驅動的8個外擴口的片選"與"來控制(這些片選信號一般都是低電平有效)。

如果采用所有外接設備的數據總綫都經過驅動的方式的話,則這個74LS245的"OE"端可以直接接地,如圖3.6所示。

有時為了設計方便,將直接連到微處理器的外擴接口都設計為輸出口,而經過74LS245驅動的外擴接口可以既有輸入又有輸出(包括擴展的數據存儲RAM、程序存儲EPROM和一般的輸入口)。由於輸出時不會出現總綫競爭,故這時的74LS245的"OE"端可不用專用的片選來控制而直接接地,如圖3.7所示。

對於MCS－51系列單片機來講,其程序存儲器和數據及I/O的讀信號是分開的,分別為PSEN和RD,因此它的驅動接法同上面的一般接法稍有不同。圖3.8和圖3.9分別給出MCS－51系列單片機的兩種總綫驅動接法示意:第一種接法中程序存儲器EPROM的數據總綫不用驅動,74LS245只用於外擴的其他接口的數據驅動,故其"OE"端可以直接接地,方向控制端"DIR"接其微處理器的"RD"(數據讀信號);而第二種接法中所有外擴的接口都經過74LS245驅動,其"OE"端接法相同而方向控制端"DIR"接"PSEN"和"RD"(數據讀信號)的"或"輸出。對於MCS－51系列單片機來講,在實際使用中不建議用第二種擴展方法,因為其程序存儲器本來用不著經過驅動,而且經過驅動後還增加硬件(圖3.9中的74LS32),同時還浪費了74LS245的部分驅動能力。

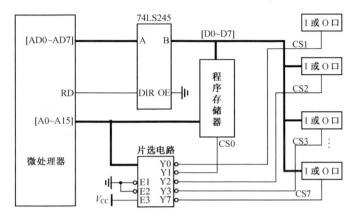

圖 3.6　　所有外擴接口數據總綫都經 74LS245 驅動的電路接法

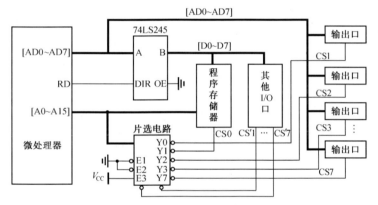

圖 3.7　　簡化的部分外擴接口數據總綫經 74LS245 驅動的電路接法

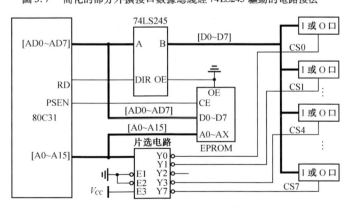

圖 3.8　　一種 MCS－51 系列單片機數據總綫驅動電路接法

80C196 系列單片機系統數據總綫驅動的具體接法可參照圖 3.5 ～ 3.9，此處不再贅述。

圖 3.10 為 DSP 系列系統數據總綫驅動接法。該圖中程序存儲器和數據存儲器的數據綫

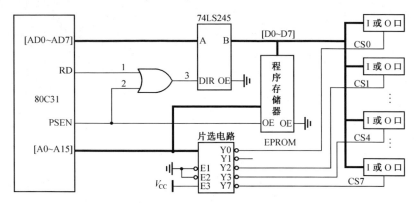

圖 3.9　另一種 MCS－51 系列單片機數據總綫驅動電路接法

沒有經過 74LVTH16245 驅動而直接同 DSP 相連,其他的外擴 I/O 接口的數據綫則經過
74LVTH16245 驅動,因此 74LVTH16245 的"OE"端必須由 DSP 本身提供的的 IS(I/O 操作有效
信號) 來控制,方向控制端"TR1、TR2" 則由 DSP 的"R/W"來控制。

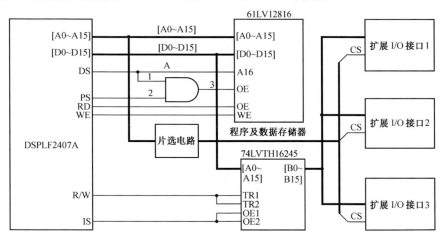

圖 3.10　DSPLF2407A 的數據總綫驅動接法示意

　　其實,在接口擴展技術中,只對擴展的輸出口增加驅動即可,對於輸入口來講,因為原理設
計上一般保証不會有多個外設同時對微處理器的數據總綫進行操作,故對外擴輸入是不必要
加總綫驅動的。在設計時不論外擴多少個輸入口,我們只需將其考慮為一個即可。

3.3　常用微處理器的程序存儲擴展技術

　　程序是基於微處理器的數字系統構成的關鍵部分之一,其代碼一般都存放在非易失性的
存儲介質裏。許多微處理器芯片本身不具有程序存儲器,在數字系統硬件設計時必須進行外
部程序存儲器擴展,而具有內部程序存儲器受到容量的限制,有時也會需要進行外部擴展。
　　微處理器的程序存儲器擴展設計主要包含兩部分內容:一部分是存儲器器件選擇,另一部
分是接口信號連接。程序存儲必須采用非易失性可編程器件實現,目前常用的有紫外綫擦除

的可編程存儲器(EPROM 器件) 和電可擦除可編程存儲器(E^{2}PROM 或 FLASH 器件),一般以容量大小為依據來分類。眾所周知,計算機的外圍接口擴展都是基於地址、數據和控制三總綫進行的,微處理器的擴展也不例外,所以不論處理器本身還是存儲器器件,物理結構上都會對外提供這三類總綫引綫。對於程序存儲器器件來講,數據總綫常采用8位或16 位寬度,地址總綫寬度則根據容量大小來設置,其控制總綫則主要是片選信號綫、讀控制及編程所用的其他控制信號綫。對於接口擴展設計來說,控制綫中其實只用到片選(CS 或 CE) 及讀(RD) 兩根。

在選擇程序存儲器時,主要根據微處理器的數據總綫寬度、估計所需程序代碼長度來確定程序存儲器的數據總綫寬度和地址總綫寬度。地址總綫寬度決定存儲器的容量,實際設計時,其最大寬度不能超過處理器的地址總綫寬度。

常用微處理器的一般程序擴展方法在其數據手冊及很多相關參考書裏都有,這裏不再詳細介紹,以下將着重介紹不同微處理器系統程序存儲擴展的特殊方法及擴展設計中應注意的問題。

在各種微處理器系統程序存儲擴展硬件設計中經常遇見如下問題:

(1) 設計者對要設計的軟件代碼長度把握不準。

(2) 考慮不改變硬件的基礎上以備將來的軟件昇級。

其實,設計者可以在設計時采用足夠容量的程序存儲器芯片,但這樣做的缺點是可能實際的軟件代碼長度並不長,會造成資源浪費。對於基於哈佛結構單片機,如 MCS－51 系列的單片機或計算機構成的數字系統只浪費存儲器本身的存儲空間;對於基於馮·諾依曼結構的單片機,如 80C196 系列單片機或計算機來講,還佔用了其他數據及 I/O 擴展資源。采用柔性程序存儲擴展技術能在一定程度上克服這個缺點。對於 DSPLF2407A 來講,其內部具有 32 K 的 FLASH 程序存儲器,足夠滿足一般的數字控制的需求,因此一般不需要考慮非易失性程序存儲器擴展問題。

常用的程序存儲芯片有 27C64(8 K)、27C128(16 K) 和 27C256(32 K),這幾種芯片在電路結構和幾何結構上完全兼容[16],如圖 3.11 所示。

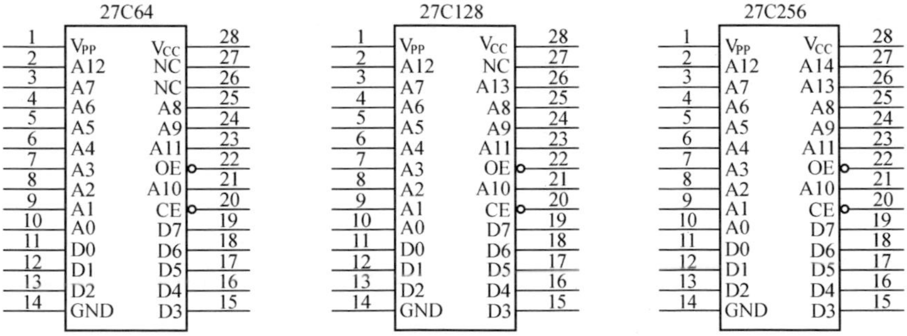

圖 3.11　三種不同容量的程序存儲器的管脚定義及排列形式

從圖 3.11 可見,三種芯片的管脚數量及排列完全兼容,其實際的幾何尺寸也相同,都采用DIP－28 封裝。所不同的是 27C64 的地址總綫為 A0 ~ A12,27C128 的地址總綫為 A0 ~ A13,而 27C256 的地址總綫為 A0 ~ A14。

3.3.1　MCS – 51 系列單片機數字控制系統的程序存儲擴展

由於 MCS – 51 系列單片機採用哈佛結構,它的程序存儲空間同數據及 I/O 是分開編址的,無論採用多大容量的存儲器都不會造成數據及 I/O 空間的浪費。為了以後控制程序的昇級方便,在硬件設計時,可直接採用 27C256 作為程序存儲器進行設計,實際應用時其 EPROM 可根據程序代碼的長短選用以上三種存儲器中的某一種,而不必更改系統硬件。當然 MCS – 51 系列的程序存儲空間最大為 64 K,也可採用 27C512 的程序存儲器,但在設計 PCB 時由於其芯片封裝同以上三種有所差別,不能兼容。這裏給出一種能同時適應 27C64、27C128 及 27C256 不同容量的 MCS – 51 系列單片機的程序存儲器擴展電路,如圖 3.12 所示。

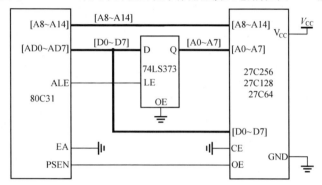

圖 3.12　MCS – 51 系列單片機程序存儲擴展

在圖 3.12 中,程序存儲器地址綫的低 8 位同數據綫復用,必須通過微處理器提供的 ALE 信號和 74LS373 將其分離出來,生成 A0 ～ A7。對於 27C64、27C128 和 27C256 存儲器通用的程序擴展電路設計,微處理器的 16 位地址綫中的低 15 位可以同程序存儲器的地址綫直接相連,並在 A13、A14 地址綫上加上拉電阻到 V_{CC},以保證採用小容量存儲器時空閒的地址綫有固定的電平,增加抗干擾能力。51 系列單片機的程序存儲空間同數據及 I/O 的分開編址是靠微處理器單獨提供的一個程序代碼"讀"信號 PSEN 來實現的,對數據及 I/O 的"讀"信號則是採用微處理器提供的 RD 信號完成的。故程序存儲器的輸出允許信號引脚要連接到 PSEN,而不是 RD,這是它同 MCS – 96 系列單片機在程序存儲擴展方面的不同之處。

3.3.2　MCS – 96 系列單片機數字控制系統的程序存儲擴展

對於 MCS – 96 系列的單片機來講,其程序、數據及 I/O 是統一編址的,而且它要求程序存儲地址空間從 2000H 開始,所以設計上相對復雜。由於 MCS – 96 系列單片機要求程序從 2000H 處開始存放,如果採用容量小的 27C64(8 K 存儲空間),并且不想浪費 27C64 芯片資源及微處理器尋址空間資源的話,則地址總綫 A13 必須參加片選去控制程序存儲器的輸出允許,此時設計上用於程序存儲器的地址綫只能有 13 根(A0 ～ A12),也就是說,只允許其有最大不超過 8 K 的程序擴展空間,如圖 3.13 所示,其中低位地址的分離同 MCS – 51 相同。

因為 0000H ～ 00FFH 對應單片機內部的 RAM,而 1FFEH ～ 1FFFH 作為 P3、P4 口重建留用,一般不建議 80C196 把 0000H ～ 1FFFH 的 8 K 空間用作程序存儲,但其中 0100H ～ 1FFDH 的空間可用作 I/O 尋址空間使用,所以 80C196 單片機的程序空間原則上可以擴展到 56 K,考慮為外擴數據和 I/O 留些空間,再考慮到程序存儲芯片的容量是靠增加地址綫來擴充的,增加

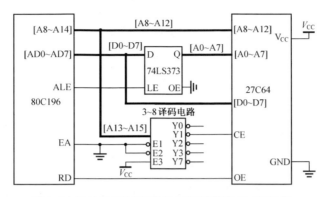

圖3.13　80C196 單片機系統基本程序存儲(8 K) 擴展電路

一根地址綫,程序空間將翻倍,故 80C196 的程序存儲器的地址綫一般最多用到 A0 ~ A14,此時它的程序存儲空間最大可擴展到 24 K(32 K － 8 K)。

圖3.14 給出一種基於 80C196KC 單片機的數字系統的柔性程序存儲擴展原理,采用如圖 3.14 所示的原理設計可以保证在不改變 PCB 設計的基礎上,做到27C256 和27C64 兩種存儲芯片的互換。之所以不用 16 K 的 27C128,是因為當程序存儲空間擴展超過 8 K 時,其低8 K 空間不能使用,所以用27C128 擴展起不到擴展的作用,故毫無意義。

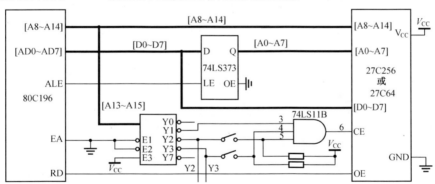

圖3.14　80C196 單片機系統 8 K、24 K 通用柔性程序存儲擴展電路

圖3.14 中80C196KC 的地址 A0 ~ A14 分別連接到程序存儲器的相應管脚,同時將 A13、A14、A15 經過 3 － 8 譯碼器進行譯碼,將其中的 Y1 ~ Y3 再經過 74LS11(3 輸入正與門) 相與作為程序存儲器的片選信號。同時 Y2、Y3 經過短路子接入,以便程序擴展不用時可以用於其他擴展。這樣處理時,A13 參與外部譯碼並用譯碼輸出控制程序存儲器的片選端,其目的是為了不用作程序存儲的低端8 K 空間還可以用作I/O 擴展尋址空間。如果 A13 不參與外部譯碼,只用 A14、A15 參與外部譯碼時,則低 8 K 空間中的低 256 字節不能用於存儲任何程序內容,其餘空間可作程序存儲用,但此時不允許對 P3、P4 口的重建。

當采用 27C256 芯片時,將 Y2、Y3 同 74LS11 相連。這種情形下,A0 ~ A14 全部參與程序存儲的內部譯碼,同時 A13 和 A14 還參與外部譯碼。對於外部譯碼來講,地址範圍 2000H ~ 7FFFH(對應 A15、A14、A13 = 001 ~ 011) 時都能有效選通 EPROM27C256。值得說明的是,在燒寫 EPROM 時,用户程序代碼必須從 27C256 的 8 K 以後開始存放。

当采用 27C64 芯片時,將 Y2、Y3 同 74LS11 斷開,以便其所對應的地址空間可以讓出給其他擴展用,Y1 同 74LS11 相連。此時程序地址空間範圍為 2000H ~ 3FFFH,相當於圖 3.13 所示的最基本的程序存儲擴展。

如果應用中只需大容量的程序空間,而不需要擴展 I/O 接口,或者 I/O 接口比較簡單,通過微處理器本身提供的其他 I/O 綫即可實現,則程序擴展可采用 64 K 的程序存儲器芯片 27C512 來實現,此時微處理器的 16 根地址綫同存儲器的 16 根地址綫直接相連,芯片的片選端 CE 也不必經過譯碼電路去控制而直接接地,如此可獲得接近 64 K 的程序空間擴展。這樣的設計中,27C512 的最低 256 字節的空間和 1FFEH ~ 1FFFH 不能存儲任何程序代碼,并且用户開發的程序代碼的初始化部分也必須從 27C512 的 2000H 開始存放,0100H ~ 1FFDH 部分可用於存儲其他程序代碼,如常數表、子程序代碼等。

如果需要大容量的程序存儲空間,同時需要滿足一定數量的 I/O 擴展,但不需要數據存儲擴展,比較合理的程序擴展方法是將 0100H ~ 1FFFH 的空間留給一般的 I/O 擴展及 P3、P4 口的重建,而 2000H ~ FFFFH 的空間全部讓給程序擴展之用。此時程序擴展可采用如圖 3.15 所示的電路。

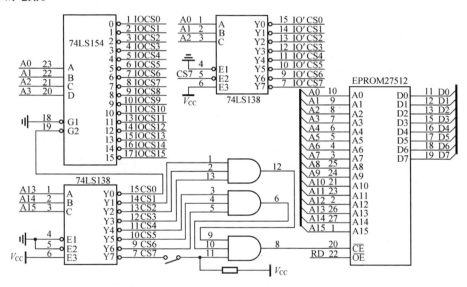

圖 3.15　一種基於 80C196 數字控制的大容量程序存儲空間的程序存儲擴展電路

為了將低 8 K 空間讓給一般的 I/O 擴展用,A13、A14 及 A15 必須參與外部譯碼。A13、A14 及 A15 經過 3 - 8 譯碼器譯碼,其輸出的 CS1 ~ CS7 再相"與"後作為 27C512 程序存儲器的片選控制,以保证 2000H ~ FFFFH 可用於程序空間擴展。而 CS0 作為下級 4 - 16 譯碼器的控制端,結合 A0 ~ A3 可得到 16 個片選控制信號,以便獲得 16 個擴展 I/O 接口。這樣的 I/O 口容量能滿足大多數字控制的需求,同時把 CS7 也可設計為柔性方式,以便不時之需作為 I/O 擴展來用。

同樣的道理,程序存儲器 27C512 的 0000H ~ 1FFFH 不能用於存放任何程序代碼,用户開發的程序代碼必須從 2000H 處開始存放,其最大程序空間可達到 56 K。

3.3.3 DSPLF2407A 微控制器數字控制系統的程序存儲擴展

對於 DSPLF2407A 來講,其內部所具有的 32 K 容量的 FLASH 足够一般數字控制之用,可不必再進行外部程序擴展,但是目前 DSP 微控制／處理器系列的開發裝置都不提供用於程序調試的 RAM,而必須利用用户自己開發的應用板上的 RAM 進行程序代碼調試。若用户程序代碼長度超過 32 K,則必須進行外部程序存儲擴展,為此在設計時還必須考慮程序存儲擴展問題。但這裏的程序擴展不是用傳統的非易失性存儲器件,而是用 RAM 器件完成,這是因為 DSP 的程序執行速度要求很高,直接同常用的 EPROM 器件接口很難滿足讀取指令的速度要求。對於用户程序代碼長度不超過 32 K 的情形,擴展的程序存儲器一般在用户程序代碼調試完畢後可以不用,DSP 上電後可以直接從內部 FLASH 裏運行程序;如果對程序執行速度有較高的要求,也可以將存儲在內部 FLASH 裏的程序代碼轉儲到外擴 RAM 的高 32 K 去執行。而對於程序代碼長度超過 32 K 的情形,真正存儲程序代碼高 32 K 的存儲器仍然采用非易失性的 EPROM 或 E^2PROM,但其擴展不是通過地址綫 A0 ~ A15 和數據綫 D0 ~ D15 及控制信號綫完成的,而是通過 DSP 芯片提供的 SPI 接口實現的;DSP 數字系統在上電時,通過用户編寫的 BOOT LOADER 程序將存儲在 EPROM 或 E^2PROM 的高 32 K 程序代碼經 SPI 接口加載到擴展的程序存儲 RAM 的高 32 K 空間,高 32 K 程序是在這個擴展的 RAM 裏執行的,故在實際應用中擴展的程序存儲 RAM 的高 32 K 是有用的。下面簡單介紹其外部 RAM 程序存儲空間的擴展方法,對於代碼超過 32 K 的程序存儲器擴展,其 RAM 部分的擴展方法相同,不過多了一部分同 SPI 接口的 E^2PROM 的擴展,此處不介紹,感興趣的讀者可參考相關資料[12][13]。

DSPLF2407A 采用程序、數據及 I/O 分開編址的哈佛結構,可提供最大 64 K 的程序存儲空間。當有外部程序需要讀取時,DSP 的 PS 信號將變為有效(低),可作為外部程序存儲器的片選,存儲器可選 CYPRESS 公司的 64 K 靜態 RAM – CY7C1021 或者 ISSI 公司的 IS61LV6416 芯片,其"讀"、"寫"信號可直接同 DSP 的 RD 和 WE 相連,硬件連接十分簡單,具體的擴展電路如圖 3.16 所示。

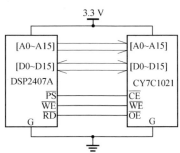

圖 3.16　DSPLF2407A 的程序存儲器擴展

3.3.4 執行代碼可切換程序存儲擴展技術

有時用户希望在一套系統硬件上運行兩種甚至多種不同的程序,就像一套 PC 機裏安裝多個版本的操作系統那樣。有兩種方法實現這樣的功能:一種方法是在外部增加一個硬開關設置,程序設計時統一考慮,通過判斷增加的硬開關設置狀態來運行不同的程序,這樣做的缺點是兩段不同的程序在軟件設計時必須統一考慮,給軟件設計造成麻煩;另外當程序由於偶發干擾運行不正常時,可能從本來應該運行的程序段跳轉到不該運行的程序段去運行。還有一種辦法是將不同的程序段相對獨立地存放在一片 EPROM 裏,比如一段存放在高端段而另一段存放在低端段,通過外部硬件開關來選擇到底運行在哪一段。它同前一種方法不同之處在於當外部硬件開關設置好後,程序地址空間只能部分有效,沒有設置的地址空間在運行時永遠不會有效,故不會造成意外干擾時從一個程序段運行到另一程序段去;在程序設計上則不用兩段程序統一考慮,各自獨立設計即可,軟件設計相對容易。下面以 80C196KC 為例給出圖 3.17 所示的程序存儲擴展技術。

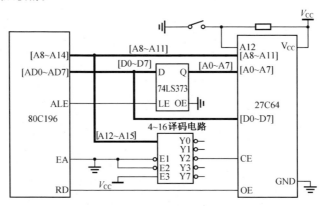

圖 3.17　一片程序存儲器運行兩種不同程序的程序存儲擴展技術

　　在設計上將程序存儲器的最高位地址單獨拿出,不接到微處理器的相應地址綫,而是通過硬件開關設置分別接到"地"或通過上拉電阻接到 V_{CC} 上,比如像圖中 27C64 的 A12 的接法。這樣當 A12 接到"地"時,系統將只執行低 4 K 的的程序代碼,反之則只執行高 4 K 的程序代碼。對於微處理器來講,其有效程序地址範圍不變,都是 2000H ~ 2FFFH,只不過當其 CPU 給出 2000H ~ 2FFFH 的地址時,如果 A12 = "0",程序是從 27C64 的 0000H ~ 0FFFH 讀出,而如果 A12 = "1",程序則是從 27C64 的 1000H ~ 1FFFH 讀出,相當於將 8 K 的 EPROM 當 4 K 來用。為了不浪費地址空間,A12 可以用於地址譯碼,以便 3000H ~ 3FFFH 的地址空間作為其他數據或 I/O 擴展之用。

　　這種方法一般只適合用於采用外部非易失性存儲器作為程序存儲的數字系統設計,對於采用微處理器芯片內部 FALSH、EPROM 或 E²PROM 作為程序存儲的數字系統設計則無法實現。

3.4　數字控制中常用微處理器的數據存儲擴展

　　一般的微處理器芯片內部都具有一定數量的數據存儲空間,即 RAM 空間,比如 MCS – 51 系列單片機內部具有 128 個字節的 RAM,MCS – 96 系列單片機有 232 個字節的通用寄存器陣列,而 DSPLF2407A 則更多,其內部不僅有 544 個字的雙口 RAM,還有 2 K 字的單口 RAM。但這些片內 RAM 一般用於完成計算的中間結果保存及少量數據存儲,對於需要存儲大量數據的應用場合,比如數據采集,則這些內部 RAM 遠遠不能滿足要求,故有時需要進行外部數據存儲 RAM 的擴展。微處理器的外部數據存儲擴展一般采用 SRAM 器件,而不采用 DRAM 器件,這是因為采用 DRAM 器件需要動態刷新電路,在硬件上相對復雜。

同其他接口擴展一樣,數據存儲的擴展也是基於三總綫來進行的。原理上它與程序存儲擴展設計基本相同,所不同的是數據存儲接口擴展采用的是易失性存儲器件(RAM),同時此類接口不僅允許微處理器進行讀操作,還允許對其進行寫操作,故控制總綫增加了一個寫控制信號(WR 或 WE)。對於基於地址綫同數據綫復用的 MCS – 51、MCS – 96 系列單片機的數字系統,其地址信息分離在 I/O 擴展一節詳細介紹。

用於數據存儲擴展的外部接口器件在原理構造上同程序存儲器件也基本相同,一般提供 8 位或 16 位寬度的數據總綫、由容量大小決定的某個寬度的地址總綫、片選控制端及讀、寫控制綫。簡單的數據存儲擴展時,數據存儲器器件的地址寬度不要超過微處理器尋址範圍對應的最大寬度,如果確實需要更多的擴展數據存儲空間,可采取特殊的設計來實現。

常用的 SRAM 器件有 6264(8 K)、62128(16 K)、62256(32 K)、62512(64 K)、CY7C1021(低電壓 16 位數據綫) 及 128 K 的 628128、LH521007(高速)、IS62C1024L、CY7C1011(低電壓 16 位數據綫)、IS61LV12816(低電壓 16 位數據綫),256 K 的 IS61LV25616(低電壓 16 位數據綫) 等,512 K 的 628512(5 V 供電 8 位數據)、IS61LV51216(低電壓 16 位數據綫) 等等。對於基於 MCS – 51 及 MCS – 96 系列單片機的數字系統,采用 5 V 供電、8 位數據寬度的器件來擴展數據存儲;對於 DSPLF2407A 則采用低電壓、16 位寬度的器件來實現數據存儲器擴展。

以上器件中,6264、62128 和 62256 芯片類似 27C64、27C126 及 27C256 程序存儲器器件,在結構和管腳排列上具有兼容性[16],對於小於等於 32 K 數據存儲器擴展的應用場合,建議原理設計使用 62256 芯片,以便在不改變 PCB 設計的前提下兼容 6264 和 62128 芯片。

3.4.1　MCS – 51 系列單片機數字控制系統的數據存儲擴展

MCS – 51 系列單片機采用一種準哈佛結構,其程序存儲同數據存儲及 I/O 是分開編址的,但數據存儲和 I/O 卻是統一編址的,因此這部分的 64 K 空間一般不能全部用於外部數據存儲擴展,而必須考慮為 I/O 擴展留一定的空間,這給設計帶來不便。

在數據存儲擴展時,設計者一般希望擴展的數據存儲空間在地址上是連續的,這有利於程序設計,故對 MCS – 51 系列單片機來講,最簡單的一種數據存儲擴展方法就是將 64 K 空間的高 32 K 留給 I/O 擴展,而低 32 K 連續地址空間用作數據存儲擴展,如圖 3.18 所示的那樣。在這個設計中,地址綫 A15 = "1" 時選擇 I/O,A15 = "0" 選擇數據擴展空間。故 A15 直接用作外擴 SRAM 的片選控制,同時 A15 經過反相後控制 I/O 片選信號的譯碼電路 U1,以保證 A15 = "0" 時封鎖所有 I/O 口。為了充分利用數據存儲器的容量,選擇 32 K 的 SRAM62256 作為數據存儲擴展用,它的 14 根地址綫同系統的地址綫相連以保證獲得連續 32 K 的數據存儲空間,RD、WR 分別同其輸出允許端和寫入控制相連。該圖中還采用了多達 8 片的 3 – 8 譯碼器以獲得 64 個 I/O 地址,如果每個 I/O 片選都分別與 WR、RD 信號組合產生一個地址相同的輸出口和輸入口控制,則最多能擴展 128 個 I/O 接口。32 K 數據存儲器地址空間範圍為 0000H ~ 7FFFH(連續),I/O 地址範圍為 8000H ~ 803FH(連續)。這樣的數據存儲擴展設計的優點是硬件構成相對簡單,缺點是最大可擴展存儲容量不能超過 32 K。

其實,一般的數字控制中難得用到這麼多 I/O 擴展接口,而且以上電路中 32 K 地址空間絕大部分被浪費掉。為了減少這樣的浪費同時獲得更大容量的數據存儲擴展空間,可以采用圖 3.19 給出的一種設計方法。它的基本思想是,將 64 K 空間先分為 16 塊,每塊佔用 4 K 地址空間,然後只將最高 4 K 留給一般數字 I/O 擴展用,這樣可保證獲得最大 60 K 的數據存儲擴展空間。

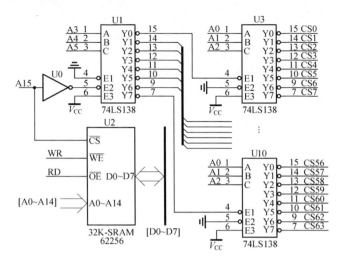

图 3.18　基於 MCS－51 系列單片機的 32 K 數據存儲器擴展設計

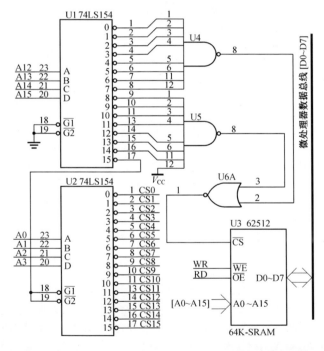

圖 3.19　基於 MCS－51 系列單片機的 60 K 數據存儲器擴展設計

　　由圖 3.19 可見,地址總綫中的 A12 ～ A15 通過 U1－74LS154 譯碼,將 64 K 地址空間分爲如下 16 個塊:0000H ～ 0FFFH、1000H ～ 1FFFH、…、E000H ～ EFFFH、F000H ～ FFFFH。U1的 17 脚有效時對應地址範圍 F000H ～ FFFFH,用該脚去控制 U2－74LS154 的允許控制端,A0 ～ A3 參與 I/O 擴展口的譯碼,可獲得 F000H ～ F00FH 連續 16 個 I/O 片選控制信號。U1 的

其他輸出一起相"與"的結果作為數據存儲器的片選控制,保証地址從0000H到EFFFH都能選中數據存儲接口。接口芯片采用62512(64 K),其16根地址總綫同A0 ~ A15相連,WR、RD分別同該芯片的寫控制和數據輸出允許端連接。這樣可保証獲得連續60 K的數據存儲空間。

值得說明的是,存儲器采用64 K的RAM62512,并且其全部地址綫都被利用,按理說應該獲得全部64 K的存儲空間,但是由於U1的17腳輸出被拿去做I/O接口擴展控制用,當地址為F000H ~ FFFFH時,數據存儲器的片選並不被選中,故只能得到60 K的存儲空間,62512的最高4 KB空間只能白白浪費。

這個擴展設計的優點是在保証同時可進行I/O擴展的前提下,能獲得盡可能多的連續數據存儲空間;缺點是硬件結構復雜,并且浪費數據存儲器的部分有效空間。

使用這樣的數據擴展設計時,還應該注意所采用的地址譯碼器件及U4、U5、U6都應該是高速器件,以免地址信號延遲造成時序錯誤。

也可以采用下節將介紹的MCS - 96的擴展方法,可獲得64 K的數據存儲空間,但由於該方法讀、寫速度慢和程序設計復雜,對MCS - 51系列的單片機數據存儲空間擴展意義不大。

3.4.2 MCS - 96 系列單片機數字控制系統的數據存儲擴展

MCS - 96系列單片機的數據存儲擴展同其他微處理器相比有很大的局限性,這是因為該系列處理器采用了馮·諾依曼結構,而且其程序存儲空間的起始地址要求在2000H處。這樣會對數據存儲擴展造成兩個困難:一是留給數據擴展的地址空間非常有限;二是難以獲得連續的數據存儲擴展空間。

為瞭解決以上兩個問題,最簡單的方法是將64 K地址空間盡量多地留給程序擴展之用,然後留出少量地址空間給I/O擴展之用,而數據存儲空間的擴展采用基於I/O接口擴展的偽數據存儲空間擴展方法實現。這裏所謂的偽數據存儲空間擴展,是指通過I/O口人為重構一個16位地址總綫和8位數據總綫,把重構的地址、數據總綫作為擴展的數據存儲器的相應總綫來用。這樣,對數據存儲器的讀、寫操作實質上是通過對I/O接口的操作來完成的。具體的硬件設計如圖3.20所示。

在圖3.20的設計中,用U3、U4兩片74LS374產生U6 - 62512的16位地址信息,分別佔用E000H、E001H兩個I/O地址,U6 - 62512數據存儲器的片選佔用一個I/O地址(E002H),數據存儲器的8位數據綫同系統的數據總綫直接相連,其讀、寫控制綫分別接系統的RD及WR,這樣可獲得64 K數據存儲空間擴展。

這裏需要注意的是,對數據存儲器的讀、寫不能像3.4.1中的那樣直接用一條指令完成,而是先輸出地址信息,然後再對數據存儲器進行讀、寫,數據存取速度較慢,但可獲得較大的數據存儲容量。

3.4.3 DSPLF2407A 微控制器數字控制系統的數據存儲擴展

DSPLF2407A的數據存儲擴展相對簡單,它的數據存儲空間是獨立編址的,采用64 K的外部數據存儲器可方便獲得全部連續的64 K數據存儲擴展。 外擴的存儲器的片選可直接用DSPLF2407A處理器提供的DS信號來控制,16位地址綫及數據總綫分別直接連接到數據存儲器芯片的相應總綫上即可。圖3.21給出一種基於DSPLF2407A微處理器的數字系統的最簡單的數據存儲擴展電路。這裏需要注意一點,由於數據空間0000H ~ 7FFFH映射到片內相應

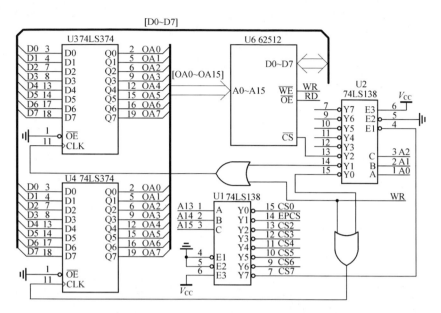

圖3.20　通過 I/O 擴展實現大容量連續地址空間的數據存儲擴展方法

的數據空間、專用寄存器或者保留空間,真正可獲得的外擴數據空間只有 32 K。

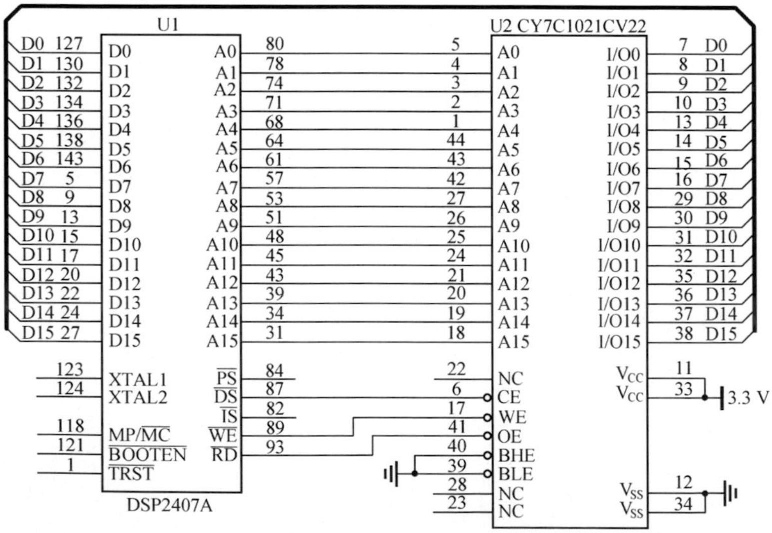

圖3.21　一種簡單的 DSPLF2407A 數據存儲擴展電路

　　在 DSPLF2407A 的數據存儲擴展中,最好采用 3.3 V 供電、16 位數據總綫寬度的 SRAM 擴展芯片,如圖 3.20 中的 IS61LV6416 或 CY7C1021 等,以方便數字系統設計。

　　在 DSPLF2407A 程序存儲擴展一節講到,為方便軟件仿真調試,一般需要在程序尋址空間擴展 64 K 的 SRAM 作為調試時的程序臨時存儲之用,目前 ISSI 等公司提供一種 128 K 容量、16

位數據總綫寬度的數據存儲器件,如 IS61LV12816、CY7C1011CV33 等,為了減小印刷電路尺寸,可以采用這樣一片 SRAM 同時完成對程序和數據存儲空間的擴展,其原理如圖 3.22 所示。

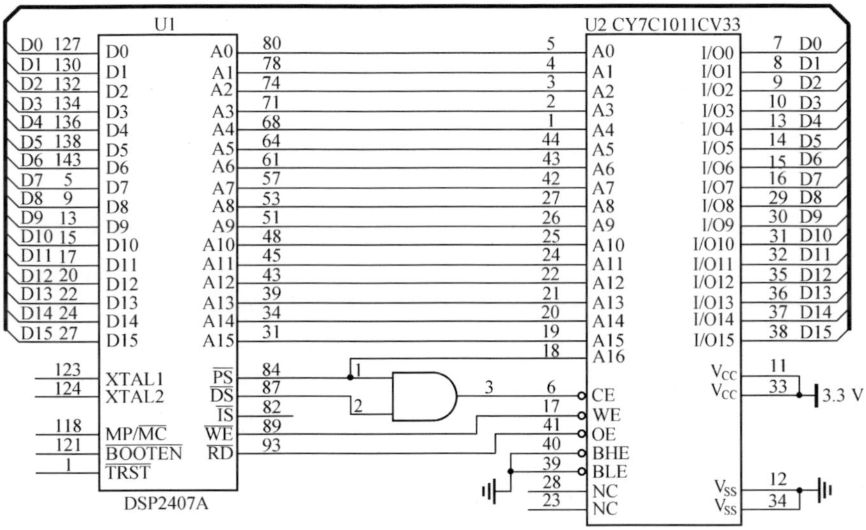

圖 3.22　利用一片 128 K 的 SRAM 同時實現對程序和數據存儲空間的擴展電路

采用 128 K 的 IS61LV12816 芯片作為程序及數據存儲空間擴展時,由於該芯片具有 17 根地址綫,而 DSPLF2407A 外引地址總綫只有 16 根,在連接時,將全部 16 根地址同 IS61LV12816 的 A0 ~ A15 直接相連,而將其 A16 信號端接到 DSPLF2407A 的 DS 或 PS 端,就可將 128 K 分成兩個分別作為程序和數據存儲之用的 64 K 連續空間。另外,為了保證程序存儲器和數據存儲操作時都能選通該芯片,其片選端應通過 DS 和 PS "與" 後控制。擴展的存儲器的數據綫及讀、寫控制綫直接同處理器的相應信號相連。

3.4.4　超出微處理器最大尋址空間的數據存儲擴展技術

在數據存儲空間擴展設計中,可能遇見數據存儲空間容量要求大於處理器最大尋址能力的情形。要實現這種數據存儲器擴展主要有三種方法:其一是采用單片地址總綫寬度較寬的(超過處理器本身的地址總綫寬度)的存儲器芯片進行擴展;其二是采用多片地址總綫寬度不超過微處理器的地址總綫寬度的芯片進行擴展;其三是采用多片寬地址總綫數據存儲器件進行擴展。

第一種方法由於受到現有芯片的容量限制,能獲得的擴展容量不會無限制增大,但硬件結構相對簡單。它的技術特點是,只需要一根片選信號綫,超出處理器地址總綫寬度部分的地址信號綫需要人為擴展。地址寬度擴展是采用一個 I/O 擴展口或者處理器本身的 I/O 綫來實現的,擴展部分的地址稱為頁地址或段地址。

第二種方法原理上可擴展的容量不受限制,但硬件稍復雜一些。它的技術特點是,不必進行人為地址綫寬度擴展,但卻需要多根片選信號綫。這種方法在增加同樣硬件復雜程度的前提下所能獲得的數據存儲空間擴展容量遠不如擴展地址總綫寬度的方法,因此某些數字系統不建議使用。

第三種方法屬於第一種方法和第二種方法的綜合。由於目前市面上能得到的單片大容量數據存儲器件的最大地址總綫寬度為 19 根(A0 ～ A18),其最大數據存儲量為 512 K,為了獲得超過 512 K 的數據存儲空間,就必須采用多片寬地址總綫的數據存儲器件進行存儲空間擴展。在需要超大數據存儲空間的應用場合可采用此種方法。

目前市面上常見的 5 V 供電 8 位數據總綫寬度的數據存儲器件有 HM628128(128 K 字節)和 HM628512(512 K 字節),而 3.3V 供電 16 位數據總綫寬度的數據存儲器件有 ISSI 公司生產的 IS61LV12816(128 K 字)、IS61LV25616(256 K 字)、IS61LV51216(512 K 字) 以及 CYPRESS 公司生產的 CY7C1011(128 K 字)。

下面分別針對 MCS － 51 系列單片機、MCS － 96 單片機和 DSPLF2407A 的數據存儲空間擴展來詳細介紹以上幾種擴展方法的基本設計原理。

1. 基於 MCS － 51 系列單片機的數字系統的超容量數據存儲器擴展

前面曾提到,對於基於 MCS － 51 系列單片機的數字系統,由於其數據和 I/O 采用統一編址方式,在數據存儲擴展時必須考慮為 I/O 留一定的空間,超容量數據存儲空間擴展也必須注意這一問題。采用單片 628512 數據存儲器件進行數據存儲空間擴展時,微處理器可供其直接使用的地址總綫只能有 15 位的寬度即 A0 ～ A14,其餘的地址綫 A15 ～ A18 則需要通過人為擴展,同時 628512 的片選綫有效時必須對應數據空間。圖3.23 給出僅僅基於頁(段) 地址擴展的單片大容量數據存儲空間擴展硬件原理設計。

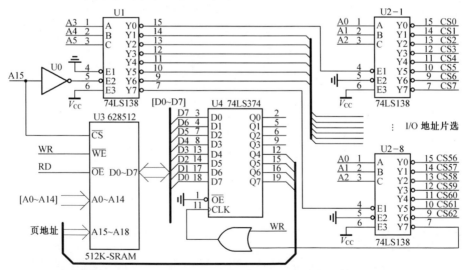

圖3.23　基於單片存儲器頁(段) 地址擴展的 51 單片機系統數據存儲擴展設計

從圖3.23 中可見,擴展的數據存儲器 628512 芯片的數據綫直接連接到系統的數據總綫上,其地址信號綫的 A0 ～ A14 同系統中的地址總綫相連,高端地址綫 A15 ～ A18 同擴展的地址綫相連,讀、寫控制綫分別連接到處理器的 RD、WR 信號綫,而該芯片的片選綫則由系統的 A15 來控制。擴展的頁(段) 地址由一個擴展的專用輸出口提供,該輸出口佔用系統一個 I/O 地址,8 位輸出數據中僅用到低 4 位,擴展的地址綫將 628512 分為 16 個頁或段 00H ～ 0FH,每頁（段）的容量為 32 K，對應的地址空間為 0000H～7FFFH。對數據存儲器操作時，首先必須通過 U4 口設定其頁（段）地址。

MCS－51 系列單片機處理器本身具有幾個可復用的 I/O 口綫如 P1 口，如果該口在數字系統未作他用，也可以用來作為擴展的地址綫，這樣就可以省去專門的輸出口擴展電路（圖 3.23 中的 U4 及產生鎖存信號的電路），并且不佔用任何外擴 I/O 資源，簡化硬件結構。

在某些應用場合，采用目前最大容量的單片數據存儲器可能還滿足不了實際需求，這就需要考慮用多片大容量 SRAM 來實現數據存儲空間的擴展。在這樣的設計中，不僅需要對地址總綫寬度進行擴展，還需要同時擴展多個片選。每片大容量存儲器的數據綫和地址綫及讀、寫控制綫的連接設計都與單片 628512 存儲器擴展設計相同，唯一不同的是每片 628512 芯片都需要一個單獨片選去控制，這些片選信號也需要專門的擴展，而且這些片選信號還必須受數據區的總片選信號，即系統的地址綫 A15 的控制。圖 3.24 給出采用多片大容量 SRAM 器件進行數據存儲空間擴展的原理設計。

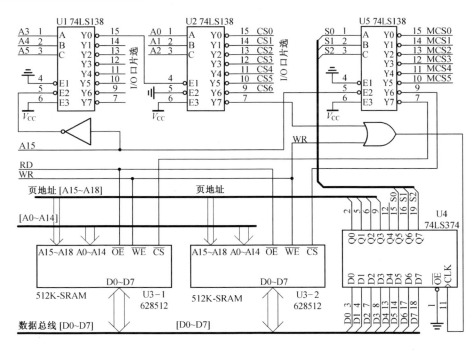

圖 3.24　基於多片存儲器頁（段）地址擴展的 MCS－51 單片機系統的數據存儲擴展設計

為簡化硬件，地址寬度擴展和片選信號擴展采用同一個輸出口（U4－74LS374）來完成，其中該口輸出的低 4 位用於地址寬度擴展，高 3 位則用於多片器件片選信號的擴展，兩種擴展只佔用一個 I/O 口的地址資源。用於片選信號擴展的 3 位數據經過一個 3－8 譯碼器可產生 8 個片選，即圖 3.24 的設計原理上可外擴多達 8 片 628512 共 4 M 的數據存儲空間。

這裏一定要注意，用於片選信號擴展的 74LS138（圖 3.24 中的 U5）的允許端必須由總體數據片選信號（處理器的 A15）來控制。

對數據存儲器的操作，首先必須通過外擴的 I/O 送出頁（段）地址信息，進而產生片選信息,以確定對哪片 628512 的哪頁(段)操作,然後通過包含有效數據空間地址的輸入、輸出指令完成數據的存取。通過外擴的 I/O 先送出的頁(段)信息及片選數據信息並不會立即選通任何 628512 器件,只有後續的指令執行時才允許某片 628512 中的某個存儲單元的數據呈送數據總綫或接收來自數據總綫的數據,因此不會引起總綫競爭。

同理,圖 3.24 中的外擴 I/O 口 U4 也可以用處理器本身未使用的 I/O 口如 P1 口替代,以便進一步簡化硬件設計。

2. 基於 MCS – 96 系列單片機的數字系統的超容量數據存儲器擴展

對於 MCS – 96 單片機作為處理器的數字系統,仍采用 3.4.2 節的全地址擴展方式進行超容量數據存儲器擴展設計。所謂的全地址擴展方式,就是指 628512 器件的所有地址都是靠外擴來生成的,而不采用微處理器本身提供的地址綫。這樣的設計使得對每個數據存儲器的全部存儲單元的操作都是通過對一個 I/O 口操作來完成。

圖 3.25 給出一種采用單片大容量 SRAM 器件實現數據存儲擴展的電路原理設計,下面詳細介紹其設計原理。

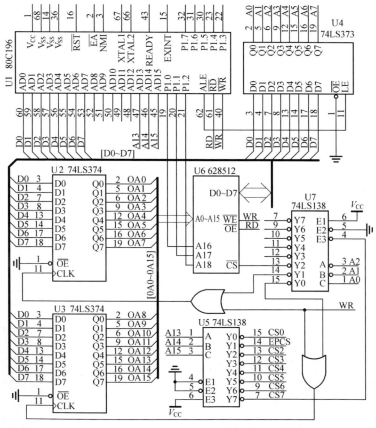

圖 3.25　基於單片存儲器頁(段)地址擴展的 MCS – 96 單片機系統的數據存儲擴展設計

628512 芯片的 16 位地址信息通過兩個 I/O 的數據生成,超出 16 位寬度的部分可以像圖 3.23 中

U4那樣通過另外一個I/O口實現,也可以直接采用MCS－96單片機本身的I/O口如P1口來實現。此處為方便起見,采用處理器本身的P1口完成擴展部分地址A16～A18的生成。在具體擴展時,數據存儲器628512的數據綫同系統中的數據總綫D0～D7相連,19位地址綫與擴展的地址綫連接,讀、寫控制連接到處理器的RD、WR上,而其片選端則由一個I/O片選來控制。

同MCS－51系列單片機數字系統的擴展相比,除了全部地址信息都通過外擴實現(未用任何處理器本身提供的地址綫)外,片選也采用了I/O的片選而不是數據存儲空間的片選。這樣的擴展設計中,基於數字系統的地址信息產生的片選全部作為I/O片選,因此對每個數據存儲器的全部存儲單元的操作都是通過對一個I/O口的操作來完成的。也正因為如此,MCS－96系列單片機數字系統的數據存儲器的存取操作速度和程序設計的簡單性都不如以上介紹的MCS－51系列單片機數字系統。

對於采用多片大容量SRAM擴展數據存儲空間的設計,基本同以上介紹的采用單片大容量SRAM擴展相同,所有SRAM芯片的數據綫都連到系統的D0～D7,地址綫都連接到擴展的地址綫上,讀、寫控制綫也都相互連接並連到處理器的RD、WR上去,所不同的是每片擴展的628512的片選使用不同的I/O片選。圖3.26給出基於MCS－96單片機數字系統的多片大容量SRAM數據存儲空間擴展原理。

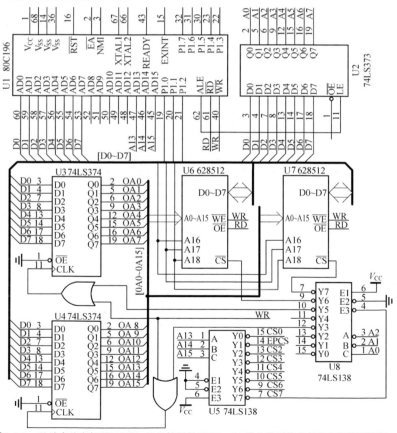

圖3.26　基於多片存儲器頁(段)地址擴展的MCS－96單片機系統的數據存儲擴展設計

　　與本節 1 中介紹的多片大容量 SRAM 實現數據存儲空間擴展不同之處是,這裏不需要進行片選信號的專門擴展,而直接多佔用一個原有的 I/O 片選即可。

　　3. 基於 DSPLF2407A 的數字系統的超容量數據存儲器擴展

　　不論是基本數據存儲空間的擴展還是超容量的數據存儲空間的擴展,基於 DSPLF2407A 數字系統的設計都相對簡單。采用單片大容量 SRAM 擴展時,地址寬度擴展可采用處理器本身的 I/O,而不必再去通過外擴的 I/O 口實現,這是因為 DSPLF2407A 芯片本身對外提供了比 MCS－51、MCS－96 都多的片上 I/O。 圖 3.27 給出采用單片大容量 SRAM－IS61LV51216 的數據存儲空間擴展原理設計,可以看出同基本擴展設計不同的是,頁(段)地址也即 IS61LV51216 芯片的 A16～A18 是通過 DSPLF2407A 片上 I/O 的 IOPA 口產生的,其餘信號綫的連接完全同 3.4.3 中圖 3.12 所示的基本數據存儲空間擴展相同。

　　采用多片 IS61LV51216 進一步擴展數據存儲空間的設計,原理上與前面介紹的 MCS－51 系列單片機數字系統擴展設計基本相同,圖 3.28 給出其原理設計。

　　在該設計中,地址寬度擴展與片選信號擴展采用同一個口——片上 IOPA 實現,該口在初始化時可設置為輸出。其輸出的低 3 位數據作為地址寬度擴展之用,將 IS61LV51216 的 512 K 存儲空間分為 8 個頁(段),每頁(段)對應 64 K 空間;高 3 位則作為片選擴展之用,擴展的數據存儲器片選信號通過一個 3－8 碼譯器 74LVC138 得到,可實現多達 8 片 IS61LV51216 擴展。從 IOPA 輸出的數據決定了當前對哪片 IS61LV51216 的哪個區域進行數據存取,對數據存儲器操作時也應先對 IOPA 進行操作,然後通過包含對應數據空間的地址信息的數據讀、寫指令完成數據的存取操作。

　　同樣值得注意的是,74LVC138 的允許端 E2 必須由 DSPLF2407A 的 DS 控制,以保証擴展的每片 IS61LV51216 的片選有效時都在 DSPLF2407A 的數據空間尋址。

　　還有一個特別值得強調的問題是,不論是單片或是多片大容量 SRAM 數據存儲空間擴展,每個頁(段)地址下的 0000H～7FFFH 都不能作為真正的外擴數據存儲空間來用,其原因是這段地址空間映射到 DSPLF2407A 片內的 RAM 區、外設幀及保留空間。

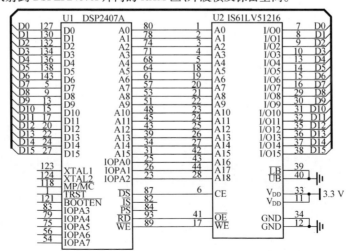

圖 3.27　基於單片存儲器頁(段)地址擴展的 LF2407A 數字系統的數據存儲擴展設計

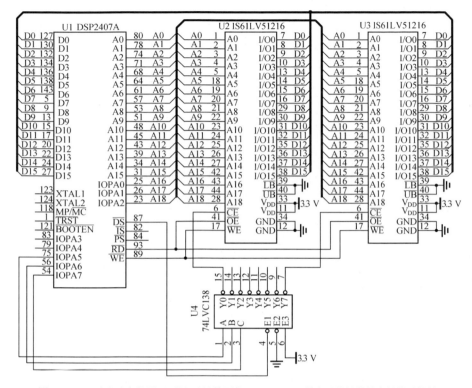

圖 3.28　基於多片存儲器頁（段）地址擴展的 DSPLF2407A 數字系統的數據存儲擴展設計

3.5　一般並行數字 I/O 擴展

　　數字 I/O 擴展可采用一般的數字輸入、輸出接口芯片如 74LS244、74LS245 或 74LS374 等來實現，也可采用專用的 I/O 擴展接口芯片如 8155、8255 等實現，采用專用的 I/O 擴展接口芯片在系統造價及靈活性上都不如采用如上提及的最常見的數字接口芯片。在采用一般的數字接口芯片進行 I/O 擴展時，還可根據使用要求完成 8 位、16 位甚至更寬數據位數的數據輸入和輸出功能。另外，電可擦除可編程邏輯器件的發展，基於 74LS244、245 及 74LS374、377 等設計的一般數字 I/O 接口可采用一片 EPLD 器件來實現，能够獲得集成度比 8155 和 8255 等專用芯片更高、功能更豐富、結構更靈活的單片 I/O 模塊，因此目前的一般數字 I/O 擴展設計都是采用74LS244、74LS374 等完成的。

3.5.1　一般並行數字 I/O 擴展的基本設計方法

　　任何微處理器的並行接口擴展都是基於三總綫來完成的，一般並行 I/O 擴展設計也不例外。首先，所有擴展的 I/O 接口同微處理器的數據都得通過數據總綫完成；其次，任何微處理器對 I/O 的操作不外乎"讀"和"寫"，這主要依靠控制總綫實現；另外，微處理器對 I/O 的操作一般是分時操作，尤其是"讀"操作，這就需要保证不會出現總綫競争，解決總綫競争是通過

I/O 的片選也即地址分配來實現的。幾乎所有的 I/O 接口芯片都會提供適合接口擴展的三總綫信號引脚。

I/O 擴展設計時所有 I/O 接口的數據綫都直接連在一起,通過地址譯碼形成每個 I/O 的片選信號,以確保微處理器對 I/O 接口操作時不會出現總綫競爭。對於輸入接口,其信號控制采用微處理器的"讀"控制綫實現,而對於輸出接口則采用微處理器的"寫"控制綫實現。可見,雖然數據總綫的連接是接口擴展設計的一個重要部分,但在設計上並不關鍵,控制總綫的連接也相對簡單,故 I/O 接口擴展設計的最主要的內容其實就是地址譯碼。

數字控制中 I/O 擴展的設計同所采用的微處理器的關係並不緊密,不論設計者采用的是 MCS – 51 系列的單片機、MCS – 96 的單片機、DSPLF2407A、還是工業控制計算機或 PC/104 等,其 I/O 擴展設計方法基本相同,只是個別細節上會存在差異。下面分別介紹。

3.5.2　MCS – 51 及 MCS – 96 系列單片機的並行數字 I/O 擴展設計

MCS – 51 和 MCS – 96 系列單片機用於外部接口設計的信號引脚和功能在微處理器芯片結構層面上基本相同,所以其一般數字 I/O 擴展設計方法及過程也基本一樣,故本書將此兩種微處理器芯片的 I/O 擴展設計放在一起介紹。

正如本書第 2 章中介紹的那樣,這兩種微處理器芯片對外都提供 16 位地址總綫引脚 AD0 ~ AD7、A(D)8 ~ A(D)15,8 位數據總綫 AD0 ~ AD7 引脚和控制總綫 ALE、RD、WR 信號引脚如圖 3.29 所示。其中為了減少外引脚數量,MCS – 51 系列單片機的數據總綫 D0 ~ D7 同地址總綫的 A0 ~ A7 共用,從管脚 AD0 ~ AD7 引出。MCS – 96 系列單片機則由於可同時適合 8 位和 16 位外部數據總綫使用要求,其 16 位數據總綫都同地址總綫共用 AD0 ~ AD15 引脚。但一般 MCS – 96 單片機在外部擴展時都采用 8 位寬度的數據總綫,此時它在芯片結構上同 MCS – 51 完全相同。這三類總綫信號外引脚設置為 I/O 擴展提供物理支撐。

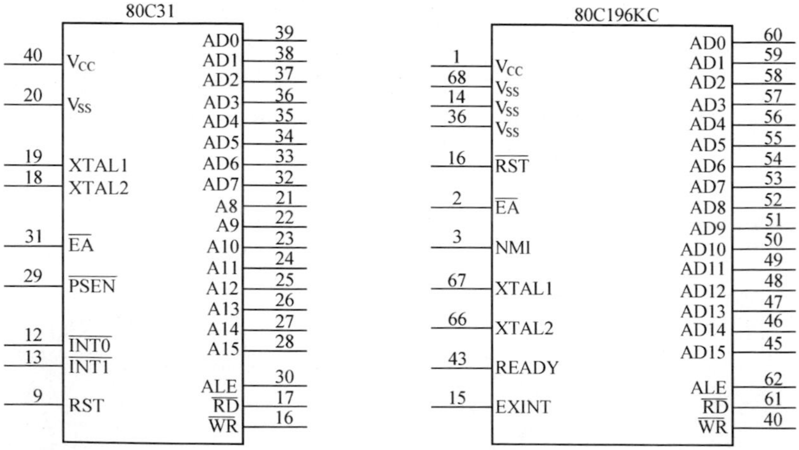

(a)40 脚 DIP 封裝的 80C31 單片机　　(b) 68 脚 PLCC 封裝的 80C196KC 單片機

圖 3.29

用於 I/O 擴展的數字芯片輸入常采用 74LS244(74LS245)或 74LS374,輸出則常采用 74LS374 來實現,其芯片功能及管脚排列如圖 3.30 示。

對於輸出接口擴展,一般要求具有鎖存功能。對於輸入采用 74LS244(245)芯片,由於其

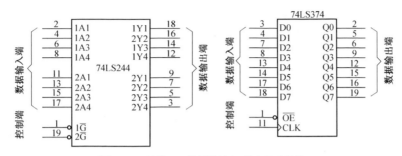

圖 3.30　用於 I/O 擴展的輸入、輸出芯片結構

本身不帶鎖存功能,故需要外部信息提供者提供鎖存,若采用 74LS374 等具有鎖存功能的接口芯片時,其輸入信息的鎖存也得依靠外部信息提供者提供鎖存操作。

從以上芯片結構可見,接口器件本身具有數據輸入、輸出引腳和控制信號引腳,但却沒有明顯的地址信號引腳,如何通過三總綫格式實現同微處理器的接口,則是接口擴展需要考慮的問題,下面詳細介紹。

1. 數據總綫連接

I/O 擴展設計的三總綫的連接中,數據總綫最為簡單,基本沒什麼值得考慮的問題,設計時可直接將 I/O 口的數據綫同微處理器的數據綫或經過驅動後的數據總綫相連即可。

2. 地址總綫信息提取及片選信號發生

上面曾經提到,I/O 擴展設計中,從地址信號產生片選信號是接口擴展設計的核心內容,它是保證總綫不會出現競爭的關鍵。片選信號本身屬於控制信號,但它的產生則同地址總綫相關,它是對地址進行譯碼得到的,因此在這裏把它放在地址總綫連接裏考慮。

從 MCS - 51 及 MCS - 96 系列單片機的結構知道,其低 8 位地址同數據總綫共用輸出引腳,因此為了進行地址譯碼,首先必須將地址信息從數據信息中分離出來。這兩種微處理器都提供了用於分離地址的控制綫 ALE,當微處理器讀指令或執行外部操作,如 MCS - 51 單片機執行類似 MOVX @ DPTR,A 或 MCS - 96 單片機執行類似 STB AX,XXXXH[0] 這樣的指令時,CPU 都會產生有效的 ALE 信號。可以利用該信號在其下降沿處將出現在數據總綫上的地址信息鎖存到外部的鎖存器中,然後 CPU 再呈送數據到數據總綫上。對於 MCS - 51 系列單片機或使用於 8 位外部數據情形下的 MCS - 96 單片機,高 8 位地址可直接從微處理器的引腳上獲得。

得到地址信息後,采用譯碼電路可以進一步獲得外擴 I/O 器件所需的片選信號。圖 3.31 中的 U1、U2、U3 部分電路就是實現地址信息分離及地址譯碼功能的,其中 U3 - 74LS154 是為了獲得連續 16 個 I/O 地址,當設計中不需要擴展這麼多 I/O 接口時,不用也可以。

這裏值得強調說明的一點是關於 U2 - 74LS138 控制端的接法。圖 3.31 中的 3 - 8 譯碼器的控制端沒有由微處理器來控制,而直接接固定的電平,這樣在任何地址有效時都會產生有效的片選信號。對於馮·諾依曼結構的 MCS - 96 系列單片機,由於其采用程序、數據及 I/O 統一編址,不論是程序存儲器、數據存儲器還是 I/O 的片選都得從譯碼電路得到,故 74LS138 的這種接法不會存在任何問題。但對於采用準哈佛結構的 MCS - 51 系列單片機則有可能會造成總綫競爭,因為其程序存儲器獨立編址,程序地址空間有可能同 I/O 及數據存儲器的地址空間重復,當 CPU 讀取指令時,會產生相應的有效片選信號,如果一般的數字 I/O 正好被選通的話,

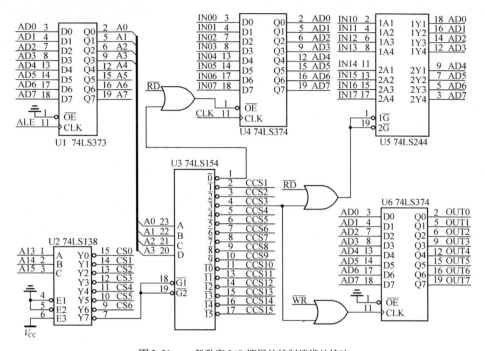

圖3.31　一般數字 I/O 擴展的控制總綫的接法

一定造成數據總綫衝突。這就需要通過以下將要討論的控制總綫的接法來避免。

　　3. I/O 擴展的控制總綫接法

　　這裏所謂的控制總綫只是指 RD 和 WR 信號,不包含 ALE 信號,ALE 信號的作用和接法已在前面講過。RD 信號用於數字輸入接口的控制,而 WR 用於數字輸出接口的控制。

　　對於采用 74LS244、74LS374 等數字接口芯片,由於其對外只有控制端而沒有明確的地址綫,但為了避免不同 I/O 接口操作時的總綫衝突,必須用地址信息生成的片選參與接口芯片的控制,而為了實現對接口的讀、寫控制及避免外部取指操作與 I/O 的總綫競爭,RD、WR 信號也必須參與控制。故設計時要利用片選和 RD、WR 的組合來實現對接口芯片的控制。

　　圖3.31 給出一般數字 I/O 接口擴展的控制總綫的接法。其中 U4、U5 分別為帶鎖存的和不帶鎖存功能的 8 位數字輸入口,U6 為一個 8 位具有鎖存功能的數字輸出口。

　　從圖3.31 中可見,數字輸入口的控制端是由 RD 信號同地址片選信號相"或"後來控制的,而數字輸出口的控制端則是由 WR 同地址片選信號相"或"後控制。

　　值得强調的是,對於 MCS – 51 系列的微處理器來講,數字輸入、輸出口的控制端必須按照圖3.31 的接法連接,否則會出現總綫競爭。這是因為當 CPU 讀取外部程序存儲器中的指令代碼時,其地址信息可能同 I/O 的地址重復,如果不用 RD、WR 來參與控制的話,有可能數字輸入口信息會和程序代碼同時呈送到數據總綫,引起競爭,或者數字輸出口會鎖存一個錯誤的輸出數據。RD、WR 參與控制之所以能避免取指操作可能對 I/O 和數據存儲接口的影響,是因為當 MCS – 51 單片機 PSEN(取指使能) 信號有效時,RD 和 WR 一定無效。

　　對於 MCS – 96 微處理器來講,由於其程序、數據及 I/O 統一編址,程序或數據口片選信號有效時 I/O 的片選一定無效,原則上即使 RD、WR 不參與 I/O 接口控制一般不會引起總綫競爭,但這裏還是强烈建議按照圖 3.31 的設計方法來進行 I/O 擴展。

還應該注意到,U5 的輸入口同 U6 的輸出口采用一個片選信號,但分别同 RD 和 WR 相"或"後去控制各自端口的控制端,這樣可以基於同一端口地址實現對兩個物理上獨立的端口的操作,節省地址資源。這也是 RD、WR 參與控制的一個優點。

3.5.3　DSPLF2407A 的並行數字 I/O 擴展設計

DSPLF2407A 采用的是哈佛結構,其程序、數據及 I/O 完全獨立編址。芯片本身不僅提供獨立的 16 位數據總綫外引脚、16 位專用地址總綫引脚、WE、RD 讀、寫控制信號綫,而且還提供三個區分外部程序擴展、數據存儲擴展及 I/O 擴展的控制信號綫 PS、DS 及 IS,為接口擴展設計提供了極大的便利。圖 3.32 給出其 I/O 擴展設計原理結構。

從圖 3.32 可見,DSPLF2407A 處理器的 I/O 擴展設計基本與上面介紹的 MCS - 51、MCS - 96 系列單片機的 I/O 擴展設計相同,其細節上的差别有如下兩點:

(1)DSPLF2407A 的地址綫和數據綫没有復用,16 位地址綫 A0 ~ A15 與 16 位數據綫 D0 ~ D15 各自獨立引出,故不需要地址分離電路,結構更加簡單。

(2)DSPLF2407A 是哈佛結構,程序、數據及 I/O 地址空間可重叠,為避免對不同類型外擴接口操作引起數據總綫衝突,必須用處理器專門提供的控制信號綫 PS、DS 及 IS 去控制各自地址譯碼電路的允許端。故圖 3.32 中 U2 - 74LVC138 的控制端 E1、E2 必須接 DSPLF2407A 的 IS 輸出引脚,而不能像 MCS - 51、MCS - 96 系列單片機 I/O 擴展中的那樣直接接地。

還有一個需要引起注意的是:DSPLF2407A 的 I/O 空間中 FF00H ~ FFFFH 為其保留空間或内部控制器單元的映射空間,在 I/O 擴展時一定要把這些地址空間讓出,所以擴展設計時最好不使用圖 3.32 中譯碼電路 U2 的 Y7 端。

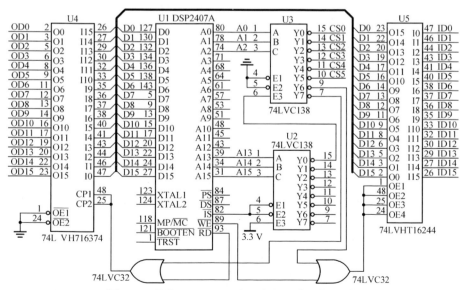

圖 3.32　基於 DSPLF2407A 處理器的 I/O 接口擴展設計

3.5.4　工業控制計算機或 PC/104 的一般數字 I/O 接口擴展設計

由於工業控制計算機或 PC/104 在數字控制中被當作一種微處理器最小系統一樣看待,所不同的是這時的最小系統是現成的,而不必由使用者再去設計,也就是說,有關最小系統中的時鐘電路、數據存儲器擴展、程序存儲器擴展等都已經在所選用的工業控制計算機或 PC/104 模塊中設計好了。關於程序存儲,工業控制計算機的程序存儲是采用硬盤存儲,PC/104 則一般是采用 CF 卡存儲;而對於數據存儲,這兩種基本系統本身都提供大量的內存供用戶使用,并且其程序存儲和數據存儲容量都遠遠超過一般數字控制所需的容量。因此,在基於工業控制計算機或 PC/104 的數字控制系統硬件設計時只需要進行 I/O 擴展設計。

基於工業控制計算機和基於 PC/104 的接口設計方法完全相同,下面的討論中除非特別指明,不再對其進行區分。

基於工業控制計算機和基於 PC/104 的 I/O 接口擴展設計同其他微處理器的 I/O 擴展設計基本原理相同,所不同的只是某些具體實現細節。下面只介紹其區別於以上基於微處理器的 I/O 擴展設計的內容。

1. ISA 總綫的驅動能力考慮

對於數據綫來講,因為所有外設的數據輸入或輸出都必須通過數據綫完成,故所有外擴 I/O 的數據綫都直接相連,并且連接到 ISA 總綫的數據綫上。但有一個問題必須考慮,這就是一般 ISA 總綫的總綫驅動能力較小(2 個 TTL 負載能力),因此在數據綫連接處理時,必須在 ISA 數據綫和 I/O 數據綫之間增加一級驅動。具體的電路如圖 3.33 所示。

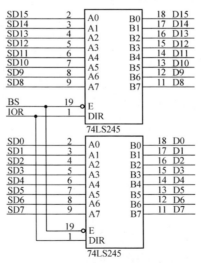

圖 3.33　ISA 數據總綫驅動能力擴展

由於數據是雙向的,故驅動采用 2 片雙向緩衝器 74LS245 實現,當采用 8 位數據綫時,可以只用一片。74LS245 的方向控制端 DIR = "0" 時,數據方向從其 B 端到 A 端,DIR = "1" 時,則數據從 A 端到 B 端,所以 74LS245 的 DIR 應通過 ISA 總綫的 IOR 來控制。另外,其輸出允許端 E 也必須仔細考慮,不能直接接地。這是因為工業控制計算機或 PC/104 的 IOR 還用於控制其系統中的其他內部 I/O,若 74LS245 的 E 端直接接地的話,一旦 IOR 有效即 IOR = "0" 時,其 B

端的信息將呈送到 ISA 數據總綫上,造成總綫競爭,引起工業控制計算機或 PC/104 的系統衝突,因此數據總綫驅動的 E 端也必須由外擴的板選信號如圖中所示的 BS 信號控制,這樣只有本接口板被選中的時候,才允許數據總綫有效。

對於控制總綫 IOR 和 IOW,如果擴展卡上負載多於兩個 TTL,也應該加不同的驅動,通常采用"與"或"或"門電路完成,如圖 3.34 所示。

圖 3.34　控制總綫 IOR、IOW 的驅動能力增强

2.地址譯碼方法

地址譯碼可以有許多方法,下面只介紹一種比較通用的方法,它提供一個用戶可在一定範圍內隨意設置的功能。

地址譯碼是 I/O 擴展硬件設計的關鍵部分。工業控制計算機或 PC/104 能提供 1 024 個 I/O 空間,其中前 512 個已經被其内部的 I/O 佔用,留給 ISA 接口擴展的只有後 512 個可用。因此,參與地址譯碼的 ISA 系統地址總綫只有 SA0 ~ SA9,其中對於 ISA 接口的 I/O 擴展,SA9 必須接高電平。另外,控制總綫中的 AEN(地址使能)信號用於控制 DMA 的操作,為了避免 DMA 操作同 I/O 操作的地址衝突,該信號一般也參與譯碼控制,即使使用者不進行 DMA 擴展,也最好如此。圖 3.35 給出一種通用的地址譯碼電路結構。

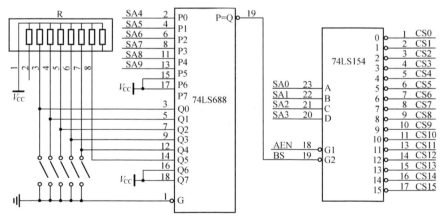

圖 3.35　一種通用的 ISA 總綫 I/O 擴展地址譯碼電路

圖 3.35 中采用了一片 8 位比較器 74LS688 和一片 4－16 譯碼電路 74LS154 來實現接口卡的地址譯碼。其中 74LS688 的功能是當輸入端 P0 ~ P7 和 Q0 ~ Q7 的電平相等時,輸出端 P = Q 為"0",否則為"1"。P0 ~ P5 分別接地址綫中的 SA4 ~ SA9,為了保證 SA9 = "1"時才選中本卡板,74LS688 的 Q5 端通過上拉電阻接 V_{CC}。用戶可以通過圖中的開關將 Q0 ~ Q4 分別設置為對應設計地址的高、低電平,實現本卡板的地址隨意設置。4－16 譯碼器 74LS154 的輸入端接 ISA 地址總綫的 SA0 ~ SA3,而兩個控制端 G1、G2 分別接 AEN 和 74LS688 的輸出端。AEN = "1"時系統工作在 DMA 狀態下,故禁止 74LS154 的任何輸出片選有效,而只有地址高位同擴

展卡的設置地址一致時,BS(即圖3.35中的板選信號 BS)才能為"0",從而允許74LS154的片選輸出有效。

3. 工業控制計算機或 PC/104 數字 I/O 擴展設計中幾個值得注意的問題

地址譯碼輸出用於控制各個 I/O 口的片選,但在確定哪個片選控制哪個 I/O 時,則必須要注意一個問題,這就是對於16位的 I/O,其片選一定要選擇74LS154的 CS0、CS2 等偶數片選信號而不能選擇如 CS1、CS3 等奇數片選信號;并且一旦某個偶數片選被用作某個16位 I/O 的片選控制後,則緊接着的奇數片選信號最好不再用於其他 I/O 的片選,如 CS2 用於某個16位的 I/O 片選,則 CS3 最好不再用作其他的 I/O 片選。這是因為一般兼容8位數據操作的16位計算機的低位地址規定從偶地址開始[4][5]。

另一個特別值得注意的問題是,在具有16位接口的 I/O 擴展中,在進行16位數據傳送時,只有 IOCS16 控制綫(輸入)為"0"才能使能 ISA 數據綫的高位 SD8 ~ SD15,否則操作將得不到正確的結果。因此在設計擴展電路時,必須將所有用到16位操作的 I/O 的片選綫相"與"後連接到 IOCS16 控制輸入上去(IOCS16 為低電平有效,而一般的片選信號也是低電平有效)。

在使用中斷的硬件設計中,要注意工業控制計算機或 PC/104 的中斷申請有效是高電平有效,對於比較少的中斷源,若需要電平轉換,可以簡單地采用三極管來實現。

4. 一個完整的基於工業控制計算機或 PC/104 的數字控制硬件系統原理設計示例

圖3.36為完整的基於工業控制計算機或 PC/104 的數字控制硬件結構原理圖,其中包括1路16位 A/D 和 D/A,1路16位數字輸出口、1路16位數字輸入口、1路8位數字輸出口、1路8位內部控制及備用輸出口和1路8位內部狀態查詢及備用數字輸入,供讀者參考。

3.6　數字控制的模擬輸入、輸出接口擴展

在數字控制中,除了要處理一般的數字輸入、輸出量外,也需要完成某些模擬信號形式的物理量輸入、輸出,比如某些閉環控制系統中的速率反饋信號以模擬電壓形式提供,進行速率閉環控制時需要將其轉換為數字量的形式,再比如控制系統的校正算法是由軟件實現的,綜合出的數字控制量往往要轉換為模擬信號形式提供給後續的功率驅動器或執行器。對於模擬輸入信號,采用 A/D 轉換芯片實現,模擬量的輸出則通過 D/A 轉換器件來實現。目前常用的 A/D、D/A 並行接口器有8位、12位和16位分辨率之分,可根據具體數字控制精度來選取。但由於電子製造技術的發展,16位的 A/D、D/A 轉換器件造價越來越低,幾種分辨率的器件在價格上相差不大,故在數字控制系統中即使精度要求不是很高的系統,可直接選取16位的器件來實現模擬信號的數字轉換,既不會增加太多成本,又能達到高精度的效果。下面分別介紹一種常用的16位 A/D 及 D/A 芯片及其接口方法。

3.6.1　常用 A/D、D/A 接口芯片及同微處理器的接口方法

AD976 和 AD569 是數字控制中常用的高性能、低價格16位分辨率轉換器件,它們能滿足大多數數字控制的前向和後向通道的精度要求。下面分別介紹其性能及硬件連接方法。

AD976 是一種單5 V 供電、允許 ±10 V 模擬輸入的16位分辨率的 A/D 轉換器件,其轉換速度可達100 Ksps(AD976)和200 Ksps(AD976A)。內部具有2.5 V 高精度參考電源,可選8位/16位並口輸出,功耗最大僅為100 mW,18種型號都為溫度範圍 - 40 ~ + 85 ℃ 的工業級

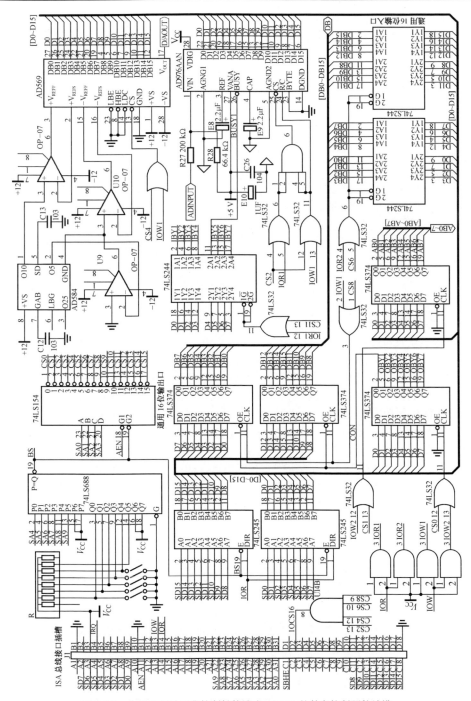

圖 3.36　完整的基於工業控制計算機或 PC/104 的數字控制硬件結構

產品,不同型號的產品提供 ±3.0 LSB 和 ±2.0 LSB 兩種轉換精度,采用 28 腳 DIP、SOIC 或 SSOP 封裝形式。其內部結構原理及管腳排列如圖 3.37 所示。

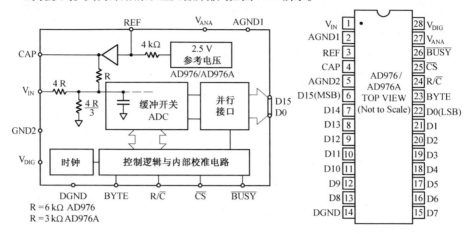

圖 3.37　高精度高性價比 A/D 轉換器 AD976A/AD976

AD976 既能同 8 位數據寬度的微處理器接口,也可同 16 位數據寬度的微處理器接口,由 BYTE 信號控制。當同 16 位數據寬度的微處理器接口時,BYTE 可直接接地。當同 8 位數據寬度的微處理器接口時,BYTE 可以由控制器的地址綫 A0 來控制,BYTE = A0 = "0" 時,16 位轉換結果的 16 位同時出現在數據總綫 D0 ～ D15 上,BYTE = A0 = "1" 時,高、低 8 位數據交換,即數據的高 8 位 D15 ～ D8 出現在 D7 ～ D0 輸出引腳上,低 8 位 D7 ～ D0 則出現在 D15 ～ D8 引腳,微處理器的 8 位數據綫連接到 AD976 的 D0 ～ D7,由此可分兩次將 16 位轉換結果讀入。轉換結果的 16 位數據以補碼形式提供,即對應 0 ～ +10 V 輸入時輸出為 0000H ～ 7FFFH,對應負的最小分辨率電壓到 –10 V 時,輸出為 FFFFH ～ 8000H。

對該芯片的操作包括啟動轉換和讀取轉換結果都必須在其片選信號有效時進行,CS(低電平有效) 信號由微處理器系統提供的片選信號控制。

AD976 為微處理器系統提供一個轉換是否結束的信號 BUSY(低電平有效),供微處理器系統查詢或作為中斷信號用。當轉換正在進行時 BUSY = "1",結束後 BUSY = "0",這時才允許微處理器讀取轉換結果。

AD976 的轉換啟動控制是由 R/C 及 CS 實現的,只有當這兩個信號同時有效(變低),且低電平寬度不少於 50 ns 時,AD976 才會開始一次轉換,其轉換狀態由上面提到的 BUSY 指示。

AD976 的轉換結果讀取控制同樣是由 R/C 及 CS 實現的,當 R/C = "1",CS = "0" 時允許微處理器讀取轉換結果。

圖 3.38 和圖 3.39 分別給出 AD976 同 8 位單片機 80C31 及同 16 位的 DSPLF2407A 的接口方法,有關 AD976 的嚴格時序要求,使用者可查閱其數據手冊,此處不再詳細說明。

AD976 的電源濾波及其他引腳接法可參見下面介紹的 DSPLF2407A 同 AD976A 的接口電路,AD976 和 AD976A 的外部元件連接稍有差別,詳細說明請參考 AD976 的數據手冊。

采用 DSPLF2407A 作為數字控制核心硬件時,使用 16 位數據總綫,其同 AD976 的接口相對簡單,圖 3.39 給出 DSPLF2407A 同 AD976 的接口電路連接。這裏需要強調的是 AD976 為 5 V 供電,而一般的 DSPLF2407A 采用 3.3 V 供電,因此同 AD976 接口時要考慮電平轉換問

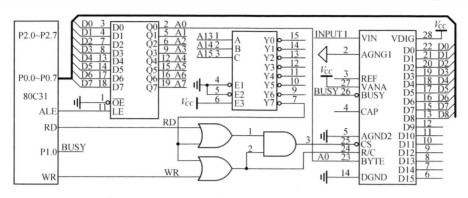

圖 3.38 AD976 同 80C31 單片機的接口方法

題。圖 3.39 中采用 3.3 V 供電的 74LVTH244 實現電平轉換,故 AD976 的 CS 端可直接接地,同時由於采用 16 位接口,AD976 的 BYTE 端直接接地。AD976 的 BUSY 信號經過 3.3 V 供電的 74LVC04 實現電平轉換後同 DSPLF2407A 的某個輸入信號相連(如圖 3.39 中的 IOPE1)供 DSP 查詢。

基於工業控制計算機、PC/104 或 MCS－96 系列單片機的數字控制系統,可以采用 8 位數據總綫,也可以采用 16 位數據總綫進行 I/O 擴展。當采用 8 位數據總綫時,同 AD976 的接口方法與圖 3.38 所示的連接完全相同;當采用 16 位數據總綫時,則同 ISA 與 AD976 的接口連接方法完全相同(圖 3.36)。

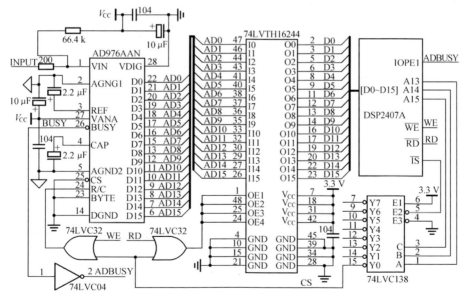

圖 3.39 AD976 同 DSPLF2407A 數字信號控制器的接口方法

AD569 是一種高性價比的高精度 D/A 轉換器件,具有低功耗、低漂移、低噪音及 ±0.01% 的典型非綫性,其轉換時間小於 3 μs,可同 8 位或 16 位微處理器接口。AD569 不提供精密電壓參考源,使用時需要外部專門設置 ±5 V 的精密參考,芯片采用 ±12 V 供電,輸出帶有射極跟隨電路,具有較小輸出阻抗。常用的封裝為 DIP28 封裝形式,圖 3.40 給出其內部結構原理及管腳排列示意。

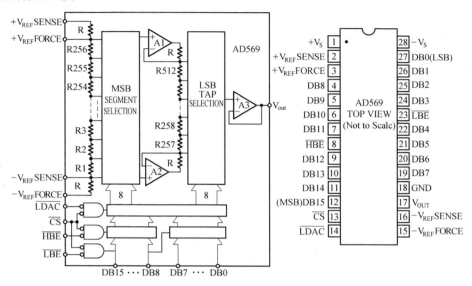

圖 3.40　高精度高性價比 D/A 轉換器 AD569

AD569 提供如下幾個接口控制信號:$\overline{CS}$ 片選、$\overline{HBE}$ 高位輸入允許、$\overline{LBE}$ 低位輸入允許、$\overline{LDAC}$ 十六位鎖存同步輸出允許,都為低電平有效。其中 $\overline{HBE}$、$\overline{LBE}$ 及 $\overline{LDAC}$ 信號主要為配合 8 位接口而設置,當同 16 位微處理器接口時,這三個信號都直接接地即可;當同 8 位微處理器接口時,可通過地址綫來控制 $\overline{HBE}$、$\overline{LBE}$ 及 $\overline{LDAC}$。一般是將 $\overline{HBE}$ 或 $\overline{LBE}$ 同 $\overline{LDAC}$ 直接相連,而 $\overline{LBE}$ 和 $\overline{HBE}$ 通過一跟地址綫如 A0 和 A0 的“非”來控制。因為通常低位地址從偶數地址開始,故 A0 一般控制 $\overline{LBE}$,而 A0 的“非”控制 $\overline{HBE}$。至於是 $\overline{LBE}$ 同 $\overline{LDAC}$ 相連,還是 $\overline{HBE}$ 同 $\overline{LDAC}$ 相連,則取決於微處理器在寫 D/A 轉換時是先寫 16 位的低 8 位數據還是高 8 位數據。當先寫低 8 位數據時,則 $\overline{HBE}$ 同 $\overline{LDAC}$ 相連;反之,$\overline{LDAC}$ 同 $\overline{LBE}$ 相連。同其他任何 I/O 口擴展一樣,對芯片的任何操作都必須在 $\overline{CS}$ 有效時進行,$\overline{CS}$ 可由微處理器系統的地址譯碼得到。

AD569 同 16 位數據寬度微處理器如 DSPLF2407A、工業控制計算機及 PC/104 等的接口設計十分簡單,在工業控制計算機及 PC/104 一節的 I/O 擴展曾給出的圖 3.36 中有 16 位接口連接電路,此處不再討論。下面給出 AD569 同 8 位微處理器接口原理,如圖 3.41 所示。

3.6.2　A/D、D/A 轉換器的精密參考電源

1. 高精度參考基準源 AD584 介紹

常見的 A/D 轉換器一般都提供內部高精度參考電源,而常見的 D/A 轉換器則一般都不提供內部參考,某些 A/D 轉換器也可能不提供參考電源或者內部參考電源精度不夠,因此在電路設計時,必須考慮外接電壓參考。電壓參考的精度和穩定度直接影響 A/D、D/A 轉換的精

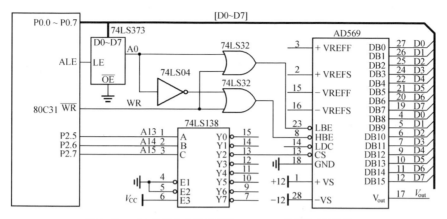

圖 3.41　AD569 同 8 位微處理器 MCS－51 系列單片機的接口

度,所以在應用中應盡量采用高精度、高穩定度的電壓基準源。

　　AD584 是一種高精度電壓基準源芯片,它內部集成有激光校準的 1.25 V 的基準電壓源、運算放大器和精密電阻網絡,可以在 5 ~ 30 V 單電源供電下提供 2.5 V、5 V、7.5 V 和 10 V 電壓基準,因此常被用於作為 D/A 轉換的外基準源。通過外接幾個運算放大器,AD584 還可以產生 ±5 V 的電壓基準。其基本原理如圖 3.42 所示。

　　根據圖 3.42 的原理可知,當 AD584 的 4 腳接地,8 腳接 5 ~ 30 V 輸入時,若其他管腳都不接,則可以從 1 腳得到 10 V 的基準電壓;若 2、3 腳相連可得到 7.5 V 的基準電壓;1、2 腳短接可得到 5 V 的基準電壓;1、3 腳短接能得到 2.5 V 的基準電壓。

　　2. 用 AD584 產生 ±5 V 基準電壓

　　在大部分數字控制中,D/A 轉換都需要采用雙向參考電源,如 AD569 就需要 ±5 V 的電壓基準。AD584 采用圖 3.43 所示的接法可獲得一個 ±5 V 的電壓基準,下面詳細分析。

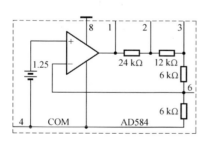

圖 3.42　AD584 基本原理

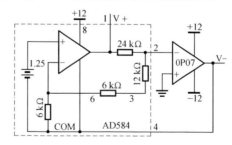

圖 3.43　用 AD584 產生 ±5 V 電壓基準電路接法

　　在圖 3.43 中,給 AD584 外接一個運算放大器,其"－"端接 AD584 的第 2 腳,"＋"接地,輸出端接 AD594 的第 4 腳同時作為雙向基準電源的 V－。由圖 3.43 可見,AD584 的 2 腳處電平接近 0 V,并且不從外接的 OP07 取電流,其內部運算放大器的"－"端比其 4 腳(也是 V－)高 1.25 V 并且基本不取電流,所以流過該 6k 電阻的電流為:$i = 1.25/6$ k。進一步可得 AD584 的 1 腳電平為 $V+ = 24$ k $\times$ 1.25/6 k = 5 V,AD584 的第 4 腳電平為 $V = (6$ k $+ 6$ k $+ 12$ k$) \times$ 1.25/6 k $= -5$ V。在實際應用中,為了保证圖 3.43 所產生的 ±5 V 的電壓基準在接入到 D/A

轉換器時不因為負載效應而變化,一般經過射極跟隨電路後再接入。圖3.44給出基於AD584的AD569轉換器的參考電壓源的硬件電路。

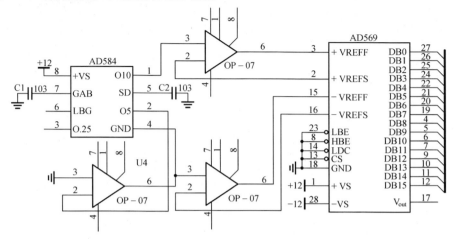

圖3.44 用AD584產生AD569十六位D/A轉換器 ±5 V電壓基準的電路構成

在AD584的這種接法中,有個問題必須引起注意,這就是其不用引腳的處理。圖3.43中AD584的第5(SD)、7(GAB)腳未用,實際使用時這兩個腳如果懸空,則容易引進干擾,從而造成電路自激振盪,這時在基於該電路產生的 ±5 V基準上會疊加一個300 kHz的鋸齒波。經過實驗,在這兩個引腳上分別對地外接一個103的獨石電容則可消除自激振盪。

3.7 數字電路的 EPLD 實現

數字控制中的許多數字電路如外圍擴展電路等往往由很多接口數字電路構成,採用傳統的數字集成芯片實現時,則會造成數字系統的結構龐大,不利於小型化和集成度的提高,而且大量採用傳統的集成電路芯片使得數字系統功耗大,各數字芯片之間存在高頻耦合影響,系統的可靠性較低,抗干擾能力也差。

20世紀80年代中期,美國Xilinx公司首先推出了一種全新概念的數字芯片[17],它採用"積木塊"式結構,內部集成了大量通用的邏輯門電路、可編程連綫、包含多個可編程邏輯模塊的邏輯單元陣列、可編程I/O模塊,使用者可根據自己的需要靈活構建硬件,大大提高了設計的靈活性,同時此類芯片具有相對較高的集成度,一片可完成若干傳統數字芯片的功能,有利於提高數字電路的集成度和可靠性,減小電路硬件體積。此類器件統稱為FPGA(現場可編程門陣列)和EPLD(可擦除可編程邏輯器件)器件。到目前為止,市面上除了Xilinx公司的產品外,Altera公司生產的功能相同的此類器件也比較常見[18]。

基於"積木塊"概念的數字芯片大致可分為兩種:一種是FPGA(現場可編程門陣列);另一種是EPLD(可擦除可編程邏輯器件)。這兩種器件最大的不同是,前者內部還集成有用於存儲結構定義數據信息的SRAM,而後者集成的則是同樣用途的E^2PROM。在使用時其內部連綫、各個邏輯單元之間如何連接、通用I/O模塊的引腳作輸入或輸出用、I/O模塊同邏輯單元之間的連接及具體實現何種功能都是通過使用者編寫的數據文件來定義。

對於FPGA來講,器件功能、連接方式及管腳定義等取決於其內部SRAM裏的內容,而

SRAM 的數據在器件掉電後將消失,上電時則必須從外部非易失性存儲介質加載。因此,FPGA 器件本身無法單獨實現完整的數字邏輯電路,它需要同外接的其他芯片一起使用。一般地,其數據文件存儲在外接的 EPROM 等非易失性存儲器裏,上電時 FPGA 可以主動自動地將 EPROM 的數據加載到其內部的 SRAM 裏,完成硬件重構,也可以被動加載,如通過其他微處理器完成加載。數據加載可以是並行方式,也可以是串行方式。被動加載還可以通過器件本身的 JTAG 接口由上位計算機完成。

對於 EPLD 器件來講,器件功能、連接方式及管脚定義等取決於其內部 E^2PROM 或 EPROM 裏的內容。E^2PROM 或 EPROM 屬於非易失性存儲介質,加載一次後即可,其內容不會在掉電時消失,故此類器件可以單獨使用。EPLD 器件的 E^2PROM 或 EPROM 數據加載可以通過 JTAG 接口由相應器件的開發環境軟件完成,或者由專用的硬件編程單元(MPU)完成。

考慮到如下兩個原因:第一,FPGA 不能單獨使用,本身硬件設計上較 EPLD 相對復雜;第二,一般的數字控制不必要在線更改硬件結構,而且需要實現的硬件部分不太復雜,採用中等容量規模的 EPLD 足夠;故這裏不介紹用 FPGA 實現數字控制的外圍擴展數字電路。下面主要介紹採用 EPLD 實現數字電路的有關內容。

3.7.1 EPLD 器件的分類

1. 按照生產廠家分類[17][18]

目前,流行的 EPLD 器件主要有 Xilinx 公司的 XC7300 系列和 Altera 公司的 MAX7000 系列兩種。

2. 按照容量分類

容量大小主要是指器件內包含的宏單元的個數。Xilinx 公司的 XC7300 系列按容量大小可分為:XC7336、XC7354、XC7372、XC73108 等。Altera 公司的 MAX7000 系列按容量大小可分為:MAX7032、MAX7064、MAX70128、MAX70160、MAX70194、MAX70256 等。

3. 按照速度等級分類

速度等級是指器件引脚到引脚的延遲時間,限定了該器件能工作的最高頻率。Xilinx 公司的 XC7300 系列按速度等級可分為:10 ns、12 ns 和 15 ns 三種。Altera 公司的 MAX7000 系列按速度等級可分為:5 ns、6 ns、7 ns、10 ns、12 ns、15 ns 和 20 ns 幾種。

4. 按照下載方式分類

下載方式是指芯片配置數據文件寫入器件內部非易性存儲器的方式。Xilinx 公司的 XC7300 系列產品一般每種器件都提供兩種數據存儲方式:一種是可供開發用的可紫外綫擦除的 EPROM;另一種是可一次性編程的 PROM。其寫入方式只能通過專用的硬件編程器完成。而 Altera 公司的 MAX7000 系列產品一般採用 E^2PROM 作為配置數據文件的存儲,但它還提供兩種方式的寫入:一種是通過專用的硬件編程器寫入,這種器件不具有 JTAG 接口如 MAX7000E 等;另一種是通過器件本身具有的 JTAG 接口完成,此類芯片稱為 ISP(在系統可編程)芯片,如 MAX7000S、MAX7000A 等。

5. 按照使用電壓分類

兩個公司的產品都可工作在 5 V 電壓下。Xilinx 公司的所有器件都設計為可使用在混合電壓系統,即器件內部可接兩種電源,核心部分電源(VCCINT)採用 5 V,I/O 模塊部分電源

（VCCIO）可采用 5 V 或者 3.3 V。而 Altera 公司的產品則提供更多的選擇，某些器件如 MAX7000B 采用全 2.5 V 供電，MAX7000A、MAX7032V、MAX70128SV 采用全 3.3 V 供電，而 MAX7000S 則可采用混合供電方式，同 Xilinx 公司的所有器件一樣，它的內核工作電壓（VCCINT）必須采用 5 V 供電，I/O 模塊電源（VCCIO）則既可采用 5 V 電源也可采用 3.3 V 電源。

值得注意的是，可使用在混合電源電壓系統中的 EPLD 器件的輸入、輸出完全同 TTL 兼容，不論它是否采用了 3.3 V 的 VCCIO。

6. 按照封裝形式分類

封裝形式是指同一種器件采用何種數量的管腳、何種的管腳排列及何種焊接或安插方法。每種型號 EPLD 都提供幾種封裝形式，某個相同的器件提供不同數量的管腳（主要是可編程 I/O 管腳的多少不同）、PGA、PLCC 的安插方式或表貼（QFP）封裝等。

7. 按照溫度範圍分類

Xilinx 公司的 EPLD 根據溫度範圍有商業級、工業級和軍品級之分。常見的 Altera 公司產品有商業級和工業級之分，市面上很少見軍品級的器件。

3.7.2　EPLD 器件的選擇

通過以上簡單的介紹可知，Xilinx 公司雖然是世界上首個設計出 FPGA 和 EPLD 器件的公司，但它在器件容量、電源電壓及下載方式等方面可供用戶選擇的餘地不如 Altera 公司，因此一般建議使用 Altera 公司的產品來實現數字電路的小型化、靈活性設計。

選擇 EPLD 器件遵循如下原則：

（1）首先根據用戶設計的數字電路的復雜程度，確定需要多少宏單元能實現，然後選擇相應容量的 EPLD 型號。選擇容量時，一般要留 30% 的餘量，即實際電路盡量不使用超過器件 70% 的資源，尤其是宏單元的資源，否則芯片容易發熱，不利於器件的使用壽命。

（2）根據數字電路輸入、輸出數量來選擇該型號中的哪種管腳封裝。一般常遇見電路中使用的宏單元並不多，但所需 I/O 引綫比較多，這時選擇同類芯片中管腳較多的那款。

（3）為了方便調試，最好選擇具有 ISP 功能的器件，其器件內部具有供燒寫 E^2PROM 的 12 V 電源發生電路，不用外部提供專門的燒寫電源，故可以通過 JTAG 接口實現在系統編程，而不用頻繁拔插芯片；另外采用 JTAG 接口下載數據只需要一個簡單的下載電纜即可完成，不必購買專用的燒寫硬件裝置，比較經濟。

（4）根據所設計的數字系統的電平要求，選擇采用純 3.3 V、2.5 V 的器件或者可使用於混合供電系統的 MAX7000S 器件。

（5）根據電路的速度要求選擇器件的速度等級，電路對延遲要求高的，則選擇高速器件，但要注意實現時，留足夠的宏單元餘量。這是因為高速工作時芯片發熱比低速工作時嚴重。

（6）根據具體需要，選擇貼片封裝或者 PLCC 封裝。貼片封裝可以有效減小電路體積，但一定得選擇具有 JTAG 接口的器件，否則調試或更改設置比較麻煩。對於工作環境惡劣的應用場合，一般建議選擇貼片封裝。

（7）根據使用環境溫度範圍，選擇商業級、工業級或軍品級器件。

3.7.3　EPLD 器件的開發工具及流程

Xilinx 公司和 Altera 公司各有適合自己產品的開發軟件，目前國內比較流行使用的是針對

Altera 公司產品開發的 Maxplus II 和 Quartus II 。Maxplus II 是比較早期的開發環境軟件,在支持 EPLD 開發方面和較新的 Quartus II 基本差不多,但在支持 FPGA 開發、IP核技術和數字系統仿真等方面存在一定的局限,目前使用的相對較少。另外,Maxplus II 開發軟件本身只支持基於 RS232 和並口的器件編程工具,要想支持基於 USB 接口的編程工具則必須另外安裝專門的驅動,而 Quartus II 在安裝時自動提供支持基於 USB 接口的編程工具的功能。

EPLD 器件的開發就如同設計、加工一塊 PCB 板(印刷電路板)一樣,它的一塊芯片就相當於一塊 PCB 板,所以其開發流程同設計、加工 PCB 板基本相同,過程如圖 3.45 示。

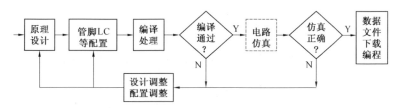

圖 3.45　EPLD 可編程邏輯器件應用開發流程

對於數字控制中使用的 EPLD 器件,由於其實現的功能相對簡單,復雜程度及對時序的要求等一般不太高,故上面流程中的電路仿真環節可以省略,只要編譯通過,直接通過 JTAG 接口電纜下載燒寫即可。

3.7.4　EPLD 器件的設計輸入

EPLD 的開發環境為用戶提供三種方法:原理圖輸入方法、VHDL 等語言輸入方法和波形輸入方法。最簡單也是最常用的是采用原理圖輸入方法。開發環境軟件為用戶提供大量的基本邏輯、比較完整的 74LS 系列的器件封裝庫,在基於原理圖設計輸入時,可以直接調用,十分方便。對於某些庫中沒有的特殊元件,還允許用戶自己建立圖形庫。自建庫是基於 TTL 手冊的各元件的原理構成,用開發環境提供的基本元件搭建,形成一個文件,然後存儲到自建庫中,使用時可以像調用原有庫一樣調用。

有時,某些電路用圖形輸入方法由於某種原因得不到正確的結果,這時可以采用語言輸入法建立該單元的庫,然後再在原理圖輸入中調用即可解決問題。

基本的原理圖設計完畢後,要給電路中的每個輸入、輸出端分配管脚。在分配管脚時,需要注意幾點:一般器件設計有供快速信號驅動的全局時鐘和全局使能綫,對於有高頻時鐘的電路,最好采用全局時鐘脚作為其時鐘引入綫。全局使能若不用的話,編譯系統會自動將其連接到“地”。對於每個管脚都需要指明其信號方向或特性,如輸入、輸出或三態。

具有 JTAG 接口的器件為數據文件下載提供 4 個口綫,即 TDI、TDO、TCK 和 TMS,原則上當不使用芯片的 ISP 功能實現在系統燒寫數據文件時,這幾個引脚可以定義為一般的 I/O 綫,但在設計原理圖時,盡量不要這麼做,以避免引起某些不可預見的麻煩。為了可靠穩定起見,應用系統中不用的這幾個管脚應該按如下方法處理:TMS、TDI 接到 V_{CC} 上,TCK 應該接到 GND。

對於一般的數字控制,用 EPLD 實現的電路部分相對簡單,采用原理圖輸入都能滿足要求,故在實際應用中建議采用此種輸入方法。

3.7.5　EPLD 器件設計文件的編譯及編程

設計輸入完後,需要根據實際的 PCB 板設計方便與否調整輸入的圖形文件的管脚分配。

然後進行編譯,正確通過編譯後開發環境軟件系統將會自動生成若干文件,其中比較關鍵的文件有:∗.pin、∗.rpt、∗.fit、∗.ndb、∗.hif、∗.jam、∗.jbc 和 ∗.pof,其中大多數文件如 ∗.pin、∗.rpt、∗.fit、∗.ndb、∗.hif 都能用記事本方式打開。∗.pof 是最終燒寫的二進制數據文件,無法用記事本方式打開;∗.rpt 文件中包含最終的管脚定義、資源佔用情況等信息,通過它可以查看是否使用了超過 70% 的邏輯宏單元;通過 ∗.pin 文件可以查看未用的全局信號、V_{CCINT} 和 V_{CCIO} 等的連接情況。

編譯之前應先指定器件型號,指定管脚分配和 LAB、LC 分配。LAB、LC 分配可不人為設定,而采用自動分配,但管脚指定一般必須由設計者結合 PCB 的設計事先指定。編譯後最終形成的 LAB 和 LC 的使用情況可以通過平面編輯器觀察或者調整。

器件指定窗體裏有一個"Devices Options"選項,點擊後會出現大致 4 個選項,包括多電壓 I/O 和是否使能支持 JTAG。在其復選框內有三種可選情形:未選(框內沒有 √),選中(框內有黑色 √)和缺省(框內有 √,但為灰色)。如果在此處進行了非缺省選擇,則編譯時以此處設置為準進行編譯。若此處為缺省設置,則是否選中對應項設置則取決於編譯時的全局設置 (Global Project Device Options) 中的選擇。當選中使能 JTAG 時,在生成的 ∗.pin 文件中可見,系統會將器件的專用復用管脚配置為 TCK、TMS、TDI 和 TDO,而不是配置成一般的 I/O。

對於有 JTAG 接口的器件,編譯時必須選中使能支持 JTAG 選項,否則編譯生成的燒寫數據文件無法通過 JTAG 接口下載電纜進行數據加載,這時對基於此選項生成的數據文件進行下載編程時,則系統會提示出錯信息。

對於混合電源應用場合(數字系統既有 5 V 電源又有 3.3 V 電源),則"Devices Options"選項中的多電壓選項必須選中,或缺省。但在"Global Project Device Options"選項中必須選中。

有時從庫文件中調用的 74LS 系列芯片具有 CLK 管脚,但設計時並不想將其連接到全局時鐘上或者全局時鐘已被其他高頻信號佔用,可能是由於編譯環境本身的問題,系統在編譯時會要求將其接到全局時鐘,否則會提示出錯,編譯不能通過,這時可以在其引入脚和該單元的 CLK 之間加一級 BUFFER 解決問題。

在對器件進行編程前,必須先將編程工具電纜連接並給被編程器件上電,否則系統會提示 "Programing hardware is not insatlled."

3.7.6　EPLD 編程器的安裝

基於 JTAG 接口,使用者可通過三種不同的編程方式對 Altera 公司的器件進行下載編程: BitBlaster 下載電纜方式、ByteBlaster 下載電纜方式和 USB 下載電纜方式。其下載工具電纜驅動的安裝有別於標準 "即插即用" 設備,下面詳細說明其驅動程序的安裝過程。

(1) 先將 EPLD 燒寫器通過 LPT 口(ByteBlaster)或 RS232(BitBlaster)或 USB 連接到計算機,並打開電源。

(2) 從控制面板添加新硬件,這時出現提示"您是否已經將這個硬件連接到計算機?"選擇"是",點擊"下一步"。

(3) 進入下一界面後,在"已安裝的硬件框"裏選擇"添加新硬件",點擊"下一步"。

(4) 進入下一界面,選擇"搜索並自動安裝硬件",點擊"下一步",開始搜索,搜索完畢後,點擊"下一步",出現"常見硬件類型"列表,在其中選擇"聲音、視頻和遊戲控制"。

(5) 點擊"下一步",出現"選擇要為此硬件安裝的驅動程序",選擇"從磁盤安裝"。

(6) 點擊"下一步",通過"瀏覽"按鈕選擇要安裝的驅動程序(通常在 DRIVE 文件夾裏)。

(7) 根據所安裝的系統(目前一般是 2000 或者 XP 系統)選擇"WIN2000"。

按以上步驟操作完畢後重新啟動計算機,即完成下載工具電纜的驅動安裝,這時就可以正常燒寫了。不正常時,則開發環境軟件系統會提醒"燒寫器忙"。

3.8   單片機系統的加密技術

為了保護知識產權,采用加密技術是一個有效的手段。加密技術在軟件設計領域裏已不是新鮮的概念,但在單片機系統領域內往往由於技術上的原因難以實現,因此在市場中很難避免其系統從硬件到軟件被完全仿製,給產權者造成一定的經濟損失。單片機系統的加密技術過去常常僅采用硬件手段,即利用可編程器件如 GAL、EPLD 等芯片將一些外圍的關鍵電路封裝起來,使仿製者難以詳盡獲得其硬件結構。但是其軟件往往往無法直接保密,有時仿製者可以通過反匯編手段讀到該系統的操作軟件,從而破譯其硬件加密方法,代之自己相同原理的硬件設計,因此僅從硬件上加密是不夠的。但是單片機系統又不像系統機那樣,可以完全從軟件上進行加密,因為其軟件最終要以相應於單片機類型的機器語言的形式來存放,它很容易通過反匯編方法被獲取,因此單片機系統的加密技術必須采用軟、硬件結合的方法來實現。加密沒有固定的規則,因為規則愈固定,則解密愈容易,因此加密技術沒有一個統一的原理。只要能加密,采用何種手段都可以,該手段越是反常規,其保密性則越好。以下介紹幾種單片機系統的加密方法[19]。

3.8.1   程序隱藏法

一般單片機系統的操作程序都存放在非易失存儲器如 EPROM、E^2PROM 等裏,因此容易被反匯編,而無硬件加密時,整個系統很容易被完全仿製。程序隱藏法,顧名思義即是將有用的程序隱藏起來,這樣反匯編後得到的代碼將很難讀譯。

一種做法是將有效程序同無效代碼存放在同一片裏,而從硬件上進行一點反常處理,使能夠正確讀取而仿製者無法正常反匯編直接獲取程序代碼。如 MCS - 51 單片機系列和 MCS - 96 系列單片機上電復位後分別從 0000H 和 2080H 處開始執行程序,若采用 EPROM,則正常情況下有效程序必須從 0000H 處開始存放。這樣只要仿製者按常規設計仿製完硬件後,直接拷貝一份即可完全仿製整個系統。如果將連接到 EPROM 的某根地址綫同系統中的對應地址綫斷開,而將其直接連到 V_{CC} 上,則無論程序計數器的值如何變化,該引腳總保持為高電平,這時上電復位不是從 EPROM 的 0000H 處讀取程序代碼,而總是從所設計的有效起始地址處讀取。只要將有效程序代碼存放到對應設計的 EPROM 有效區域,而在非有效區域填入無效的二進制碼就可保證 CPU 能正確讀取而仿製者反匯編不到正確的程序代碼,起到一定的保密作用。最簡單的做法是將 EPROM 的最高位地址綫接 V_{CC},但這樣做的加密程度不高;而將地址綫中的次高位直接接 V_{CC} 的處理則會具有更高的保密度。比如 MCS - 51 單片機系統中采用 27C64 的 EPROM 存放程序,其地址寬度為 13 即地址綫從 A0 到 A12。在做保密處理時可將地址綫 A11 直接同 V_{CC} 相連,由於 A11 總為高,EPROM27C64 的有效區域為 800H ~ 0FFFH、1800H ~ 1FFFH。在設計程序時將初始化及部分低地址段代碼用僞指令限制在 0000H ~ 07FFH 段裏,高地址段程序則避開 1000H ~ 17FFH 段。在燒寫 EPROM 時將 0000H ~ 07FFH

段代碼存放到 EPROM 的 0800H ~ 0FFFH 段裏，高段代碼正常存放，EPROM 的 0000H ~ 07FFH 區域及 1000H ~ 17FFH 則寫入無效的非程序代碼。由於 A11 總為高電平，不論 PC（微處理器的程序計數器）出現怎樣的信息，EPROM 的 0000H ~ 07FFH 及 1000H ~ 17FFH 區域都不會被選中，故不必擔心該區域裏的無效代碼會造成系統錯誤。在實施加密處理時，要注意讓信號綫在印刷板上看上去似乎是連到的相應管脚上，這符合正常設計規則，而在該芯片插座下將其斷開，然後在隱蔽處將其連到 V_{CC} 上去。為了達到這一目的，該地址綫布綫應放在元件面。按以上方法加密，雖然仿製者可以完全仿製系統硬件（當然不包括其連綫方法），但其直接拷貝的系統軟件卻無法正確執行，起到了一定的保密作用。

另一種程序隱藏法是利用兩片 EPROM 來分裝一段程序，其中一片的某根地址綫直接接 V_{CC}，而另一片的對應地址綫直接接 GND。這樣會將每片 EPROM 分成非連續有效的若干段，而其中一片的非連續有效段正好對應另一片的非連續無效段，兩片的有效段搆成一個完整有效的連續段。每片中不用的地址段內隨意填入無效代碼，使反匯編得到不正確或不完整的程序。這種方法同樣也需要相應的硬件加密支持，其外部硬件設計如圖 3.46 所示，圖中虛綫框內的硬件必須利用可編程邏輯器件來實現以起到保密作用。

綜上所述，程序隱藏法屬於硬、軟件結合的加密方法，或者通過硬件加密和軟件隱藏起到軟、硬件保密的效果。這種方法的缺點是程序存儲器的容量利用率降低，浪費有效的程序存儲空間。其軟件並非真正加密，在某種程度上有可能被正確破譯，此時即使其硬件加密不被破譯，解密後的軟件仍能正確使用，因此其保密作用有一定局限性。

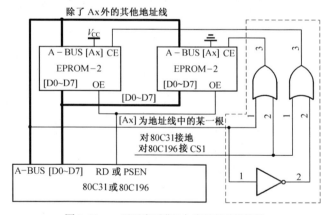

圖 3.46　一種程序隱藏法加密硬件結構設計

3.8.2　硬、軟件同時加密技術

以下介紹幾種軟、硬件同時加密的方法，它避免了上面方法的缺點，既不浪費程序存儲空間，又對軟件實施了加密處理。從原理上講，單片機的任何加密都只能通過硬件加密來實現，因此若硬件被解密則軟件自然被解密；即使不解密，該系統也可被完全仿製。故系統加密技術的關鍵還在於硬件加密，而加密的硬件設計必須正好是軟件加密的解密過程，因此其硬件的可實現性限制了其軟件加密的復雜程度。

1. 求反加密

這一方法是將 EPROM 裏的代碼按有效程序代碼逐字節求反後存放，即 EPROM 裏存放的是真正有效代碼的反碼,因此解密者直接反匯編將得不到正確的原代碼,有效地防止了程序失密。在硬件實現上只需要在 EPROM 和微處理器處理器之間的 8 根數據綫上加入非門和三態緩衝器,即可保证微處理器能讀取到原始有效代碼。注意:必須加入三態緩衝器,而且其控制端要通過 EPROM 的片選和讀信號的"或"來控制,否則會引起總綫衝突。其硬件設計如圖3.47 所示,同樣圖中虛綫框内部分必須保密,否則一切都無意義。

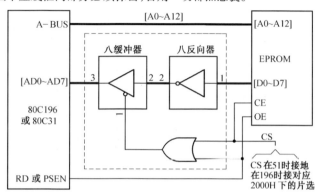

圖 3.47　求反加密硬件設計

2. 异或加密

以上討論的求反加密相對簡單,比較容易被破譯。這裏再介紹幾種异或加密方法,它同求反加密一樣都是源自系統機軟件加密方法。

异或技術是一個非常奇妙的技術。對於一個原始的二進制代碼如 01011101,若將其同另一個二進制碼如 10011110 相"异或"一次,可得到一個新的二進制碼,若進一步將新形成的二進制碼再同 10011110 第二次"异或"則可恢復原始的二進制碼 01011101。第一次"异或"稱為加密過程,第二次"异或"則稱為解密過程,其中 01011101 稱為源代碼,10011110 稱為鑰匙碼。异或加密在系統機軟件領域已被廣泛采用,但在該領域解密也是用軟件方法來完成的。在單片機系統中,這個過程則必須用硬件來實現,其硬件原理如圖 3.48 所示。圖中鑰匙碼可人為設定,即將八個"异或門"的一端分別引到設定的電平。虛綫框内部用可編程邏輯器件進行加密處理。

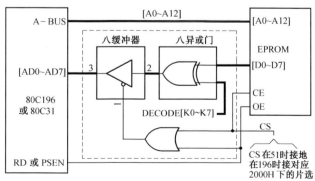

圖 3.48　异或加密硬件設計

　　EPROM 裏存放的代碼為原始有效機器碼同鑰匙碼"异或"後的二進制碼。由於鑰匙碼設定靠加密後的硬件來實現,仿製者無法獲取,因此也就無法直接獲取正確的程序代碼,而且鑰匙碼具有的隨機性使得此方法的保密性較求反加密更提高了一步。

　　在這種方法中,由於鑰匙碼只有8位,故只有256種組合。這樣即使不知道鑰匙碼,也可以通過依次將 EPROM 裏的代碼同所有可能的鑰匙碼一一"异或"而破譯。這就是說,256種組合的鑰匙碼其保密性還可能嫌少。因此,為了進一步提高加密水平,可以設置二級或更多的鑰匙碼,然後將原始有效程序代碼同各鑰匙碼逐一"异或"後存儲。這樣,由於可能的組合大大增加,也就大大增加了系統的保密性。下面以二級鑰匙碼為例給出其硬件解密設計,如圖3.49所示。

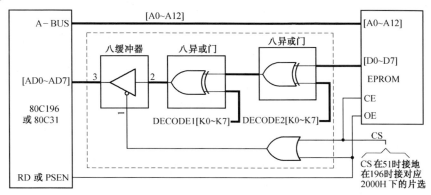

圖 3.49　　二級异或加密的硬件結構

　　由圖3.49可見,二級异或加密的硬件解密也必須有二級,并且還需注意一點:源代碼"异或"鑰匙碼1"异或"鑰匙碼2順序得到 EPROM 存儲的加密代碼,則解密硬件的第一級"异或"處理的鑰匙碼必須是鑰匙碼2,第二級"异或"處理的鑰匙碼必須是鑰匙碼1。

　　以上多級异或加密方法的硬件隨加密級的增多而變得復雜,同時由於實際電路上存在延遲,當級數太多時可能引入大的延遲,從而滿足不了處理器讀取程序代碼的時序要求,因此這種方法的使用受到限制。以下再介紹一種方法,它能在加密程度和實現硬件復雜程度之間獲得折中。其原理是為原始有效程序代碼的每一個字節都設置一個鑰匙碼,形成一個鑰匙碼集,然後利用兩片存儲器來存放加密後的程序代碼和鑰匙碼集,處理器在同一時刻同時打開兩片存儲器,將其內容相"异或"後作為有效代碼執行。在存放程序代碼到 EPROM 裏時并不是將有效加密代碼和鑰匙碼集分別存放,而是相互交叉存放,即一片 EPROM 裏可以既有有效代碼又有鑰匙碼,甚至一條指令的不同字節都可以放在不同的 EPROM 裏,只要保證對應字節的有效代碼和鑰匙碼存在不同 EPROM 裏的相同地址單元即可,其硬件實現如圖3.50所示。

　　同以上异或加密方法比較,雖然其鑰匙碼集存在外面的 EPROM 裏,而不像上面兩種异或那樣做在加密的硬件中,但此種加密方法大大增加了軟件的加密程度,同時其硬件復雜程度並未增加很多。

　　异或加密技術還有其他變種,比如可以僅對程序代碼數據位中的某幾位進行异或加密處理,而其餘位不做處理存儲到 EPROM 裏,這樣由於增加了無序性,其保密效果並不因為其加密位數少而降低,反而會有所增加。

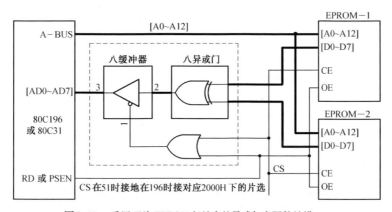

圖3.50 采用兩片 EPROM 相結合的异或加密硬件結構

3. 組合加密技術

以上討論了幾種單片機系統的加密方法,但在實際應用中,並不限於某一種方法。因為同單一的加密技術相比,同時采用幾種方法的組合,其保密性將會成倍增加,因此采用組合加密技術將大大提高保密效果。加密處理時,首先考慮其實現的可能性,其次考慮加密方法的保密性和實現硬件的復雜程度的折中。對於單片機系統,加密程度最終取决於硬件。

第 4 章　　數字控制中的多處理器數據通信

4.1　引　言

在數字控制實踐中常采用主、從分佈式控制結構,此結構中往往由多個下位控制機完成實時閉環控制,而由一個上位機實現指令給定等。在這樣的系統中不僅涉及上、下位機之間的數據交換,還可能涉及各個下位機之間的數據交換。總體上講,數據通信分為並行和串行兩種,每種通信方式中又分為雙機通信和多機通信;在多機通信中又分為單主方式和多主方式,本章將詳細介紹。

4.2　並行通信的基本原理及接口設計

一般地,上、下位機之間的數據交換的實時性要求不高,但下位機之間的數據交換則必須有較高的通信速率,因此,為保証控制的實時性必須采用並行通信。並行通信也分為雙機並行通信和多機並行通信,雙機並行通信相對簡單,其硬件設計同多機並行通信部分的硬件設計內容相同,故下面只介紹多機並行通信的設計方法。

4.2.1　並行通信的基本構成

並行通信的硬件結構同一般的計算機並行 I/O 擴展類似,主要由數據總綫、地址總綫及控制總綫構成。並行通信可以分為單主模式和多主模式。對於一般的單主模式並行通信可以沒有控制總綫,其總綫控制一般通過基於地址總綫的簡單的通信協議實現;對於多主模式的並行通信來講還必須設計專用的控制總綫,其控制總綫的作用一般是用於總綫佔用權的仲裁。相比之下,單主模式的並行通信結構相對簡單,在實踐中比較常用。並行通信的物理介質常采用扁平電纜,電纜的根數取決於數據總綫及地址總綫的寬度。數據總綫可根據所采用的處理器選擇為 8 位或者 16 位,采用寬的數據總綫可以提高數據通信效率。地址總綫的寬度決定了允許掛在總綫上的從機數量,實際的數字控制系統中一般不會有太多的從機,故地址總綫一般選為 8 位即可。圖 4.1 和圖 4.2 分別給出單主模式和多主模式並行通信的基本硬件原理構成。

從圖 4.1 和圖 4.2 可以看到,單主模式下的並行通信系統中有一個處理器作為主處理器,它對總綫有絕對控制權,其他從處理器是否能够佔用及何時佔用總綫由主處理器決定分配。由於主處理器對通信的控制是通過地址總綫完成的,故主處理器的地址總綫只能輸出,而從處理器沒有對地址總綫的操作權,它們只能被動接收地址信息,故從處理器的地址口只能是輸入。數據總綫則是雙向的。而在多主模式下則沒有明確的主處理器,至少表面上所有掛在總綫上的處理器都是平等的。但由於多主模式並行通信時,任何處理器都可以主動佔用總綫,勢必會引起競爭問題,因此其實多主模式下也必須有優先級的高低設置。

多主模式的並行通信在硬件結構和通信協議上都要比單主模式復雜很多,但其通信效率比單主模式高。在對信息傳遞速率要求不是很高的場合,采用單主模式比較合適。

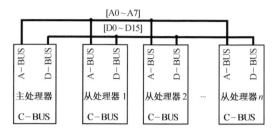

圖4.1　單主模式的並行通信系統結構

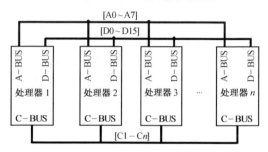

圖4.2　多主模式的並行通信系統結構

4.2.2　並行通信的優、缺點

並行通信一般直接以 TTL 電平傳輸並行數據,它的最大優點是通信速度快。也正是因為其直接以 TTL 電平傳輸信息,故傳輸距離很短,一般地能保証高可靠性的並行傳輸距離不會超過5 m。另外一個缺點是所用的電纜根數多,但由於並行通信都用於短距離的數據傳輸的場合,這個缺點並不會造成系統造價的大幅度上昇。

4.2.3　單主模式並行通信設計

上面討論了單主模式並行通信的基本構成,這裏詳細介紹一下該模式下的接口設計及通信實現過程。設計時首先確定一個處理器作為主處理器。上面講到這種並行通信中只設置了兩種總綫,其中數據總綫為雙向數據流提供物理支持,對通信的控制實質是通過地址總綫完成的,所以必須給每個從處理器分配若干地址,以便主處理器通過這些設定的地址來識別不同的從處理器。為了發揮並行通信的快速性優點,往往用硬件來實現這些接口地址識別,因此每個從處理器系統中要設置一套地址接收、識別電路和並行數據接收及發送接口。主處理器系統負責管理整個並行通信,它同從處理器系統的不同之處是除了具備並行數據發送和接收接口外,還需要一個地址發送接口。只有主處理器有權對地址總綫進行操作,所有從處理器系統只能被動接收。

1. 主處理器系統的並行通信接口設計

圖4.3 給出主處理器系統的並行通信接口電路原理。從圖4.3 中可見,接口電路主要由 16 位數據輸出口、8 位地址輸出口和 16 位數據輸入口三部分組成。數據輸出口連接到每個從處理器系統的數據輸入口,完成主處理器的指令信息和數據信息送達,8 位地址總綫完成主處理器系統對通信的控制,而 16 位數據輸入口則用來從每個從處理器系統讀取數據。在硬件設

計中必須注意一點:由於其16位數據輸出總綫和輸入總綫是掛在同一條總綫上的,當主處理器要讀取某個從處理器的數據時,則必須封鎖住自己的數據輸出口,否則會出現總綫佔用衝突。所以必須為其數據輸出口設置一個專用控制綫,如圖4.3中的CON。當主處理器系統要讀取其他從處理器系統的信息時,必須置CON為高電平,禁止其16位數據綫輸出,這時並行通信的16位數據綫將被某個從處理器系統佔用。

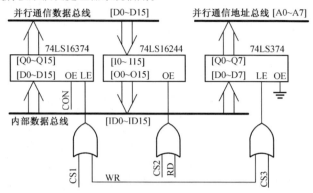

圖4.3　並行通信主處理器系統通信接口電路硬件結構

2. 從處理器系統的並行通信接口設計

從處理器系統的接口也是由三部分構成,包括數據輸入、數據輸出及地址輸入口。圖4.4給出每個從處理器系統的並行通信接口電路原理。

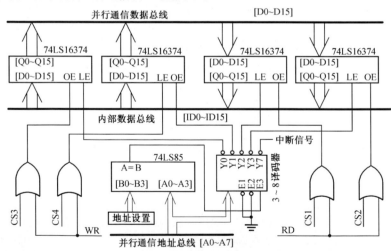

圖4.4　並行通信從處理器系統通信接口電路硬件結構

為了提高通信效率,從處理器系統的輸入和輸出都設置兩個16位口掛在16位並行總綫上,在其內部形成32位格式的發送和接收。地址接收輸入口則由一片比較電路芯片和一個3－8譯碼器組成,其中比較器的部分輸入利用撥碼開關實現,以便任意設置;比較器的另外一組輸入接地址總綫的高4位[A7 ～ A4],當地址綫上的高位同從處理器設置的值一致時,則會輸出一個高電平信號,該信號用去控制3－8譯碼器的允許端。地址總綫的低3位[A2 ～ A0]

接到 3 – 8 譯碼器的輸入端,用以產生各種鎖存和片選信號等。可以看出,圖 4.4 設計中給每個從處理器系統分配連續 8 個地址(X0H ~ X7H),高位地址則可在 16 個組合中任選一個,所以該設計允許掛在總綫上的從處理器系統數量最大為 16 個。在 8 個連續地址中,兩個用於產生主處理器系統發送來的 16 位數據的鎖存,兩個用於主處理器系統讀取 16 位數據的輸出允許,還有一個用於產生中斷信號,其餘 3 個備用。

4.2.4　單主模式多機並行通信的信息傳遞控制

單主模式下的並行通信允許主機(主處理器系統)和各個從機(從處理器系統)之間直接進行數據交換,不允許各個從機之間直接進行數據通信。各個從機的數據交換必須通過主機中斷才能實現。

信息傳遞分為兩種情形:主機同某個從機的信息交換;兩個從機之間的信息交換。

1. 主機同某個從機的信息交換

主機同某個從機的信息交換;兩個從機之間的信息交換。

主機與某個從機的信息交換根據信息流向又分為兩種。

(1)信息從主機到從機。其過程是這樣實現的:當主機要給某個從機發送信息時,則首先通過 16 位數據輸出接口將數據呈送到數據總綫,然後往地址總綫上寫入某個從機的有效地址,緊接著寫入一個無效地址,在對應的從機上產生一個鎖存脈冲,將要發送的數據鎖存到該從機的輸入接口寄存器裏,重復上面過程完成全部 32 位數據的發送,最後再發送一個用於通知從機的中斷有效地址即完成一次發送。從機響應中斷後將主機發送來的數據分兩次讀取。

(2)信息由從機到主機。當有信息需要從機給到主機時,從機沒有主動發送的權力,而是依靠主機的命令來決定是否發送信息到總綫上。一般是主機先發給從機一個索取信息指令,從機正確接收到該指令後,決定將何種數據發送到自己的數據輸出口,然後主機在確保從機數據穩定後,連續發送兩次讀數據有效地址給從機將數據讀走,完成一次從機到主機的數據傳送。

2. 兩個從機之間的信息交換

要實現兩個從機之間的信息交換,必須通過主機中轉。首先主機將兩個需要交換的從機的信息分別索取到主機,然後再交換後分別發送給兩個從機,其過程實質上是兩次主機和從機的信息交換過程的串聯。但在這種情況下,必須注意一個問題:從機只能直接從主機接收信息,因此若主機傳送的數據是其他從機轉發的數據,則在信息格式中還必須加入信息源從機的地址信息,以便接收從機能分辨是哪個從機傳送過來的信息。

其實在多機通信中,不論是並行還是以後將要介紹的串行通信,也無論是單主還是多主通信,都應該在通過數據總綫傳送的信息流中包含發件地址信息。並行通信的收件地址不用在數據流中體現,它是通過地址總綫實現標識的,而串行通信中收件地址也必須包含在數據流中。

4.2.5　多主模式並行通信硬件設計

多主模式的並行通信在設計上比較復雜,主要表現在控制總綫的設計上,數據總綫和地址總綫設計同單主模式基本相同。由於通信系統中沒有明確的主機,所以同單主模式不同,每個子系統的設計都基本一樣。每個子系統都同時有地址接收和地址發送功能,為避免總綫佔用衝突必須為每個子系統設計一個總綫控制模塊。總綫控制模塊一個主要功能是總綫優先級仲裁和總綫佔用管理。

在多機並行通信中,子系統設計綜合了單主並行通信中的主機和從機功能,都有一個通過16 位數據總綫接收數據的 32 位接口(同單主模式下的從機數據接收接口一樣)、16 位數據發送口(同單主模式下的主機數據發送接口一樣)、8 位地址接收口(同單主模式下的從機接地址收接口一樣)和 8 位地址發送口(同單主模式下的主機地址發送接口一樣),所不同的是系統中地址發送口的允許輸出端是受控的,另外還增加了優先級仲裁和總綫佔用管理模塊。

並行通信設計中需要根據掛在總綫上的子機數量來選擇地址總綫的寬度,當需要擴大通信系統中子機的數量時,地址總綫的寬度就得增大。多主多機並行通信中,除了需要考慮這點外,優先級仲裁電路的設計及控制總綫的寬度也同系統中子機數量的多少有關;子機數量越多,優先級仲裁電路的設計越復雜,要求的控制總綫寬度也越寬。為了方便說明多主多機並行通信的設計原理,給出一個5機並行通信子系統的接口電路設計如圖4.5所示。以下將以該系統設計為例介紹一種多主多機並行通信的設計思想。

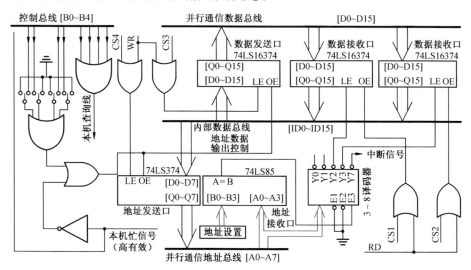

圖4.5　多主並行通信系統硬件設計原理

從圖4.5可見,子系統的數據發送口改為一個十六位主動發送口,又增加了一個地址主動發送口和相應的優先級仲裁及總綫佔用查詢控制綫。數據和地址的主動發送接口必須由本機和優先級仲裁共同控制,這兩個口的輸出允許可以共用一個控制綫。由於系統中的子機都是同等級別的,哪個子機需要佔用總綫時都要先查詢當前是否有別的子系統正在佔用,這裏給每個子系統都配備一個總綫佔用指示信號並規定該信號為"1"時表示正在佔用,因此每個子系統中通過一個"或"門將其他子系統的佔用指示信號相"或"後產生本機的查詢信號。

由以上介紹可見,基於以上思想的多主多機並行通信在設計上比單主多機並行通信復雜了許多,尤其是一個子機需要一根控制綫,使得實際應用時系統中的子機數量不可能太多。同單主多機並行通信相比,這是多主多機並行通信的一個最大的缺點。不過在數字控制實踐中,一般掛在總綫上的子機不會太多,這樣的並行通信方式也是可行的。

4.2.6 多主模式並行通信優先級仲裁電路

優先級電路主要是為了仲裁各子系統可能出現的同時有總綫佔用請求時的競爭。圖4.5中將所有其他子系統的佔用指示信號通過單刀雙擲開關接入一個多輸入"或"門,可以方便地將某個輸入接地或同對應的外部總綫佔用指示信號相連。當同外部某個總綫佔用指示信號相連時,則這個信號將能夠控制本機的數據及地址輸出允許,這意味着該子系統的優先級比本機高。如果出現本機同該子系統同時對總綫有佔用請求時,則高優先級的子系統能強行封鎖低優先級的子系統。

為進一步明確起見,圖4.6給出圖4.5所示子系統的 4 個優先級設置的最終電路。其中BUSY0 ~ BUSY4 表示依優先級從高到低排列的控制總綫。圖4.6(a) 為最高優先級設置,這時其他子系統的佔用請求不會在出現競爭時強制封鎖本機的地址數據輸出口;圖4.6(d) 為最低優先級設置,此時任何其他子系統的佔用請求都會在出現競爭時強制封鎖本機的地址數據輸出口;圖4.6(b) 和 圖4.6(c) 則說明只有優先級比本機高的子系統能在出現競爭時強制封鎖本機的地址數據輸出口,優先級比本機低的子系統則不會在出現競爭時強制封鎖本機的地址數據輸出口。

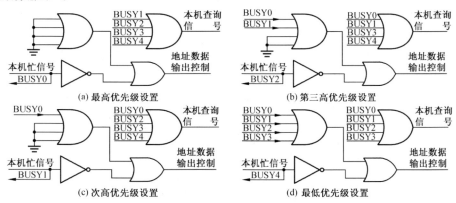

圖4.6　通過開關設置不同優先級的具體電路圖

4.2.7 多主模式多機並行通信的信息傳遞控制

多主模式允許掛在總綫上的任何一個子系統同另外一個子系統進行數據通信。當甲子系統要給乙子系統發送數據時,它首先通過本機查詢信號確認當前是否有別的子系統正在佔用總綫,當查詢信號為"1" 時,說明正有別的子系統佔用總綫,此時甲子系統處於循環查詢,直到查詢信號為"0" 時綫可進行發送。一旦確認當前無任何子系統佔用總綫,甲子系統立即將本機忙信號置"1",表明本機正在佔用總綫,然後將要發送的 16 位數據寫到本機的數據發送輸出口鎖存器,接着將乙子系統的地址信息呈送到本機的地址輸出口,再寫一個無效地址將數據鎖存到乙子系統的輸入接口鎖存器裏,最後寫乙子系統的中斷發生地址,給乙子系統發送一個中斷請求信號。乙子系統響應這個中斷請求後,將甲子系統發來的數據讀走,完成一次數據傳送。為了乙子系統知道是哪個系統發送來的信息,甲子系統在要發送的數據信息裏包含有本機的識別地址,這點和任何多機通信是一樣的。完成一次數據傳送後,甲子系統將本機忙綫置為"0"，讓出總綫佔用權。

在通信過程中可能出現其他子系統同時申請佔用，這時高優先級的子系統會強行打斷甲子系統的數據發送過程，造成甲、乙兩個子系統的通信錯誤。為了能甄別是否有這樣的過程發生，確保甲、乙兩個子系統的通信正確，甲子系統在置位本機忙為"1"後應再次查詢本機的查詢信號，若發現此時查詢信號變為"1"，則說明有高優先級的子系統中斷了本機同乙子系統的通信，甲子系統認為本次通信失敗。從甲子系統置位本機忙信號為"1"到再次查詢本機的查詢信號之間的時間間隔應控制在小於一次發送所需要的最小時間，甲子系統可以在寫完要發送給乙子系統的數據後但未寫乙子系統的有效地址之前查詢即可保證以上條件。當確認本次發送失敗後可重新啟動一次發送過程，直到正確完成甲、乙雙方的數據通信。

4.3　　异步串行通信的基本原理及接口設計

串行通信主要是為了減少通信所需要的電纜數量而提出的一種計算機通信方式，它的基本思想是將並行數據轉換為一系列高低電平脈冲通過雙絞綫等物理介質進行傳送，因此在發送端必須設置並－串轉化，而在接收端設置串－並轉換電路。串行通信分同步和异步兩種方式，由於同步方式下需要提供一個用於同步發送和接收的信號，雖然其協議稍微簡單一些，但不適合長距離的信號通信，故在實際應用中不常使用同步串行通信，而大多采用异步方式的串行通信。异步串行通信中沒有同步信號，其信號同步是靠復雜的通信協議來保证的，所以通信中難免出現同步錯誤。

簡單的异步串行通信的信息傳送是以幀為單位的，每幀裏包括一個起始位、1～8個數據位、1個可選的奇偶校驗位和1個或2個停止位。發送時發送處理器按照以上規定的幀的格式產生發送脈冲串，接收時處理器的接收器在接收到1個有效的起始位之後開始工作，一個有效的起始位由4個連續的處理器内部的SCICLK週期的0位來識別，如果任何一個不為0則處理器重新啟動並開始尋找另一個起始位；對於起始位後的位，處理器通過在這些位的中間進行多次採樣及多數表決規則來判定其位值。可以看出，异步串行通信中其實發送處理相對容易，接收處理才是其中最關鍵的技術。

RS232串行通信是最早提出並形成標準的一種异步串行通信方式，直到目前仍作為一種主流的串行通信方式之一廣泛使用。隨着技術進步，又有新的串行通信方式如CAN總綫提出。由於這些串行總綫的廣泛使用，目前很多處理器製造廠商都把這兩種通信格式尤其是RS232通信協議的接口電路作為通用外設集成到一個芯片內而形成廣義的處理器芯片。如目前幾乎所有的處理器芯片都集成有適合RS232串行通信的SCI模塊，而較高端的產品如DSPLF2407A等除了具有SCI模塊外還集成有CAN總綫模塊。

4.3.1　串行通信的優缺點

同並行通信相比，串行通信的最大優點是通信所需要的電纜數少，對於長距離信號傳輸或采用多微處理器搆成復雜網絡時，其所需的物理介質的造價相對較低。另一個明顯的優點是可以簡單地實現遠距離通信。

串行通信的缺點是信號傳輸速率較並行通信慢。

4.3.2 　近距離串行通信的硬件連接

　　在近距離通信時,微處理器具有的 SCI 模塊之間可以不通過任何中間芯片而直接相連,比如可以將一個處理器的 SCI 的 TXD(發送脚) 及 RXD(接收脚) 同另一個處理器的 SCI 的 RXD(接收脚) 及 TXD(發送脚) 相連,實現兩者的數據通信,如圖 4.7 示。

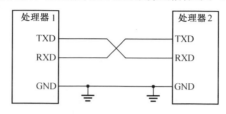

圖 4.7 　兩個處理器之間的串行通信接法

　　當然也可以實現多於兩個的處理器的直接通信。一般地,多機通信中往往是將其中一個處理器設置為主機,而其他處理器設置為從機。系統搆成時,將主機 SCI 的 TXD(發送脚) 及 RXD(接收脚) 同其他從機 SCI 的 RXD(接收脚) 及 TXD(發送脚) 直接相連,如圖 4.8 所示。總綫的控制實質上是由主機來完成的,它決定哪個從機佔用當前總綫。

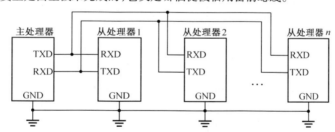

圖 4.8 　多處理器之間的串行通信接法

　　在直接連接的串行通信中,RXD 和 TXD 上出現的都是 0 到 V_{cc}(附近) 的脈冲,由於一般 V_{cc} 采用 + 5 V 或者 + 3.3 V,所以直接連接的串行通信的信號傳輸距離不可能太長。

4.3.3 　單主多機遠距離串行通信的硬件連接

　　長距離的串行通信不能采用直接連接的方法,必須通過專用的電平轉換芯片或者差動收發器件實現,也就是在處理器同串行總綫之間加入轉換接口。因為信號傳輸過程中勢必存在信號衰減和受到各種干擾,為了增大傳輸距離及提高抗干擾能力,需要將傳輸電平抬高或者采用差動方式來完成。

　　最常用的方法是采用 RS232 電平格式通信。基於 RS232 規範的異步串行通信采用非歸零(NRZ)碼,其電平轉換是將 RXD、TXD 上的 0 到 V_{cc}(附近) 的脈冲串變換為 + V_S 到 - V_S 的脈冲串,其中 + V_S 代表"0", - V_S 代表"1"。V_S 從 5 V 到 25 V 均可,V_S 越大可傳輸的距離相對越遠。長距離的 RS232 通信一般采用三綫制,對掛在總綫上的處理器來講,一根用於發送,另一根用於接收,還有一根是公共地綫。由於發送和接收是通過不同的綫路完成的,所以 RS232 方式的串行通信可實現全雙工、半雙工或單工通信。圖 4.9 給出基於 RS232 方式的多機異步串行通信硬件連綫方法。

由圖 4.9 可以看出,每個掛在總綫上的處理器都通過一根綫接地,當傳輸距離大到一定程度時,該綫上的各個地之間的電阻將變得不可忽略,這就會在傳輸過程中引進共模干擾,同時造成信號衰減。每個處理器在接收串行信號時,總是以自己的地作為參考來採樣接收綫上的電平,當有衰減或共模干擾存在時,接收機將得不到正確的接收信息,造成通信錯誤。實踐表明,一般采用 ±10 V 的 RS232 標準异步串行通信時,其最大傳輸距離不超過 12 ～ 15 m。

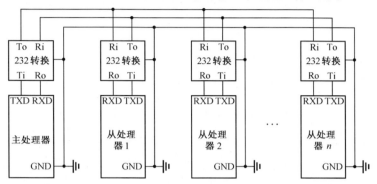

圖 4.9　基於 RS232 方式的多機串行通信接法

為了消除長綫傳輸的共模干擾及信號衰減的影響,提出了一種基於差動發送和接收的通信方法——RS422 標準串行通信。它將 RS232 的發送和接收綫用差動雙綫替代,每個處理器在接收判斷時不用基於本系統的參考地,而是通過雙綫的差動電平來判斷信號的"0"和"1",這樣既能消除長綫傳輸過程中的共模信號,同時因為兩根綫的衰減基本相同,一定距離範圍内的長綫傳輸後其兩根綫間的電平差即使小到幾十 mV 仍能用於正確區分傳輸信號的"0"和"1",因此這種方式允許最大的傳輸距離可達到 1 200 m。同時由於接收判斷依據的是差動信號,故可以取消公共地綫,所以 RS422 標準串行通信采用的是四綫制。圖 4.10 給出一種兩個處理器之間的 RS422 格式的通信連綫示意圖。

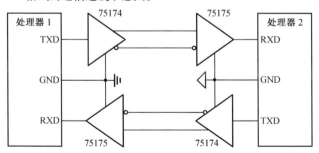

圖 4.10　基於 RS422 標準的雙機串行通信

從圖 4.10 可見,RS422 同 RS232 一樣可以實現全雙工、半雙工及單工通信,但它比 RS232 多用了一根綫,在多機長距離串行通信時,將會造成工程造價的提高。為了降低造價,可以將 RS422 改為半雙工方式,這樣就形成了一種新的串行通信標準格式——RS485 串行通信標準。RS485 在原理上基本與 RS422 相同,不過是將傳輸綫改為兩根,通信方式改為了半雙工,其最大傳輸距離也一樣。此處給出如圖 4.11 所示的 RS485 標準的雙機串行通信連綫方法。

從圖 4.11 中可見,RS485 只能工作於半雙工模式下,其發送和接收分時進行。當某個微

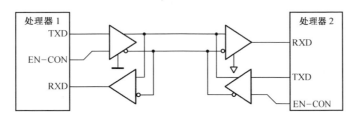

圖 4.11　基於 RS485 的雙機串行通信

處理器需要發送時,首先必須將圖中的 EN－CON 信號置為有效,該控制信號可由各自系統中的 I/O 來控制。

　　基於 RS422/485 的多機串行通信的硬件結構同 RS232 基本相同,也得設置一個主機,其餘的處理器設置為從機,具體構成時可參見圖 4.12 所示的電路,此處不再贅述。

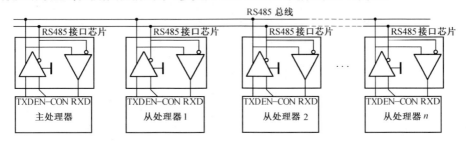

圖 4.12　基於 RS485 的多機串行通信硬件連接

4.3.4　單主多機串行通信的信息傳遞控制

　　和多機並行通信一樣,硬件上設置一個主機,主機決定總綫的佔用分配。和並行通信不同的是,它沒有專門的數據和地址總綫之分,串行通信的發件地址和收件地址都包含在數據流中。信息傳遞分為下面兩種情形。

　　1. 主機同某個從機的信息交換

　　主機與某個從機的信息交換根據信息流向又分為兩種。

　　(1) 信息從主機到從機。其過程是這樣實現的:當主機要給某個從機發送信息,則首先將地址信息呈送到發送綫上,每個從機都會接收到主機發來的這個地址信息,然後從機通過信息內容來判斷當前地址信息是否是自己的,以便決定是否接收接下來的數據信息。

　　(2) 信息由從機到主機。當有信息需要從從機到給主機時,從機沒有主動發送的權利,而是依靠主機的命令來決定是否發送信息到總綫上。一般是主機先發給從機一個索取信息指令,從機正確接收到該指令後,才能將自己的信息呈送到發送總綫。

　　2. 兩個從機之間的信息交換

　　要實現兩個從機之間的信息交換,必須通過主機中轉。首先主機將兩個需要交換的從機的信息分別索取到主機,然後再交換後分別發送給兩個從機,其過程實質上是兩次主機和從機的信息交換過程的串聯。值得注意:多機串行通信和雙機通信的區別在於雙機通信的收、發件地址都是默認的,可不必在傳送的信息流中包含收、發地址信息;而單主多機串行通信的收、發地址信息則必須在傳送的信息流中體現。

4.3.5　單主異步串行通信的信號同步

前面提到異步串行通信中不需要同步信號,但這不是說異步串行通信就不需要信號同步。異步串行通信的信號同步主要靠通信協議來實現,比如起始位的判斷等,硬件上則是靠各系統的波特率設置一致來保証。為了提高通信的可靠性,每個參與串行通信的子系統盡量采用穩定度高的、振盪頻率一樣的晶振;同時當晶振選定後,要仔細設置通信的波特率,不是任何波特率都能保証可靠的通信。一般地,微處理器的技術手冊會給出對應每種晶振下的各種波特率的誤差,應用中應該針對所選擇的晶振來選擇一個誤差較小的波特率,而且有時還得對手冊中給出的波特率設置參數進行適當的調整才能保証可靠的通信。有時沒有辦法保証兩個參與通信的計算機做到晶振選擇完全相同,比如 PC 機的晶振是製造廠商選擇的,用戶無法更改甚至難以知曉,而對用戶自己設計的數字系統采用同 PC 一樣的晶振可能又不是最理想的,此時必須通過多次實驗的方法來確定自己設計的數字系統的波特率設置。即使按照如上原則選擇了晶振和設置了波特率,也不能保証通信百分百正確,這是因為同頻率的不同晶振也會存在頻差的緣故。

4.3.6　單主異步串行通信的糾錯處理

前面提及原理上異步串行通信不可避免會存在通信錯誤,同時也會因為各種干擾造成通信錯誤。一般地,錯誤只在接收時會出現,因此協議中考慮了接收的糾錯處理,以盡可能降低誤碼率。基於 SCI 的串行通信的基本糾錯處理相對比較簡單,一般采用奇、偶校驗的方式,它是在接收時根據收、發雙方事先約定好的幀信息中包含"1"個數的奇偶性來判斷通信過程中是否出錯。當約定好采用哪種校驗後,發送方在發送的信息幀裏將加入一位標誌本次發送的數據裏的"1"的數目的奇偶性指示,接收方接收到信息後檢查本次接收的數據中"1"的個數的奇偶性是否同接收到的標誌位相同,若不同則表示通信錯誤。值得說明的是,即使采用了這樣的糾錯處理也不能保証通信的完全正確,因為存在接收到的錯誤數據裏的"1"的個數可能正好滿足協議裏的奇偶性要求的情形。因此糾錯處理只能是降低誤碼率但不能徹底避免通信錯誤。

另外,許多處理器集成的 SCI 模塊還提供其他諸如通信中斷、超時等錯誤的處理機制,為進一步減少通信誤碼率提供了保障。不同的微處理器提供的這方面的功能不盡相同,讀者可通過具體使用的處理器的技術手冊詳細瞭解。

4.3.7　單主異步串行通信電平轉換接口芯片選擇

有許多種芯片可提供 RS232C 標準異步串行通信的電平轉換如 ICL232(ICL232 的泵輸出電壓為 ±10 V)、MAX232 及 MAX3160 等。其中 MAX3160 是一種可編程為 RS232、RS422 及 RS485 的多協議收發器,通過管腳配置可設置為雙 RS232 接口或單個 RS422/RS485 收發器。該轉換接口芯片允許在 3.3 V 到 5.5 V 的單電源電壓下工作,其片內具有的雙電荷泵可以提供兼容 RS232、RS422/RS485 的收發電平。工作在 RS232 方式下時最高傳輸速率可達1 Mbps,而 RS422/485 方式下最高傳輸速率可達 10 Mbps。采用 MAX3160 給設計提供了很大的柔性,用戶可以根據具體情況方便構成 RS232、RS422 或 RS485 標準的串行通信系統而不必要改硬件,是單主串行通信系統設計時的首選器件,在這裏只介紹該芯片的使用方法。圖 4.13 分別為 RS232 和 RS485/422 兩種外圍器件接法示意圖。

MAX3160 芯片的第 11 腳為 RS485/RS232 的模式控制端,當該腳接低電平時,選擇 RS232 模式,此時 MAX3160 能構成兩路 RS232 接口,15、16 腳為兩路發送輸入,可接收處理器的 SCI 的 TX 信號,對應的 RS232 發送輸出為 5 和 6 腳;7、8 為兩路接收輸入,可同處理器的 RX 直接相連,對應的 RS232 接收輸入為 14 和 13 腳。當 11 腳接高電平時,MAX3160 被配置成 RS485/422 模式,在此模式下可以通過管腳 12 將其設置為全雙工或者半雙工模式。當 12 腳接高電平時為半雙工模式,此時芯片工作在 RS485 模式下;當 12 腳接低電平時為全雙工模式,實際上相當於 RS422 模式。RS485 模式工作時,其 16 腳接處理器的 TX 引腳,8 腳接處理器的 RX 腳。通過 5,6 腳輸出或輸入 RS485 的差動信號。15 腳用於控制總綫權限,高電平時為 RS485 發送使能,低電平時禁止 RS485 發送,總綫讓給接收用。當采用 RS422 模式時(12 腳接低),15 腳必須總接高電平,即一直使能發送。此時,RS422 的差動輸入信號從 14、13 腳引入,而差動輸出則從 5,6 腳輸出,16 腳接處理器的 TX 端,8 腳接處理器的 RX 端,工作方式為全雙工方式。一般地,不用低功耗模式時,9 腳(SHDN) 可始終接 V_{cc}。為改善傳輸的抗干擾能力,10 腳(FAST) 接低電平,此時傳輸速度將受到限制;假如不考慮抗干擾性只考慮傳輸速率的話,可將 10 腳直接接高電平。

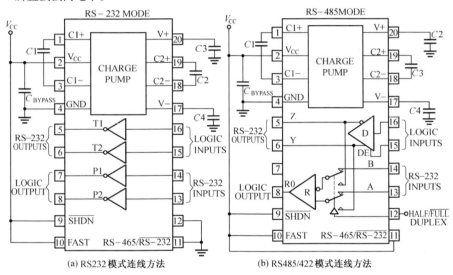

圖 4.13　MAX3160 芯片在不同工作模式下的連綫方法

通過少量外部元件的簡單連接,MAX3160 內部泵電路可輸出 $V_+ = +5.5$ V,$V_- = -5.5$ V,提供串行發送的電平。圖 4.13 中 $C1 \sim C4$ 及 Cbypass 可選取 0.1 μF 的無極性電容。當通過 MAX3160 同 PC 機以 RS232 方式串行通信時,不論 3.3 V 供電還是 5 V 供電,MAX3160 的 5、6 腳發送給 PC 的都是一系列 ±5.5 V 左右的脈沖串,而一般從 PC 接收到的是一系列 ±10 V 左右的脈沖串,此方式下的 MAX3160 的 13、14(R2in、R1in) 腳允許接收的最大脈沖幅度為 ±25V,故不會出現接口電平不兼容問題。在實際使用中,可以根據所選用的處理器的供電電壓來確定 MAX3160 的供電電壓。工作在 3.3 V 下的 DSP 的 SCITXD 和 SCIRSD 引腳上出現的是一系列 0 到 3.3 V 左右的脈沖串;工作在 +5 V 供電下的處理器的 SCITXD 和 SCIRSD 引腳上出現的是一系列 0 到 5 V 左右的脈沖串。

4.3.8　多主异步多機串行通信

以上討論了單主多機串行异步通信,下面介紹一種多主异步多機串行通信方式。多主串行通信允許網絡上任一節點均可在任意時刻主動向網絡中的其他節點發送信息,而不分主從,但節點之間有優先級之分,因此它具有通信方式靈活、通信效率高等優點。以前提到的CAN(Controller Area Network)總綫串行通信就是一種多主异步多機串行通信標準(ISO11898標準),它是德國 Bosch 公司為解決現代汽車中衆多控制與測試儀器之間的數據交換而開發出的一種串行數據通信協議,通信介質可以是雙絞綫也可以是同軸電纜或光纖。CAN 總綫的通信速率可達 1 Mbps(此時最大傳輸距離為 40 m),通信距離可達 10 km(此時通信速率為 5 Kbps)[20][21][22]。

I²C 總綫串行通信也是一種多主多機串行通信方式。它采用兩根綫 SDA(串行數據綫) 和SCL(串行時鐘綫) 完成通信,I²C 總綫的接口都設計為集電極或漏極開路形式,以便掛在總綫上的各設備形成"綫"與關係,因此兩根綫都必須通過上拉電阻連接到系統中的 V_{CC} 上,保证任何時刻該綫上保持固定的電平。

I²C 總綫的最高傳輸速率僅能達到 100 Kbps,一般適合微處理器同具有 I²C 總綫接口芯片通信[7]。常用的微處理器都不提供 I²C 總綫,因此它的應用極為有限,故此處不詳細介紹。

同單主异步串行通信一樣,CAN 總綫也可以實現點對點、一點對多點及全局廣播等方式的數據傳送或接收。CAN 總綫廢除了傳統的站地址編碼方式,代之以對數據塊進行編碼,使網絡上的節點數在理論上不受限制,實際應用中其節點數可達到 110 個。

多主串行通信允許網絡上任一節點均可在任意時刻主動向網絡中的其他節點發送信息,這樣勢必會遇到總綫佔用衝突問題。CAN 總綫采用非破壞性位仲裁技術,利用優先級發送控制,可以大大節省總綫衝突的仲裁時間。

CAN 總綫的數據鏈路路層采用短幀結構,每一幀為 8 個字節,每一幀信息都有 CRC(循環冗餘檢查) 校驗及其他檢錯措施,有效地降低了數據通信的錯誤率。

4.3.9　多機 CAN 總綫串行通信的優點

CAN 屬於現場總綫的範疇,它是一種有效支持分佈式控制或實時控制的串行通信網絡。較之目前許多 RS485 基於 R 綫構建的分佈式控制系統而言,基於 CAN 總綫的分佈式控制系統在以下方面具有明顯的優越性。

(1)首先,CAN 控制器工作於多主方式,網絡中的各節點都可根據總綫訪問優先權(取決於報文標識符)采用無損結構的逐位仲裁的方式競爭向總綫發送數據,且 CAN 協議廢除了站地址編碼,而代之以對通信數據進行編碼,這可使不同的節點同時接收到相同的數據,這些特點使得 CAN 總綫構成的網絡各節點之間的數據通信實時性強,并且容易構成冗餘結構,提高系統的可靠性和系統的靈活性。而利用 RS485 只能構成主從式結構系統,通信方式也只能以主站輪詢的方式進行,系統的實時性、可靠性較差。

(2)其次,CAN 總綫通過 CAN 收發器接口芯片(PCA82C250 或 SN65HVD230) 的兩個輸出端 CANH 和 CANL 與物理總綫相連,而 CANH 端的狀態只能是高電平或懸浮狀態,CANL 端只能是低電平或懸浮狀態。這就保证不會出現以下情形,即當系統有錯誤時,多節點可能同時向總綫發送數據,導致總綫呈現短路,從而損壞某些節點(像 RS485 網絡那樣);而且 CAN 節點在錯誤嚴重的情況下具有自動關閉輸出功能,以使總綫上其他節點的操作不受影響。CAN 具有的完善的通信協議可由 CAN 控制器芯片及其接口芯片來實現,大大降低了系統開發難度,縮短了開發週期,這些是只僅僅有電氣協議的 RS485 所無法比擬的。

(3) 通信介質可采用廉價的雙絞綫,無特殊要求,用户接口簡單,容易構成用户系統。

4.3.10　多機 CAN 總綫串行通信的硬件連接

多機 CAN 總綫串行的物理介質采用兩綫制,可以是廉價的雙絞屏蔽綫、同軸電纜或者光纖。系統中的各個子機平等地掛在總綫上,所有的 CANH 和 CANL 分別相連。為了防止長綫的信號反射,在兩端點處分別接入一個 120 Ω 的電阻。基於 CAN 總綫的多機串行通信系統構成在結構上基本與基於 RS485 的串行通信系統相同,其硬件連接如圖 4.14 所示。

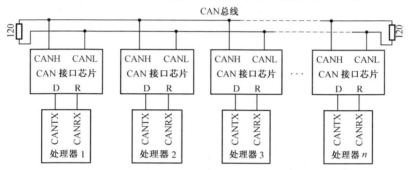

圖 4.14　多機 CAN 總綫串行通信的硬件連接

值得强調的是,CAN 通信協議是基於兩綫通信介質的多主模式的通信方式,而表面上的兩綫和 RS485 一樣作為差分結構的信號綫其實質上相當於一根信號綫,故它只能工作在半雙工模式;而且 CAN 通信協議的優先級仲裁實現對物理底層依賴較强,而具有 CAN 控制模塊的微處理器一般只提供電子協議支持,並不提供物理接口支持,因此即使在近距離的傳輸應用中,也不能像 SCI 那樣直接將各子系統直接連接到總綫上去,必須通過專用的接口芯片如 PCA82C250 或 SN65HVD230 同總綫連接。

圖 4.14 給出的是微處理器本身具有 CAN 控制器模塊的多機 CAN 總綫串行通信的硬件連接情形。如果處理器本身不具有 CAN 控制模塊,則可通過外部擴展實現。外部擴展可以通過並行口進行,也可以通過其他方式如 SPI 外圍接口電路實現。目前最常見的是通過並行口擴展 CAN 模塊的方式來實現。常用的外擴 CAN 控制器芯片有 80C200 和 SJA1000,它們都通過並口同微處理器接口。但由於前者為早期的產品,其功能不如 SJA1000 强大,目前大多使用 SJA1000 來擴展 CAN 控制器。CAN 控制器模塊電路 SJA1000 是一個 DIP28 封裝、5 V 供電的器件,它只提供 CAN 現場總綫的電子協議支持,物理上還得需要如 PCA82C25X 系列的 CAN 接口芯片支持,因此若用不帶 CAN 控制器的微處理器實現 CAN 多機串行數據通信時,需要增加至少兩個芯片 SJA1000 和 PCA82C250,如果再考慮光電隔離問題的話則再加 2 片高速光耦 6N137。圖 4.15 給出 PCA82C250 同 CAN 模塊專用控制器 SJA1000 接口原理。有關此類擴展設計本書不詳細介紹,感興趣的讀者可參考文獻[21]、[22]。

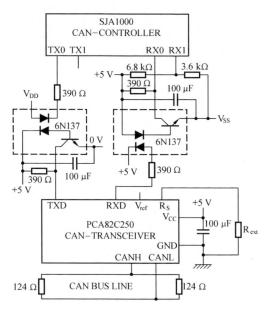

圖 4.15　82C250 同 SJA1000 的接口原理接綫圖

4.3.11　多機 CAN 總綫串行通信優先級仲裁

　　常用的 CAN 總綫接口芯片都具有如圖 4.16 所示的輸入、輸出結構,其中 D 為微處理器接口的發送端,R 為微處理器接口的接收端。當無論總綫上的哪個收發器的 D = "0" 時,其 CAN 收發器的輸出受控,此時 CANH 和 CANL 之間的電平差大於 0.9 V;而當 D = "1" 時,CANH 和 CANL 則為懸浮狀態(高阻狀態),此時兩者之間的電平差小於 0.5 V。當總綫 CANH 和 CANL 處於受控狀態時,每個 CAN 收發器接收端 R 讀到的信號將為 "0",處於高阻態時,每個 CAN 收發器的 R = "1"。可能在某個時刻有多個 CAN 收發器的 D 端都處於 "0",這時每個 D = "0" 的收發器都將自己的 CANH 連接到本身的 V_{cc} 上,而 CANL 則連接到本身的 GND 上。原理上因為所有 D = "0" 的 CAN 收發器都是將其 CANH 接到 V_{cc},CANL 接到 GND,故即使有多個 CAN 收發器的輸出處於受控狀態,也不會造成電平衝突。但實際上每個 CAN 接口的 V_{cc} 電平之間及 "地" 之間可能存在差別,會造成每個受控的 CANH、CANL 的電平存在差別。為了避免某個 CAN 收發器的受控 CANH 和 CANL 對其他收發器的 CANH 和 CANL 灌電流,CAN 總綫收發器的 CANH 及 CANL 端內部在設計時都附加了一個二極管或對接兩個穩壓二極管(更詳細的 CAN 收發器電路結構參見 82C250 或 SN65HVD230 芯片數據手冊)。這樣的電路結構設計給非破壞性仲裁提供了物理基礎。

　　多主通信網絡中,每個子機要發送數據前一定要先偵測目前總綫是否被佔用,若有佔用則不開始發送進程,等待總綫空閒後再發。優先級仲裁只在同時有總綫佔用請求時才真正起作用。雖然說多主通信中每個子機都有權利主動佔用總綫,在此層面上是平等的,但實際上為了避免競爭引發錯誤,每個子機都具有事先設置好的優先級。優先級的高低體現在每個子機的仲裁域 ID 信息裏,ID 號越小則優先級越高。每個節點可以發送四類信息到總綫上,分別為數據幀、遠程幀、錯誤幀和過載幀。當有兩個子機(或節點)同時往總綫上發送數據幀或同時發

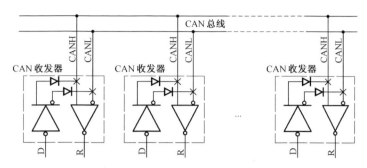

圖 4.16　CAN 總綫多機串行通信的總綫接口結構

送遠程幀時,由於先發起始幀和仲裁場信息,雙方都會逐位將總綫狀態同自己的發送位比較,直到出現不同,先出現顯性位的一方優先佔用總綫,繼續發送,而另一方則自動退出競爭。

總綫仲裁分如下幾種情形:

(1) 同時有多個節點發送數據幀。當有多個節點同時往總綫上發送數據幀時,都首先將各自唯一的 ID 逐位送出,則按照以上講到的原則進行仲裁,ID 信息號小的節點將獲得總綫佔用權。每個節點的軟件設計保証不會出現多節點在數據幀中使用相同的 ID。

(2) 同時有數據幀和遠程幀發送時,也按照以上仲裁原則確定佔用權;但可能出現某個節點正在發送數據幀的同時有另外的節點正好向該節點發送遠程請求,此時發送數據幀的節點的 ID 同發送遠程幀的節點的 ID 相同。為了避免這種情形下出現衝突,CAN 協議規定仲裁場中的 RTR 位在數據幀中規定為“顯性”,而在遠程幀中規定為“隱性”,故在完成前面的 ID 信息比較後,進行 RTR 位比較時,發送數據幀的 RTR 位呈“顯性”,則發送遠程幀的節點自動退出競爭。

(3) 同時有多個節點發送遠程幀。當多個節點的遠程幀 ID 不同時,按照以上的原則仲裁確定總綫佔用權利。但可能出現多個節點同時向某個節點發送遠程幀請求數據,此時多個遠程幀 ID 完全相同,由於都是向同一節點申請數據,也不會出現衝突。

4.3.12　多機 CAN 總綫串行通信的信息傳遞控制

廣播方式通信時,某個節點會主動發送數據幀到總綫上,但點 – 點或多點之間的數據通信時,每個節點一般都不會主動發數據幀到總綫,只有響應遠程幀請求後,才有節點發送數據幀。不論哪個節點發到總綫上的數據,其他任何節點若想接收的話都能接收到。如果不想接收某些節點的數據,則可通過自己的屏蔽寄存器設置實現報文濾波。

CAN 總綫可依靠如下方式實現數據通信的信息傳遞:

(1) 當采用廣播方式或點 – 多點的通信方式時,發送數據方可根據需求發送自己的數據幀,凡發送的數據幀,則幀信息中的 ID 必須是自己唯一的 ID 標識符,而接收方通過報文濾波器的設置來確定接收總綫上的數據。

(2) 當采用遠程請求方式時,需要請求數據的節點先發送遠程幀,同時設置自己的報文濾波器。遠程幀中的 ID 信息應不被請求點節點過濾掉,即保証被請求節點能够接收到此遠程請求,等待對方正確應答後,將需要的數據通過發送數據幀發送到總綫上,請求方接收到總綫上的數據信息後,可以通過報文濾波判斷是否是自己所請求的數據以便決定是否接收並處理。

不論采用廣播方式還是響應遠程幀,每個節點在往總綫上發送數據幀時,都先判斷當前總綫是否空閒。同樣地,需要請求別的節點數據時,發送遠程幀的節點在發送前也得先判斷當前總綫是否空閒。

由於是多主方式通信,總綫上的各個節點之間的數據通信比其他方式更加快捷和方便。

4.3.13　CAN 總綫串行通信的信號同步

CAN 總綫的信號同步同所有串行通信一樣,也是基於相同的波特率設置同時輔助以數據中的起始、停止位來實現的。CAN 總綫的同步有硬同步和重新同步兩種形式,在每個位時間裏只允許一個同步。在總綫空閒期間,無論何時有一"隱性"轉變到"顯性"的邊沿,則會執行硬同步。如果當採樣點之前探測到的值與緊跟邊沿之後的總綫值不相符合,這時有"隱性"轉變到"顯性"的邊沿可用於重新同步。

4.3.14　CAN 總綫串行通信的糾錯處理

CAN 總綫協議提供多種糾錯處理方法[21][22],它能檢測 5 種錯誤,包括位錯誤、填充錯誤、CRC 錯誤、格式錯誤和應答錯誤。

(1)位錯誤

每個節點在發送位的同時也對總綫進行監測。如果所發送的位值與監測到的總綫狀態位值不相符合,則在此位時間裏監測到一個位錯誤。但在仲裁域的填充位流期間或應答間隙發送一個"隱性"位的情況例外,此時監測到一個"顯性"位時,不發出位錯誤。當發送器發送一個"認可錯誤"標誌但監測到"顯性"位時,也不視為位錯誤。

(2)填充錯誤

在應當使用位填充法進行編碼的報文域中,出現第 6 個連續相同的位電平時,將監測到一個填充錯誤。

(3)CRC 錯誤

CRC 序列包括了發送器計算的 CRC 結果,當接收計算的 CRC 結果與發送的 CRC 序列不相符合時,監測到一個 CRC 錯誤。

(4)格式錯誤

如果一個固定格式的位域出現一個或多個非法位,則會監測到一個格式錯誤。

(5)應答錯誤

只要在應答間隙期間所監測的位不為"顯性",發送器就會監測到一個應答錯誤。

檢測到錯誤條件的節點通過發送"錯誤標誌"來表示錯誤。不論出現何種錯誤,檢測到錯誤的節點會在下一位時開始發出"錯誤標誌"。對於"激活錯誤"的節點,它是"激活錯誤"標誌,而對於"錯誤認可"的節點,則是"認可錯誤"標誌。

4.3.15　CAN 總綫串行通信接口芯片選擇

CAN 總綫接口芯片是為實現 CAN 串行通信提供物理綫路支持的,目前國內常用的 CAN 總綫接口芯片有 PCA82C250 和 SN65HVD23X,前者用於 5 V 供電的數字系統,而後者則適合 3.3 V 供電的數字系統。

PCA82C250 是一種用於 CAN 總綫協議和 CAN 物理總綫之間的接口器件,它能接收來自 CAN 控制器模塊的串行信號,然後轉換為差分形式呈送到 CAN 物理總綫上,也能接收物理總綫上的差分信號轉換為一個串行信號提供給 CAN 控制器模塊。該器件采用 5 V 供電、DIP8 雙列直插或 SO8 貼片封裝形式,可支持高達 1 Mbps 的通信速率。圖 4.17 為其内部原理結構示意圖。

其工作原理如下。發送時當 TXD 為"0",CANH = "1"(通常為 3.5 V 以上)、CANL = "0"(通常為 1.5 V 以下);TXD 為"1"時,則 CANH、CANL 都懸空。接收時,若 CANH = "1"、CANL = "0"(此時一般差分電壓大於 0.9 V),則 RXD = "0";若 CANH、CANL 都懸空,則 RXD = "1"。

PCA82C250 同 CAN 模塊控制器接口十分簡單,CANH(7 脚)、CANL(6 脚)可直接連接到物理總綫上,TXD(1 脚)連接到 CAN 模塊控制器的串行輸出端,而 RXD(4 脚)直接連接到 CAN 模塊控制器的串行輸入端。PCA82C250 器件還提供一個 R_S 控制端,它可以用來控制該器件的工作模式,當該端電壓大於 $0.75V_{CC}$ 時,工作於待機模式,小於 $0.3V_{CC}$ 時,工作於高速模式,而當該引脚的灌入電流在 10 ~ 200 μA 時,則工作於斜率控制模式。

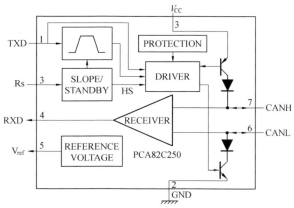

圖 4.17　PCA82C250 内部結構示意

SN65HVD23X 是 3.3 V 供電的 CAN 接口器件,其中 SN65HVD230 及 SN65HVD231 在封裝上完全同於 PCA82C250,SN65HVD232 比前兩種器件在接綫上更加簡單,省去了參考電壓輸出端和斜率控制端。除了供電電壓不同外在其他性能方面完全可以替代 PCA82C250,一般適合於 3.3 V 供電的帶 CAN 控制器模塊的微處理器使用。圖 4.18 為其内部邏輯示意圖。

圖 4.18 中 D、R 端分別對應 PCA82C250 的 TXD 和 RXD 端。當 D 端為"0"時,CANH 和 CANL 為"顯性";當 D 端為"1"時,CANH 和 CANL 為"隱性"。當 CANH 和 CANL 之間電平差大於 0.9 V 時,R 端輸出為"0";當 CANH 和 CANL 之間電平差小於 0.5 V 時,R 端輸出為"1"。圖 4.19 為其封裝示意圖。

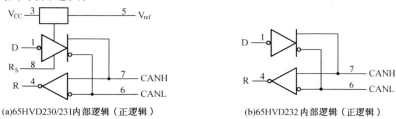

(a)65HVD230/231内部邏輯(正邏輯)　　　(b)65HVD232 内部邏輯(正邏輯)

圖 4.18　SN65HVD23X 内部邏輯示意圖

(a)65HVD230/231 封裝示意（頂視圖）　　　　　(b)65HVD232 封裝示意（頂視圖）

圖 4.19　SN65HVD23X 封裝示意圖

第 5 章　　數字控制的算法實現及軟件設計

5.1　引　言

　　數字控制器實質上是以離散化的控制算法代替模擬控制器實現對系統的校正作用的,因此它同模擬控制器之間必定存在誤差。這個誤差同以下幾個因素有關:離散化的採樣週期、實現算法的運算字長及離散化方法的選取。當離散化方法選定以後,採樣週期的選取對整個系統的動、靜特性乃至系統的穩定性都有至關重要的影響。從原理上講,採樣週期越小,則零階保持器造成的影響越小,離散化算法復現連續校正網絡的特性越精確。

　　數字控制的校正環節(或稱控制器)是以數字算法表達的,在具體實現時則以軟件方式完成。因此在校正器設計完畢後,將會遇到如何用數字算法來近似逼近模擬校正器的功能和性能及怎樣處理有利於程序實現的簡單性和實時性等問題。

　　本章首先討論如下幾個主要問題:① 模擬校正器的數字化處理;② 採樣週期的選取;③ 數字控制算法的實現方式。然後介紹有關控制器實現的浮點數運算、軟件設計方法,並給出基於幾種微處理器匯編語言的具體控制器實現的程序代碼及基於工業控制機、PC/104 的高級語言軟件設計過程中底層 I/O 硬件操作的特殊設計方法說明。

5.2　數字控制的控制器設計及數字化處理方法

　　數字控制系統的控制器設計主要有兩種方法:一是直接數字設計方法;另一是先基於古典控制理論進行模擬控制器設計,然後將所設計的模擬控制器做數字化逼近[23][24][25]。由於直接數字設計中系統性能指標同古典控制設計中的指標要求難以直接對應,所以大多實際的數字控制設計還是採用後一種方法。

　　由於數字控制會在系統中引入零階保持器,它對整個系統的影響是額外引進幅值衰減和相位滯後。在設計時對零階保持器的影響有兩種處理方法:一種是設計時先不考慮零階保持器的存在,將要求的性能指標主要是相位裕度提高,針對提高後的指標設計控制器,完畢後再考查零階保持器的影響,保证加入零階保持器後,最終的控制系統性能指標能滿足原來的要求;還有一種方法是將零階保持器近似等價為一個一階慣性環節,控制器設計基於帶有零階保持器的被控對象的傳遞函數進行。顯然後一種方法相對精確,故實際設計中多被採用。

5.2.1　零階保持器的近似

　　從古典控制理論出發,零階保持器的傳遞函數表達式如下:

$$G_{ZOH}(s) = \frac{1 - e^{-sT_s}}{s} \tag{5.1}$$

其中 T_s 為採樣週期。將 e^{-sT_s} 按級數展開、整理,在採樣週期相對較小時,可取其結果的第一項作為上式的近似,表示如下:

$$G_{\text{ZOH}}(s) \approx \frac{T_{\text{s}}}{\frac{T_{\text{s}}}{2}s + 1} \tag{5.2}$$

故零階保持器在系統中至少引入一個最低轉折頻率 $\omega_z = \dfrac{2}{T_{\text{s}}}$，同時還會增加相位滯後，即

$$\Delta P_{\text{M}} \approx \tan^{-1}\frac{\omega T_{\text{s}}}{2} \approx \frac{\omega T_{\text{s}}}{2} \tag{5.3}$$

設原始的被控對象傳遞函數為 $G_{\text{p}}(s)$，那麼設計控制器時將把 $G'_{\text{p}}(s) = G_{\text{p}}(s)G_{\text{ZOH}}(s)$ 作為實際的被控對象。

5.2.2　控制器的數字化處理方法及逼近度討論

前面曾多次提及，數字控制的控制器是由數字算法實現的，最終的控制器表達將是一個以偏差為輸入、以欲施加給執行器的控制量為輸出的差分方程。控制器的數字化處理就是將以古典傳遞函數形式表達的校正環節變換為這樣的差分方程的過程。

數字化處理的基本原則是：① 逼近程度好；② 越簡單越好。其中逼近程度是最關鍵的，它不僅影響數字控制的效果，甚至還關乎到系統的穩定性[26]。衡量數字化處理的逼近程度首先需要有個評判標準和方法，最直觀的標準就是考察變換後的 Z 傳遞函數同古典的傳遞函數的頻率特性的一致性。影響逼近度的主要因素有兩個：首先是採樣週期的選取，這將在下面討論；其次就是離散化處理方法。這裏先着重討論處理方法對逼近度的影響。

將古典傳遞函數表達的校正環節變換為離散形式的表達主要有兩種方法。設計者首先能想到的是采用一般的 Z 變換方法，這種方法是基於脈冲響應不變的原則，所以對校正器的頻率特性的逼近程度並不理想。實踐中發現，采用此方法得到的數字化控制器，在實際控制中基本上得不到穩定的控制效果。另一種方法是采用雙綫性變換或頻率預翹的雙綫性變換方法，下面着重討論此種數字化處理的實現及對模擬校正器的逼近度。

假設基於古典控制設計得到的校正器（或控制器）表示為

$$\frac{u(s)}{\varepsilon(s)} = G_{\text{c}}(s) \tag{5.4}$$

則雙綫性變換過程及得到的數字化校正器可表示為

$$\frac{u(k)}{\varepsilon(k)} = D(z^{-1}) = G_{\text{c}}(s)\Big|_{s = \frac{2(1-z^{-1})}{T_{\text{s}}(1+z^{-1})}} \tag{5.5}$$

這樣的變換具有如下特點[27]：

① s 平面的穩定極點對應 z 平面上的穩定極點；

② s 平面上的頻率範圍 $0 < \omega < \infty$ 對應 z 平面的頻率範圍為 $0 < \Omega < \dfrac{\pi}{T_{\text{s}}}$。

下面考察其頻率特性的逼近度。

從古典控制理論可知，$G_{\text{c}}(s)$ 表示的校正環節的頻率特性可表示為 $G_{\text{c}}(\text{j}\omega)$。對於 $D(z^{-1})$，其中的 z^{-1} 是延遲算子，其頻域表示為 $\text{e}^{-\text{j}\omega T_{\text{s}}}$，則 $D(z^{-1})$ 的頻率特性可表示為 $D(\text{e}^{-\text{j}\omega T_{\text{s}}})$，并且由式(5.5) 可進一步得到如下表達式：

$$D(\text{e}^{-\text{j}\omega T_{\text{s}}}) = G_{\text{c}}\Big(\frac{2}{T_{\text{s}}}\frac{1 - \text{e}^{-\text{j}\omega T_{\text{s}}}}{1 + \text{e}^{-\text{j}\omega T_{\text{s}}}}\Big) \tag{5.6}$$

根據 De Moivre 定理，$\text{e}^{-\text{j}\omega T_{\text{s}}} = \cos(-\omega T_{\text{s}}) + \text{j}\sin(-\omega T_{\text{s}}) = \cos(\omega T_{\text{s}}) - \text{j}\sin(\omega T_{\text{s}})$，進一步

整理上式,可得

$$D(e^{-j\omega T_s}) = G_c(j\frac{2}{T_s}\tan\frac{\omega T_s}{2}) \tag{5.7}$$

由式(5.7)可見,數字控制器在頻率為 ω 時的頻率特性同模擬校正器在頻率為 $\Omega = \frac{2}{T_s}\tan\frac{\omega T_s}{2}$ 時的頻率特性完全相同。這說明在進行數字化處理過程中出現了有規律的頻率畸變,其關係曲綫如圖 5.1 所示。

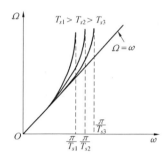

圖 5.1　雙綫性變換的頻率畸變關係曲綫

進一步考察兩者頻率之間的關係式

$$\Omega = \frac{2}{T_s}\tan\frac{\omega T_s}{2} \tag{5.8}$$

可以發現

$$\frac{d\Omega}{d\omega} = 1 + \tan^2\frac{\omega T_s}{2} \geqslant 1 \tag{5.9}$$

并且

$$Min\frac{d\Omega}{d\omega} = \frac{d\Omega}{d\omega}\Big|_{\omega=0} = 1 \tag{5.10}$$

可見其曲綫分別以 $\Omega = \omega, \omega = \frac{\pi}{T_s}$ 為漸進綫,無論 T_s 多小,曲綫始終在 $\Omega = \omega$ 上方,并且 T_s 越小,即採樣頻率越高,該曲綫同 $\Omega = \omega$ 重合的範圍越大。這說明當採樣頻率足够高的時候,在系統關心的有效頻率範圍内都有 $\Omega \approx \omega$ 成立,也即在有效頻率範圍内,數字控制器的頻率特性同模擬校正器基本一致。

綜上所述,采用雙綫性變換在採樣頻率足够高的情況下,能够使數字控制算法很好地逼近模擬校正器特性,是一種十分理想的數字化處理方法。

5.3　採樣週期選取

按照香農採樣定理,數字化處理時的採樣頻率至少為系統帶寬的 2 倍以上,這只是一個最低限制,其實正如以上討論的那樣,採樣頻率越高,數字控制算法對模擬校正器的逼近越理想。但是由於數字控制所用微處理器的工作頻率都會有一定的限制,如果採樣週期選得很小,可能在一個採樣週期内數字處理器完成不了全部的控制算法的運算,因此採樣頻率的選取受到微處理器運算速度的限制,不可能選得很小。一般以控制系統的帶寬要求作為依據選取 $\omega_s = \dfrac{1}{T_s} = (6 \sim 10)\omega_c$,其中 ω_c 為系統的開環剪切頻率[23]。

5.4　數字控制算法的實現

在數字控制系統設計中,常用的方法是先進行古典控制的模擬校正器設計,然後采用某種離散化方法得到數字校正器。數字校正器得到的是數字量,它必須轉換成實際被控對象所需要的模擬量,一般采用 D/A 轉換完成這一過程。D/A 轉換在系統中引入了一個零階保持器。綜上所述可得一般數字控制的系統模型如圖 5.2 所示。

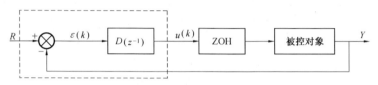

圖 5.2　一般的數字控制系統模型

5.4.1　一般的單輸入、單輸出數字控制算法基本表達

從圖 5.2 可以看到,數字控制實質上是以數字方式實現圖中虛綫框內的內容,包括偏差求取和校正器的數字實現。校正器的數字實現最終得到的是每個採樣時刻的控制量 $u(k)$,因此需要根據數字控制器 $D(z^{-1})$ 求得 $u(k)$ 的具體表達式。

圖 5.2 所示的系統為一單反饋環數字控制系統,其中 $u(k)$ 為數字控制量,可表示為:

$$u(k) = D(z^{-1})\varepsilon(k) \tag{5.11}$$

其中: $D(z^{-1}) = G_c(s)\mid_{s = f(z^{-1})}$, $G_c(s)$ 為連續控制器的傳遞函數, $f(z^{-1})$ 為離散變換算法。$D(z^{-1})$ 即為數字控制器的差分算子表達。數字控制實踐中,一般采用雙綫性變換的離散變化算法 $s = f(z^{-1}) = \dfrac{2}{T_s}\dfrac{(1 - z^{-1})}{(1 + z^{-1})}$,可得到具體的數字控制器的差分算子表達式為

$$D(z^{-1}) = \sum_{j=0}^{m} b_j z^{-j} \Big/ \sum_{i=0}^{n} a_i z^{-i}, b_0 \neq 0, a_0 = 1 \tag{5.12}$$

結合式(5.11),進一步展開可得具體的控制量表達式為

$$
\begin{aligned}
u(k) = &- a_1 u(k-1) - a_2 u(k-2) - \cdots - a_n u(k-n) + \\
&b_0 \varepsilon(k) + b_1 \varepsilon(k-1) + \cdots + b_m \varepsilon(k-m)
\end{aligned}
\tag{5.13}
$$

其中: a_i, b_j 為控制器參數, $u(k-i)$, $\varepsilon(k-j)$ 為控制器變量。

對於系統帶寬要求不高同時結構相對簡單的控制器,在具體實現時可以直接基於這個表達式進行編程,但對某些帶寬要求較高而且控制器結構復雜的數字控制系統,則為了多處理器並行實現可以將以上數字控制算法表示為并聯或遞階形式。

5.4.2　數字控制算法的并聯實現表達

從控制要求來講,一般以系統帶寬的 6 ~ 10 倍來選取採樣週期,因此系統帶寬要求愈寬,則採樣週期要求愈小;而實現控制算法的運算字長愈長,則其復現精度愈高,但字長勢必增

加運算時間。由此可見,工業過程中寬頻帶、高精度系統的數字控制對計算機速度提出了很高的要求。

　　在工業控制用計算機中,微處理器是一種最合適的控制工具,但由於其時鐘頻率較低,有時難以滿足寬頻帶、高精度工業控制的要求。顯然采用多處理器並行實現可以大大加快運算速度。並行處理算法可將模擬控制器以基本網絡進行分解,然後分別進行離散化處理,由若干個處理器同時實現而得到,但這種處理使數字控制器對模擬控制器的近似程度降低,更主要的是在實現時它會造成多級採樣,從而人為引入附加時延,這不僅進一步降低了其對模擬控制器的近似精度,而且不利於系統的穩定性。因此這種串級分解並行實現方法對高精度控制系統是不合適的[28]。

　　下面介紹兩種適合高精度控制系統多處理器並行實現的并聯分解算法處理方法。

　　利用部分分式法可以將式(5.12)變換為如下形式:

$$D(z^{-1}) = \sum_{j=0}^{m} b_j z^{-j} \Big/ \sum_{i=0}^{n} a_i z^{-i} = \frac{k_1}{1 + p_1 z^{-1}} + \frac{k_2}{1 + p_2 z^{-1}} + \cdots + \frac{k_n}{1 + p_n z^{-1}} \tag{5.14}$$

故

$$u(k) = D(z^{-1})\varepsilon(k) = \frac{k_1}{1 + p_1 z^{-1}}\varepsilon(k) + \frac{k_2}{1 + p_2 z^{-1}}\varepsilon(k) + \cdots + \frac{k_n}{1 + p_n z^{-1}}\varepsilon(k) \tag{5.15}$$

令 $u_i(k) = \dfrac{k_i}{1 + p_i z^{-1}}\varepsilon(k)$,則

$$u(k) = u_1(k) + u_2(k) + \cdots + u_n(k) \tag{5.16}$$

　　我們可以用 n 個數字控制單元來分別完成上式中的 $u_i(k)$,然後將所有單元的輸出相加,即可得到最終的數字控制量,這就是數字控制算法並行實現的理論基礎。

　　當然采用的處理單元越多,系統硬件設計越復雜,造價也越高。但在具體實現時,可以根據情況采用幾個處理單元來實現,在快速性和硬件結構復雜程度之間取個折中,比如采用雙處理器實現,這時我們可以將式(5.15)表達為

$$u(k) = \sum_{i=1}^{n1} \frac{k_i}{1 + p_i z^{-1}}\varepsilon(k) + \sum_{j=n1}^{n} \frac{k_j}{1 + p_j z^{-1}}\varepsilon(k) =$$
$$\frac{b_{10} + b_{11}z^{-1} + \cdots + b_{1m1}z^{-m1}}{1 + a_{11}z^{-1} + \cdots + a_{1n1}z^{-n1}}\varepsilon(k) +$$
$$\frac{b_{20} + b_{21}z^{-1} + \cdots + b_{2m2}z^{-m2}}{1 + a_{21}z^{-1} + \cdots + a_{2n2}z^{-n2}}\varepsilon(k) \tag{5.17}$$

令

$$u_1(k) = \frac{b_{10} + b_{11}z^{-1} + \cdots + b_{1m1}z^{-m1}}{1 + a_{11}z^{-1} + \cdots + a_{1n1}z^{-n1}}\varepsilon(k) \tag{5.18}$$

$$u_2(k) = \frac{b_{20} + b_{21}z^{-1} + \cdots + b_{2m2}z^{-m2}}{1 + a_{21}z^{-1} + \cdots + a_{2n2}z^{-n2}}\varepsilon(k) \tag{5.19}$$

則可得

$$u(k) = u_1(k) + u_2(k) \tag{5.20}$$

　　采用兩個處理器完成控制算法時,其中一個處理器完成 $u_1(k)$ 的運算,而另外一個處理器完成 $u_2(k)$ 及 $u(k) = u_1(k) + u_2(k)$ 的運算,這樣即可將整個控制器算法的運算時間基本縮短一半。

　　對於式(5.13)表示的控制器算法,若其中的 m、n 大小差不多,也可以采用如下另一種雙

處理器並行實現算法,即令

$$u_1(k) = b_0\varepsilon(k) + b_1\varepsilon(k-1) + \cdots + b_m\varepsilon(k-m) \tag{5.21}$$

$$u_2(k) = -a_1u(k-1) - a_2u(k-2) - \cdots - a_nu(k-n) \tag{5.22}$$

然後按式(5.20)形成最終的控制量。

但以上處理存在一個缺點,這就是由於兩個處理器完成不同的運算需要的時間不同,第二個處理器即完成 $u_2(k)$ 及 $u(k) = u_1(k) + u_2(k)$ 運算的處理器必須等待第一個處理器完成 $u_1(k)$ 的運算後才能繼續完成最終的控制量求取,給軟、硬件設計都會帶來一定的不便。

5.4.3 數字控制算法的遞階表達

為了避免以上并聯算法雙處理器並行實現存在的不足,這裏介紹另外一種算法分解及處理方法。

令

$$u_1(k) = b_1\varepsilon(k) + b_2\varepsilon(k-1) + \cdots + b_m\varepsilon(k-m+1) \tag{5.23}$$

代入式(5.13)可得

$$u(k) = u_1(k-1) + b_0\varepsilon(k) - a_1u(k-1) - a_2u(k-2) - \cdots - a_nu(k-n) \tag{5.24}$$

如果用一個處理器完成式(5.23)的運算,而由另一個處理器實現式(5.24),則不僅將式(5.13)的算法計算時間縮短大約一半,而且能簡化雙處理器之間協調處理方面的硬、軟件設計。式(5.23)和式(5.24)稱為式(5.13)控制算法的遞階處理表達。

5.4.4 雙反饋環數字控制的並行算法表達

對於實際應用來講,不僅限於單反饋環系統,經常還會遇到如圖5.3所示的多反饋環系統。

同單反饋環控制系統相比,它還有些特殊之處。由圖5.3可見,若 $G_{c1}(s)$,$G_{c2}(s)$ 分別離散化處理,則其對模擬控制器的逼近精度會差,因此應該統一進行離散化處理。

基於圖5.3,從連續系統出發可得

$$u = [G_{c1}(s)\varepsilon - v]G_{c2}(s) = G_{c1}(s)G_{c2}(s)\varepsilon - G_{c2}(s)v = u_1 - u_2 \tag{5.25}$$

由於離散化過程為綫性變換,則

$$Z\{u\} = Z\{G_{c1}(s)G_{c2}(s)\varepsilon\} - Z\{G_{c2}(s)v\} \tag{5.26}$$

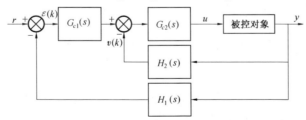

圖5.3　具有雙反饋回路的控制系統

其離散化等價差分算子表達式為

$$u(k) = \left[\sum_{j=0}^{m1} b_{1j}z^{-j} / \sum_{i=0}^{n1} a_{1i}z^{-i}\right]\varepsilon(k) - \left[\sum_{j=0}^{m2} b_{2j}z^{-j} / \sum_{i=0}^{n2} a_{2i}z^{-i}\right]v(k) = u_1(k) - u_2(k) \tag{5.27}$$

則

$$u_1(k) = b_{10}\varepsilon(k) + b_{11}\varepsilon(k-1) + \cdots + b_{1m1}\varepsilon(k-m1) -$$

$$a_{11}u_1(k-1) - a_{12}u_1(k-2) - \cdots - a_{1n1}u_1(k-n1) -$$
$$b_{20}v(k) - b_{21}v(k-1) - \cdots - b_{2m2}v(k-m2) + a_{21}u_2(k-1) +$$
$$a_{22}u_2(k-2) + \cdots + a_{2n2}u_2(k-n2) \tag{5.28}$$

令

$$u'(k) = b_{11}\varepsilon(k) + b_{12}\varepsilon(k-1) + \cdots + b_{1m1}\varepsilon(k-m1+1)$$
$$- b_{21}v(k) - b_{22}v(k-1) - \cdots - b_{2m2}v(k-m2+1) \tag{5.29}$$

代入式(5.28)可得

$$u(k) = u'(k-1) + b_{10}\varepsilon(k) + b_{20}v(k) - a_{11}u_1(k-1) -$$
$$a_{12}u_1(k-2) - \cdots - a_{1n1}u_1(k-n1) + a_{21}u_2(k-1) +$$
$$a_{22}u_2(k-2) + \cdots + a_{2n2}u_2(k-n2) \tag{5.30}$$

式(5.29)和式(5.30)即為雙反饋控制系統雙處理器並行實現的算法表達。

5.5 數字控制算法的雙處理器並行實現

5.5.1 雙處理器並行實現的數字控制系統構成

以上討論的數字控制系統雙處理器並行實現方法可以避免多重採樣給控制系統精度造成的不利影響,它可以將數字控制系統的採樣頻率提高將近1倍,提高了數字控制的實時性。而採樣頻率的提高不僅能有效減小數字控制中無法避免的零階保持器的影響,同時也能提高數字控制算法對模擬校正器的逼近度,有利於改善數字控制系統的精度和動態特性。以下以雙反饋環雙處理器並行實現為例給出其原理方塊圖如圖5.4所示。

從圖5.4可見,首先兩個數字控制系統必須采用同一個採樣時鐘,每個採樣時刻兩個處理器都要讀取指令給定和兩個反饋信號,同時還要進行數據通信,最終綜合出的控制量由微處理器系統 – 1 送出。

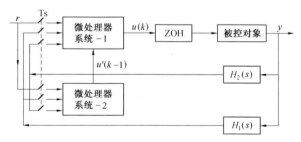

圖5.4 雙處理器並行實現的數字控制系統方塊圖

5.5.2 數字控制系統雙處理器並行實現的硬件結構

雙處理器並行實現的數字控制系統在硬件設計上與單處理器實現有很大區別,它涉及雙處理器的採樣同步及雙機之間的數據通信等問題。下面以雙反饋環系統為例,先討論一下其具體實現過程,然後給出硬件結構原理設計。

在同步採樣定時時鐘控制下,微處理器系統 – 1 和微處理器系統 – 2 同時響應中斷,它們可以分別讀取給定、反饋量1和反饋量2,進而獲得$\varepsilon(k)$和$v(k)$。微處理器系統 – 2 接著傳送它上一時刻綜合出的 $u'(k-1)$ 給微處理器系統－1,然後計算當前時刻的 $u'(k)$,計算完畢後則循環等待,直到下一時刻採樣週期開始。微處理器系統－1 在響應中斷後讀取 $\varepsilon(k)$ 和 $v(k)$,並送出上一時刻綜合出的控制量到 D/A 轉換,接着讀取微處理器系統－2 送來的 $u'(k-1)$,然後計算當前時刻的控制量,完成後處於空循環等待直到下一採樣週期到來。

由以上討論可見,兩個微處理器在工作過程中不僅要保持同步,而且還要進行數據通信。但這種通信只需要單向傳送數據,通信聯絡可以采用中斷方式或者查詢方式來實現。如果采用中斷方式,則當微處理器系統－2 得到 $\varepsilon(k)$ 和 $v(k)$ 後要將上一時刻計算出的 $u'(k-1)$ 寫到接口寄存器裏,并且同時給微處理器系統－1 發出一個中斷請求信號。若采用4字節浮點數運算,則雙處理器之間必須設置一個 4 字節鎖存器供雙處理器作為數據交換之用。由於通信是單向的,為了簡單起見,這個接口不僅要有共享特點,而且只能分別作為微處理器系統－2 的輸出口和微處理器系統－1 的輸入口。綜上所述,當采用16 位數據線時微處理器系統－2 必須具有 2 個16 位輸出口和一個中斷申請綫,而微處理器系統－1 則應相應提供2 個16 位輸入口和一個中斷響應綫。

圖5.5 給出其完整的雙處理器實現的數字控制系統硬件結構原理圖。其中雙處理器共享鎖存器由 2 個74LVTH16374 實現,其中鎖存信號 LE 由微處理器系統－2 提供,而輸出允許信號 OE 由微處理器系統－1 給出。這兩個74LVTH16374 既作為微處理器系統－2 的輸出口,又是微處理器系統－1 的輸入口。在傳送數據時,微處理器系統－2 通過往2 個端口地址寫入4 個字節的數據到 2 個74LVTH16374 鎖存器裏,完畢後立刻向微處理器系統－1 發出一個中斷請求,微處理器系統－1 響應中斷後則分別通過2 個讀入端口地址讀入4字節浮點表示的 $u'(k-1)$ 值。

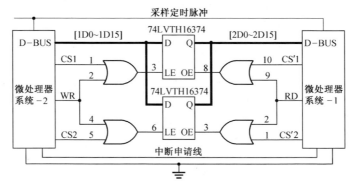

圖5.5　雙處理器並行處理數據傳送硬件結構示意圖

5.6　數字控制軟件設計基礎

數字控制的軟件設計就是利用微處理器的指令語言編程實現式(5.13) 表示的控制量的計算過程。軟件設計主要涉及控制參數及變量的存儲結構、數據的格式及字長選擇,以及編程過程中應注意的各種事項等。

5.6.1　數字控制器軟件實現的主要設計內容及設計原則

從以上控制算法中可見,數字控制的軟件編程的主要內容包括:通過 D/A 轉換送出上一時刻計算出的控制量,讀取本時刻的輸入和反饋並求取偏差信號 $\varepsilon(k)$,進行數據格式轉換並完成一系列浮點乘加運算求取控制量。對於某些復雜的非綫性控制,主體程序段還要實現諸如控制器結構切換、控制器參數自適應改變等等功能。

整個數字控制算法程序應該在一個採樣週期內完成,并且最好放在外部定時中斷處理程序段中。采用外部定時中斷的好處是,可以獲得相對準確的採樣定時。主體程序設計完畢後要驗証一下是否能夠在所選定的採樣週期內完成全部算法,若完成不了,則必須對程序進行簡化或優化處理,或者在不影響控制性能的情況下適當降低採樣頻率,同時重新對模擬控制器進行離散化處理以得到對應採樣頻率下的新的控制器參數。

在程序設計中還有一個值得注意的問題是,控制量到底在什麼時候送出比較合適? 有兩種處理方法:一種處理是在每次計算完畢後直接送出;另一種處理是在每次計算完畢後不立刻送出,而在下次進入新的中斷處理時再送出。前一種方法存在一個問題是,因為每次計算量不同,可能花的計算時間也不同,則立刻送出會造成實際控制的採樣週期不一致。但大量的實踐經驗證明,古典控制設計數字實現的控制方法對採樣週期的變化具有相當好的魯棒性,即使離散化處理采用的採樣週期同實際實現時的採樣週期差一倍,也能保証數字控制的穩定性並能獲得較好的控制效果,因此這種方法中存在的採樣週期不一致問題不會造成嚴重的後果。後一種方法雖然可保証實際控制的採樣週期的一致及準確,卻會人為引進一個週期的延遲,但這一缺陷一般也不會造成嚴重的後果。因此在數字控制實踐中,采用哪種方法都可,使用者可根據編程的方便與否及編程習慣來定。

5.6.2　完整的數字控制軟件構成及基於匯編語言設計的注意事項

上一節介紹了控制器算法實現的主體軟件設計內容,其實在軟件設計時,還有其他輔助設計內容也很重要,比如初始化處理。初始化處理包含兩部分內容:一是微處理器本身的設置,比如中斷觸發方式設置、優先級設置等等;二是對控制變量序列等有關控制器算法的寄存器進行初始值設置。有時為了提高軟件的可讀性和減少程序代碼長度,還要把程序中重復使用的部分設計成子程序的形式。所以一個完整的數字控制程序一般由如下幾個部分構成:① 初始化處理部分;② 採樣定時中斷處理部分(控制器算法的主體部分);③ 子程序部分;④ 控制器參數常數表部分。

在數字控制軟件設計尤其是基於匯編語言的數字控制軟件設計中,初學者最容易犯的錯誤是對程序完成某一過程或功能後的去向處理不正確。其實對於任何計算機程序來講,一旦上電開始運行,只要不斷電,則程序將會永遠執行下去不會停止,即使程序已經完成了一個過程或功能。所以設計者必須在程序完成某一過程或功能後將程序控制到正確的循環中,哪怕是死循環。對於使用高級語言的設計者,由於操作系統內核程序控制是自動完成的,對用戶不是很透明,設計者往往不會注意這個問題,但實質上計算機執行完用戶的應用程序後,並沒有停止運行,而是轉到了操作系統的運行中。

5.6.3　數字控制軟件實現中的控制器參數及控制變量序列設置

一般地,控制器參數作為常量在匯編語言設計時以一個或幾個常數表形式同程序代碼一起存放,而控制器變量則是在微處理器系統 RAM 中開闢兩塊連續或者非連續的存儲空間(最好是連續空間),以便控制器變量在每個新的採樣時刻移位更新。對於采用工業控制計算機或 PC/104 作為數字控制硬件的基於高級語言設計的數字控制程序,由於程序是在啟動時加載到 RAM 中運行的,其控制器參數和控制器變量則都是存在系統的 RAM 中的。為了變量序列更新移位處理程序設計方便,一般按如圖 5.6 所示的格式定義變量序列的 RAM 空間,而參數表的控制器參數排列則取決於變量序列的定義。當采用 4 字節浮點數實現控制器算法時,每個變量及參數都佔用兩個字的空間;若采用 3 字(6 字節) 浮點數實現控制器算法時,則每個變量及參數占 3 個字的空間。

在實際的處理過程中,每一個採樣週期裏要完成一次控制器算法的運算,計算完畢後,要進行控制器變量序列的移位更新及某些時刻值的特殊更新,也即對存儲變量的 RAM 空間內容進行更新處理。參數表是放在程序代碼段裏的,始終不變。

控制變量的移位操作按圖 5.7 所示的方式進行。控制器變量序列的移位最好放在每次計算完畢得到新的控制量 $u(k)$ 之後,而 $\varepsilon(k)$ 的更新則必須在每次求取控制量運算之前進行。按以上形式循環移位完畢後,應重新將 $u(k)$ 寫入 $u(k-1)$ 寄存器裏。

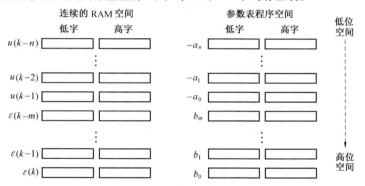

圖 5.6　4 字節浮點數表示的控制器參數表及控制變量序列設置格式

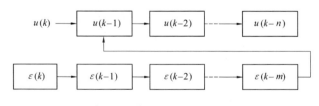

圖 5.7　控制變量序列移位示意

5.7　基於 80C196KC 匯編語言的數字控制軟件設計

5.7.1　適合 80C196KC 匯編語言的浮點數數據結構

為了提高數字控制算法的計算精度和擴展數據表達範圍,常常需要采用浮點數據形式來表達控制算法中的各種變量。浮點數有很多表示方式,為了統一浮點數的表示格式,IEEE 提出了一種浮點數標準格式,它還分為單精度(4 字節)、雙精度(8 字節) 及擴展精度(10 字節）。采用單精度格式足够滿足一般數字控制的精度要求。但考慮到80C196KC微處理器的CPU結構及匯編語言特點,實際應用中,采用一種變種形式即4字節準IEEE的浮點數據格式來完成基於浮點表示的控制器算法。準IEEE的數據格式規定如下[11]:① 總的浮點數據長度為4個字節;② 尾數為3個字節共24位原碼表示;③ 階碼為1個字節的移碼表示。其數據結構定義如圖5.8所示。

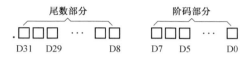

圖5.8　四字節準IEEE浮點數據格式定義

尾數的小數點在數據的最高位D31前,1字節的階碼則佔用最後1個字節即D7 ~ D0。由於一般浮點數在參加運算之前都要求先規格化,即參加運算的浮點數的D31一定為1,所以可以利用D31位同時表示數據的 + / - 號。規定此位為1時表示負數,為0時表示正數,因為原碼的數據中此位一定為1,所以符號位不會影響數據的絕對值。規格化完畢的尾數表示的數處於[0.5,1)之間,而階碼的範圍為00H ~ FFH,當規定80H為0階碼時,基於移碼運算規則的階碼能表達的範圍為 2^{-128} ~ 2^{127};這樣的浮點數據可表示的數據範圍為$(-2^{127},2^{127})$,精度取決於尾數長度,24位尾數的精度可達到約十進制的7位半精度。

為了編程的方便,規定不論其尾數是什麼,只要階碼全為0,則此浮點數為0;階碼全為1則當溢出處理。雖然這樣處理會減小浮點數的表示範圍,但由於其基本的數據範圍足够寬,這樣處理不會對數字控制造成太大的不利影響。

5.7.2　80C196KC匯編語言的浮點數運算方法及規則

浮點數的運算實質上只需要三種運算,即加、減法和乘法,但在編程時加減法可以采用一個子程序。這裏必須說明一點,所有浮點數在參與運算之前必須經過規格化處理,其次由於80C196KC的CPU結構要求,浮點數存放所使用的4個字節型寄存器必須從能被4整除的地址開始,并且低位在先高位在後。

1.4字節準IEEE浮點數加減運算

浮點數的加減法運算前,首先將數據符號保留起來,恢復原尾數的最高位,然後進行對階處理,最後再對尾數進行加減運算處理。對階規則是以加、減數中階碼大的數為基準將階碼小的數的階碼變換成階碼大的表示形式,得到的運算結果的階碼是加減數中較高的階碼。尾數的加減法采用普通的整型雙字加減法。但由於尾數運算結果可能影響最終的階碼,在程序出口還必須再進行一次規格化處理。

2.4字節準IEEE浮點數乘法運算

浮點數乘法運算較加減法運算簡單,它是首先保留數據符號,恢復原碼尾數的D31位,然後將階碼進行移碼加法運算,尾數進行乘法運算,最終的數符則取決於兩個參與運算的數的符號的異同。尾數的乘法運算采用普通的整型雙字乘法運算,其尾數運算結果也會影響最終的階碼,在程序出口要進行一次規格化處理。

5.7.3　80C196KC匯編語言的浮點數運算子程序

以下分別給出控制算法實現子程序及所用到的32位整型數到浮點數的轉換子程序、浮點數加減法子程序及浮點數乘法子程序。

1.80C196KC 匯編語言控制器算法實現子程序

```
          org        2680h
algro:    clr        suml              ;清中間"和"寄存器
          clr        sumh
algro0:   ld         bx,[ex]+          ;裝載控制器參數
          ld         bxh,[ex]+
          ld         cx,[fx]+          ;裝載控制器變量
          ld         cxh,[fx]+
          lcall      fmul              ;調用浮點乘法子程序
          ld         cx,suml
          ld         cxh,sumh
          lcall      fadd              ;調用浮點加法子程序
          st         bx,suml
          st         bxh,sumh
algro1:   djnz       count1,algro0
          ret                          ;結束
```

程序說明:控制器參數表的首地址存放在 EX 裏,控制變量序列 RAM 的首地址存放在 FX 裏,COUNT1 裏存放乘加次數。運算得到的控制量以浮點數格式存放在 BXH,BX 裏,同時還存放在 SUM 寄存器裏。所用到寄存器有 BXH,BX,CXH,CX 和 COUNT1。其中 BX,CX 被定義在能被 4 整除的地址開始的連續 4 字節長度的 RAM 空間。

2.80C196KC 匯編語言 32 位整型數轉換為 4 字節浮點數子程序

```
          org        2600h
tofd:     normlbx,al
          jne        tofd1
          clr        bx
          clr        bxh
          ljmp       tofde
tofd1:    ldb        bl,#0a0h
          subb       bl,al
          jbs        sign,0,tofde
          andb       bxhh,#7fh
tofde:    ret
```

說明:本段程序中被轉換的整型數據存放在 BX 寄存器裏,BXH(字) 和 BX(字) 是共同佔用以能被4整除的地址開始的4字節長度的RAM空間。轉換完畢的浮點數還存在 BX 裏,階碼放在 BX 的低 8 位 BL 裏,尾數存放在 BXH、BH 裏。

3.80C196KC 匯編語言浮點數加減法子程序

```
          org        2700h
fadd:     ldb        0e1h,bl           ;保存被加/減數階碼到 E1H 裏
          ldb        0e4h,cl           ;保存加/減數階碼到 E4H 裏
          andb       0e2h,bxhh,#80h    ;保存被加/減數的數符到 E2H 裏
          andb       0e3h,cxhh,#80h    ;保存加/減數的數符到 E3H 裏
```

	clrb	bl	
	clrb	cl	
	clrb	0e5h	
	orb	bxhh,#80h	;恢復被加／減數的數符
	orb	cxhh,#80h	;恢復加／減數的數符
	subb	0e0h,0e1h,0e4h	;判斷被加／減數和加／減數的階碼
	je	fad6	;決定以哪個作為對階的階碼
	jc	fad1	
	negb	0e0h	
	notb	0e5h	
	ldb	0e1h,0e4h	
fad1:	cmpb	0e0h,#18h	;階碼差大於 24 則小階碼的數當零處理
	jc	fad3	
	jbc	0e5h,0,fad2	
	shrl	bx,0e0h	
	ljmp	fad6	
fad2:	shrl	cx,0e0h	
	ljmp	fad6	
fad3:	andb	bxhh,#7fh	
	orb	bxhh,0e2h	
	ldb	bl,0e1h	
	jbc	0e5h,0,fad5	
	andb	cxhh,#7fh	
	orb	cxhh,0e3h	
	ldb	cl,0e1h	
	ldb	cl,0e4h	
fad4:	ld	bx,cx	
	ld	bxh,cxh	
fad5:	ret		;結果存放在 BXH、BX 裏
fad6:	xorb	0e3h,0e2h	
	jbs	0e3h,7,fad9	
	add	bx,cx	
	addc	bxh,cxh	
	jnc	fad7	
	shrl	bx,#01h	
	addb	0e1h,#01h	
	jbc	bl,7,fad7	
	addb	bh,#01h	
	addc	bxh,#00h	
fad7:	andb	bxhh,#7fh	
	orb	bxhh,0e2h	
fad8:	ldb	bl,0e1h	
	ret		;結果存放在 BXH、BX 裏
fad9:	sub	bx,cx	
	subc	bxh,cxh	
	jne	fad10	

```
            ldb         0e1h,#00h
            ljmp        fad8
fad10：      jc          fad11
            not         bx
            not         bxh
            add         bx,#01h
            addc        bxh,#00h
            xorb        0e2h,#80h
fad11：      norml       bx,0e0h
            subb        0e1h,0e0h
            ljmp        fad7
```

子程序說明：被加／減數存放在 BXH、BX 裏（32 位），加／減數存放在 CXH、CX 裏（32 位），其中 BX、CX 都是以能被 4 整除的地址開始，結果存放在 BXH、BX 裏。子程序還用到 E0H ～ E5H 作為臨時寄存器。

4. 80C196KC 匯編語言浮點數乘法子程序

```
            org         2800h
fmul：       cmpb        bl,#00h
            jne         fml0
fmul0：      clr         bx
            clr         bxh
            ret
fml0：       cmpb        cl,#00h
            je          fmul0
            andb        0ech,bxhh,#80h
            xorb        0ech,cxhh
            andb        0ech,#80h
            orb         bxhh,#80h
            orb         cxhh,#80h
            addb        bl,cl
            subb        0e8h,bl,#80h
            clrb        bl
            clrb        cl
            mulu        0e4h,bxh,cx
            mulu        0e0h,bx,cxh
            mulu        bx,bxh,cxh
            add         0e0h,0e4h
            addc        0e2h,0e6hBH
            addc        bxh,#00h
            add         bx,0e2h
            addc        bxh,#0h
            norml       bx,0e6h
            je          fml2
fml1：       subb        bl,0e8h,0e6h
            andb        bxhh,#7fh
```

```
                    orb            bxhh,0ech
fml2:               ret
```

子程序說明：被乘數和乘數分別存放在 CXH,CX 和 BXH,BX 裏。其中 BX、CX 都是以能被 4 整除的地址開始，結果存放在 BXH、BX 裏。子程序還用到 E0H ～ ECH 作為臨時寄存器。

5. 80C196KC 匯編語言 4 字節浮點數轉換為整型數子程序

```
                    org            2640h
toing:              ldb            contrf,#00h
                    jbc            bxhh,7,toing1
                    ldb            contrf,#01h
toing1:             or             bxh,#8000h
                    cmpb           bl,#80h
                    jh             toing3
toing2:             clr            bx
                    ret
toing3:             cmpb           bl,#90h
                    jh             toing4
                    ldb            al,#90h
                    subb           al,bl
                    ld             bx,bxh
                    shr            bx,al
                    ret
toing4:             ld             bx,#7fffh        ;溢出處理。
                    ret                             ;結束,16 位轉換結果存放在 BX 裏。
```

5.8   基於 DSPLF2407A 匯編語言的數字控制軟件設計

5.8.1   適合 DSPLF2407A 匯編語言的浮點數數據結構

對於 DSPLF2407A 的匯編語言浮點運算來講，基本的浮點數據格式定義同 80C196KC 的定義原則相同，但考慮到 DSPLF2407A 的 CPU 是采用 16 位數據寬度，其匯編語言的運算指令都是采用 16 或更寬數據位操作，如果完全套用 80C196KC 的定義格式，則在處理 24 位尾數和 8 位階碼時存在麻煩。因此重新定義 DSPLF2407A 的浮點數，將尾數改為 32 位形式，而階碼則改為 16 位格式，其餘定義同 80C196KC 的浮點數定義相同。具體格式如圖 5.9 所示。

圖 5.9   適合 DSPLF2407A 匯編語言的三字(6 字節) 浮點數定義

這樣定義的浮點數能表示的範圍及浮點數精度都比以上 80C196KC 的浮點數要好，雖然其數據位數增加了，但具體實現時的實時性比 80C196KC 的優異許多，這是因為 DSPLF2407A 本身的運算速度及匯編語言特點的緣故。同樣地，數字控制中只涉及浮點加減法和乘法運算，

其子程序設計思想完全同上,此處不再贅述。以下分別給出控制算法實現子程序及所用到的
32 位整型數到浮點數的轉換程序、浮點數加減法子程序及浮點數乘法子程序,供使用者參
考。

5.8.2 DSPLF2407A 匯編語言 6 字節浮點控制器算法實現子程序

1. 控制器算法實現子程序

式(5.13) 表示的數字控制器算法的 DSPLF2407A 匯編語言實現子程序如下。其中分別
包含一個 6 字節浮點乘法和加減法子程序嵌套調用。

```
            . text
CNALTH:     LDP         #00h
            LACL        #0000h
            SACL        EX          ;清中間和高位暫存寄存器
            SACL        FX          ;清中間和低位暫存寄存器
            SACL        GX          ;清中間和階碼暫存寄存器
            MAR         * , AR3
CNALT0:     LACL                    HX
            TBLR        BX
            ADD         #1
            TBLR        AX
            ADD         #1
            TBLR        PCX
            ADD         #1
            SACL        HX
            LACL        * +
            SACL        ABX
            LACL        * +
            SACL        AAX
            LACL        * +
            SACL        PDX
            CALL        FMUL        ;結果存在 BX,AX,PCX(階碼) 裏
            LACL        EX          ;EX,FX,GX 為中間和暫存寄存器
            SACL        ABX         ;保存中間和
            LACL        FX
            SACL        AAX
            LACL        GX
            SACL        PDX
            CALL        FADD        ;加 EX,FX,GX(中間和)
            LACL        BX          ;更新中間和暫存寄存器
            SACL        EX
            LACL        AX
            SACL        FX
            LACL        PCX         ;最終控制量同時存在 EX,FX,GX
            SACL        GX          ;和 BX,AX,PCX 裏
            MAR         * , AR4     ;結束後 EX,FX,GX.HX,AR2,3,4 將釋放
```

```
CNALT1:     BANZ          CNALT0,       * -,AR3
            RET
            . align
```

子程序說明:控制參數表頭存在 HX 裏,變量參數表頭存在 AR3 裏,乘加次數計數值存在 AR4 裏,算法處理過程中用到 EX,FX,GX. HX,AR3,AR4,調用結束後將釋放。求得的浮點數控制量存在 BX,AX 裏,階碼存在 PCX 裏。

2. DSPLF2407A 匯編語言 32 位整型數轉換為 6 字節自定義浮點數子程序

```
            . text
TOFD:       LDP           #00h            ;整型數轉化為浮點數子程序
            LACC          BX,16           ;SXM 在前已置 0,故此處無符號擴展
            ADDS          AX              ;SXM 在前已置 0,故此處無符號擴展
            SACH          BX
            SACL          AX
            BCND          TOF1,NEQ        ;ACC 不等於 0
            RET                           ;ACC = 0
TOF1:       MAR           * ,AR1
            LAR           AR0,#00A0H      ;
            LAR           AR1,BX
            BANZ          TOF2, * ,AR0    ;高位不等於 0 - > TOF2
            LAR           AR0,#0090H      ;
            LACC          AX,16           ;這樣處理的目的是將 ACC 低
            SACH          BX              ;位字挪到高位并清零低位字
TOF2:       BIT           BX,BIT15
            BCND          TOF3,TC
            SFL
            SBRK          #1
            SACH          BX
            B             TOF2
TOF3:       SAR           AR0,PCX         ;階碼 - > PCX
            SACL          AX              ;
            BIT           SSIGN,BIT13
            BCND          TOF4,TC
            AND           #7FFFh,16
            SACH          BX
TOF4:       RET
            . align
```

入口參數:符號指示字 SSIGN(DP = 00h),FFFFh 表示 -,0000h 表示 +;欲轉換的 32 位數據(無符號)存放在 BX,AX 裏。

出口參數:32 位尾數放在 BX,AX 寄存器,階碼放在 PCX 裏,數符隱含在 BX 最高位。

3. DSPLF2407A 匯編語言浮點數加減法子程序

```
            . text
FADD:       LDP           #00h            ;浮點加法子程序
            MAR           * ,AR0          ;當前 ARP - > AR0
```

	LACL	PCX	;規定只要階碼為 0 則該浮點數 = 0
	BCND	FAD13,EQ	;被加數為 0 則加數 -> BX,AX,PCX
	LACL	PDX	
	BCND	FAD14,EQ	;若加數 = 0 則直接返回
	LAR	AR0,#0000h	;PCX > PDX 標誌
	LACL	PCX	;兩個階碼都不為 0
	SACL	DX	;保存最終 "和" 的階碼 -> DX
	SUB	PDX	;則判斷階碼差是否 > 32?
	BCND	FAD0,GEQ	;
	LACL	PDX	;
	SACL	DX	;保存最終 "和" 的階碼 -> DX
	LAR	AR0,#000Fh	;並置 PDX > PCX 標誌
	LACL	PDX	;求階碼差的絕對值
	SUB	PCX	;
FAD0:	SUB	#0020h	
	BCND	FAD12,GEQ	;階碼差 > = 32 則其中小的數按 0 處理
	ADD	#0020h	;階碼差 < 32 則恢復階碼差
	SACL	CX	
	LAR	AR1,CX	;保存階碼差 -> AR1
	LACL	BX	
	AND	#8000h	
	SACL	SSIGN	;保存被加數的數符 -> SSIGN
	LACL	BX	
	OR	#8000h	
	SACL	BX	;恢復被加數高位原碼
	LACL	ABX	
	AND	#8000h	
	SACL	DSIGN	;保存加數的數符 -> DSIGN
	LACL	ABX	
	OR	#8000h	
	SACL	ABX	;恢復加數
	BANZ	FAD3,*,AR1	;AR0 不等於 0,轉去 FAD3,下個 ARP -> AR1(階碼)
	LACC	ABX,16	;AR0 = 0 說明加數小則對加數進行對階處理
	ADDS	AAX	
FAD1:	BANZ	FAD2,* -	;以下 ARP 一直指向 AR1
	SACL	AAX	
	SACH	ABX	
	B	FAD6	;加數對階處理完畢
FAD2:	SFR		;右移加數(AR1)?
	B	FAD1;	
FAD3:	LACC	BX,16	;AR0 不 = 0 說明被加數小
	ADDS	AX	;則對被加數進行對階處理
FAD4:	BANZ	FAD5,* -	
	SACL	AX	
	SACH	BX	
	B	FAD6	;被加數對階處理完畢

FAD5：	SFR		;右移被加數(AR1) 次
	B	FAD4	
FAD6：	LAR	AR1,DX	;對階處理"和"的階碼 – > AR1
	LACL	SSIGN	;此時 DX(AR1) 裏保存的是較大數的階碼
	XOR	DSIGN	;DSIGN,SSIGN 的 BIT15 有用,低位全 0
	SACL	DSIGN	;SSIGN 作為最終數符寄存器不變
	LACC	BX,16	;被加數 – > ACC
	ADDS	AX	
	BIT	DSIGN,BIT15	;判斷被加數和加數是否同號?
	BCND	FAD8,TC	;异號則轉去 FAD8
	ADD	AAX	;被加數和加數同號則相加
	ADDA	BX,16	
	BCND	FAD7,NC	;有無進位? 無進位則跳轉去 FAD7
	ROR		;有進位則 CC 一位,C – > ACC.31
	ADRK	#1	;"和"的階碼 + 1(當前 ARP – > AR1)
FAD7：	SACL	AX	
	AND	#7fffh,16	
	SACH	BX	
	LACL	BX	
	OR	SSIGN	;更新"和"的數符
	SACL	BX	
	SAR	AR1,PCX	;最終"和"階碼送出口階碼寄存器
	RET		
FAD8：	SUB	AAX	;被加數和加數异號
	SUB	ABX,16	
	SACL	AX	;ACC 同 BX,AX 內容相同
	SACH	BX	;此兩條語句不會影響以下判斷
	BCND	FAD9,C	;ACC > = 0 則轉去 FAD9
	NEG		;ACC < 0 則 ACC 求補
	SACL	AX	
	SACH	BX	
	LACL	SSIGN	;符號位處理
	XOR	#8000h	;SSIGN 反?
	SACL	SSIGN	
	LACC	BX,16	;ACC 同 BX,AX 內容相同
	ADDS	AX	
FAD9：	BCND	FAD10,NEQ	;ACC > 0 則轉去 FAD10
	SACL	BX	;ACC = 0,則清 0 出口寄存器
	SACL	AX	;然後直接返回
	SACL	PCX	
	RET		
FAD10：	BIT	BX,BIT15	;規格化處理
	BCND	FAD11,TC	
	SFL		
	SACL	AX	
	SACH	BX	

```
         SBRK       #1
         B          FAD10
FAD11：   LACL       BX                ;更新數符
         AND        #7FFFh
         OR         SSIGN
         SACL       BX
         SAR        AR1,PCX           ;最終″和″階碼送出口階碼寄存器
         RET
FAD12：   BANZ       FAD13             ;AR0 不為 0 說明 PDX－PCX＞32
         RET                          ;AR0＝0 說明 PCX－PDX＞32
FAD13：   LACL       ABX               ;被加數＝0 則直接將加數
         SACL       BX                ;賦值給出口參數
         LACL       AAX
         SACL       AX
         LACL       PDX
         SACL       PCX
FAD14：   RET
```

子程序說明：被加數存在 BX,AX,加數存在 ABX,AAX 裏,被加數的階碼存在 PCX 裏,加數的階碼存在 PDX 裏。和的浮點數放在 BX,AX 裏,階碼存在 PCX 裏。由於加法和乘法在控制算法子程序裏被嵌套調用而控制算法中用到 AR2～AR4 寄存器,故此子程序中不能再使用 AR2～AR4 寄存器;被加數及加數用到的寄存器 EX,FX,GX 都不能再用作過渡寄存器。

4. DSPLF2407A 匯編語言浮點數乘法子程序

```
         .text
FMUL：    LDP        #00h              ;浮點乘法段
         LACL       PCX               ;階碼為 0 則該數為 0
         BCND       FMUL0,EQ          ;ACC＝0?
         LACL       PDX
         BCND       FMUL1,NEQ         ;ACC＝0?
FMUL0：   LACL       #0000h            ;
         SACL       BX
         SACL       AX
         SACL       PCX
         RET
FMUL1：   LACL       BX
         XOR        ABX
         AND        #8000h
         OR         #0FFFh
         SACL       CX                ;積符臨時保存在 CX 裏
```

```
          LACL        PCX
          ADDS        PDX
          SUB         #0080h
          SACL        PCX              ;積的階碼保存 -> PCX
          LACL        BX               ;恢復原數(去掉符號位)
          OR          #8000h
          SACL        BX
          LACL        ABX
          OR          #8000h
          SACL        ABX              ;恢復原數(去掉符號位)
          LT          BX
          MPYU        AAX
          LTP         AX               ;AX -> TREG 同時 BX * AAX 的積 -> ACC
          MPYU        ABX              ;到此 AX,AAX 已沒用了,可當一般寄存器用
          SPH         AAX              ;保存 AX * ABX 的積 -> AAX,AX
          SPL         AX
          ADD         AX
          ADD         AAX,16           ;此時 ACC 裏保存的是 BX * AAX + AX * ABX
          SACH        AX               ;目的是 ACC 右移 16 位,進位 C 保持不變
          LT          BX               ;在此之前不能更改 BX,ABX
          MPYU        ABX
          LTP         AX               ;主要目的是將 PREG(BX * ABX 的積) -> ACC
          ADDC        AX
          SACH        BX
          MAR         * ,AR0
          LAR         AR0,PCX          ;積的階碼 -> AR0
FMUL2：   BIT         BX,BIT15
BCND      FMUL3,TC
          SFL
          SACH        BX
          SBRK        #1
          SAR         AR0,PCX          ;更新積的階碼 -> PCX
          B           FMUL2
FMUL3：   SACL        AX
```

```
LACL          BX
AND           CX
SACL          BX
RET
. align
```

子程序說明：被乘數存在 BX,AX ,乘數存在 ABX,AAX 裏,被乘數階碼存放在 PCX 裏,乘數階碼存放在 PDX 裏,乘積浮點數放在 BX,AX 裏,階碼存在 PCX。由於加法和乘法在控制算法子程序裏嵌套調用而控制算法中用到 AR3,AR4,故此子程序中不能再使用 AR3,AR4。被加數及加數用到的寄存器 EX,FX,GX 都不能再用作過渡寄存器。

5.9　基於工業控制計算機或 PC/104 的數字控制軟件設計

基於工業控制計算機或 PC/104 的數字控制,其軟件設計相對簡單,一般都采用高級語言編程。但此類數字控制中難免要使用擴展板卡實現諸如 A/D、D/A 或數字 I/O 等功能,在設計對底層接口操作軟件時會遇到一些特殊的問題,尤其是系統中使用了用戶自行開發的接口卡板的時候。

5.9.1　基於工業控制計算機的數字控制軟件設計

對於工業控制計算機,由於其操作系統大多采用 Windows 操作系統,是多任務方式的,用於數字控制時,實時性稍差一些,但在人機界面等編程方面具有很大的優勢。目前市場上提供一種基於 Windows 內核的 RTX 操作系統,在實時性方面有了很大的改進,完全可以滿足一般的數字控制要求。但目前 RTX 操作系統的使用存在兩大劣勢:其一是操作系統軟件成本較高;其二是使用的廣泛程度較差。所以在許多實時性要求不高的應用場合,人們仍習慣采用目前市面上流行的 Windows 操作系統。

基於工業控制計算機的數字控制軟件設計大多采用 C、VC 等高級語言編程,其在人機交換界面設計及控制算法設計方面沒什麼特別值得注意的,但在對底層硬件接口,尤其是用戶自行開發的接口卡板的操作方面需要注意一點,這就是若操作系統為 Windows 98 以下版本,則可以直接利用 C、VC 中提供的 inport( )、inportb( )、outport( ) 及 outportb( ) 函數完成對底層硬件接口的輸入輸出操作,或采用 RTX 操作系統時,也可以直接利用系統提供的專門底層操作函數完成對用戶自行開發的硬件接口操作,但若機器中安裝的是 Windows98 以上版本的操作系統如 Windows 2000/XP 系統,則不允許處於優先級為 RING 3 的用戶程序和用戶模式驅動程序直接使用如上的 I/O 指令,如果使用了這些指令會產生"非法操作"。之所以如此是因為 Microsoft 為了提高操作系統的安全性,在 Windows 98 之後的系統中均采用了對系統底層操作的屏蔽策略。

如果操作系統采用 Windows 98 以上版本,并且擴展卡板使用市面上提供的現成卡板,其軟件設計相對簡單一些。這是因為提供的擴展卡板一般都帶有相應的設備驅動程序,用戶在構成數字控制之前,只要先安裝好驅動程序並在編程時按照說明調用有關函數即可正確實現對底層接口的操作。

如果基於工業控制計算機的數字控制的操作系統采用 Windows 98 以上版本,並使用用戶自行開發的接口硬件,則其軟件設計上將會相對復雜。其復雜性主要體現在用戶必須為其接口硬件提供可正確實現底層操作的輔助軟件或設計相應的驅動程序。

對於使用了用戶自行開發的接口硬件並基於 Windows 98 以上版本操作系統來設計控制軟件的數字控制系統來講,目前大體上有兩種軟件對策可實現對底層 I/O 的操作:一種是基於第三方提供的接口函數或動態鏈接庫(所謂的控件);另一種是基於操作系統的內核編寫屬於系統級別的驅動程序。

1. 采用現成的第三方編寫的控件實現底層硬件操作

鑒於 Windows 操作系統對端口的屏蔽,目前網絡上提供了多種實現底層 I/O 操作的控件。其實這些所謂的控件大多數也屬於第三方開發的通用驅動程序。例如 Porttalk 和 TVicHW32 控件均屬於第三方開發的通用驅動程序,還有基於動態鏈接庫接口的 DirectPort 控件等等。這些控件的使用方法存在着許多共同點,詳細的使用可以參見相應說明。這裏僅簡單介紹在使用控件時需要注意的兩點注意事項。

(1)當安裝了 Porttalk 和 TVicHW32 控件(DirectPort 控件不需安裝)後,在當前用戶的開發目錄下必須包含提供的頭文件和動態鏈接庫文件。以 DirectPort 為例,若當前用戶的工程開發目錄為 F:\TestIODemo,則在編譯之前必須將 DirectPort. h,DirectPort. lib,DirectPort. dll 拷貝至 F:\TestIODemo 目錄下,然後在用戶程序的頭文件中包含 DirectPort. h。

在 Project→Setting→Link 選項卡中選擇 Category:General,並在 Object/Library modules 中添加 DirectPort. lib,結果如圖 5.10 所示。

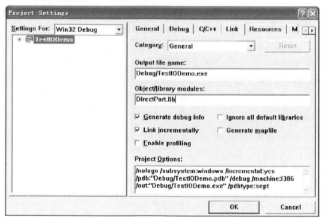

圖 5.10　采用 DirectPort 時的 VC ++ 工程設置

(2)當用戶的產品開發完畢需要發佈時,動態鏈接庫 DirectPort. dll 必須和可執行文件 TestIODemo. exe 在同一個錄下, 或將 DirectPort. dll 加載至系統文件夾 system32(如 C:\WINDOWS\system32) 下。

2. 為自行開發的接口卡板編寫專用驅動程序實現底層硬件操作

驅動程序的編寫涉及許多操作系統內核技術,為了讀者快速、系統地瞭解驅動程序的編寫過程和方法,下面首先介紹一下 Windows 驅動程序的分類,然後介紹幾種編程方法。

(1)Windows 驅動程序分類

為了深入瞭解驅動程序,我們首先對 Windows 的驅動程序模式給出大概的介紹。 從

Widows 3. x 時代到 Windows 2000、Windows XP,甚至目前的 Vista 及 Windows 7,驅動程序的模式也發生了巨大的變化。一般有兩種形式(Vista 和 Windows 7 的形式目前不是很瞭解),分別是所謂的虛擬驅動程序 VXD 和 WDM 模式。

① 虛擬設備驅動程序 ——VXD

所謂的 VXD 就是 VIRTUAL X DRIVER(虛擬設備驅動程序)。其中 X 代表各種設備的名字,如虛擬鍵盤驅動程序(VKD),虛擬鼠標驅動程序(VMD)等等。VXD 和 VMM(虛擬機管理器)一起合作維持着系統的運作,維護系統對各種硬件資源識別、管理以及擴展。VXD 模式產生於 Widows 3. X 時代,一直延續到後來的 Windows 98 操作系統,VXD 驅動程序模型在系統中均起主導作用。VXD 運作在 INTEL 系列 CPU 保護模式下的 RING 0(0 環),擁有對硬件的最高控制權。

在 Window 3. x 的時代,為了更好地贏得市場,Windows 3. x 必須同時運行普通的 Windows 程序和 DOS 程序。為瞭解決兼容性的問題,人們引入了虛擬機的概念。因為 DOS 程序和 Windows 程序有本質的不同,DOS 程序認為它們擁有系統的一切:鍵盤、CPU、內存、硬盤等等。DOS 程序不知道怎樣和其他程序合作,而 Windows 程序(從那時候起)是可靠的多任務合作系統。也就是每個 Windows 程序都必須通過 GetMessage 或 PeekMessage 來和其他程序進行交流。為此,微軟采用在一個 8086 虛擬機上運行所有的 DOS 程序,而在另一個叫做系統虛擬機的虛擬機上運行其他所有的 Windows 程序。Windows 負責把 CPU 運算時間輪流地分給每個虛擬機。這樣,在 Windows 3. x 裏,Windows 程序之間用的是合作多任務,而虛擬機之間用的是優先級多任務。

DOS 程序認為它們擁有系統的一切,當它們在虛擬機中運行時,Windows 需要給它們一個實機器的替身,VXD 程序就是這些替身。VXD 程序通常虛擬一些硬件設備,所以,當一個 DOS 程序認為它在同鍵盤通信時,實際是虛擬鍵盤驅動程序在和 DOS 程序通信。一個 VXD 程序通常控制真正的硬件設備並對該設備在各個虛擬機之間的共享進行管理。盡管如此,並不是說每個 VXD 程序必須和一個硬件設備相連。雖然 VXD 程序是用來虛擬硬件設備的,但是也可以把 VXD 程序看作是第 0 級別的 DLL。例如,如果用戶需要做一些只有在第 0 級別才能做的工作,可以編一個 VXD 程序來完成這個工作。這樣,由於此 VXD 程序並沒有虛擬任何設備,用戶就可以把它僅僅看作是自己程序的擴展。

②Windows 驅動模式 ——WDM 模式

所謂 WDM 是指 Windows Driver Model(Windows 驅動模式)。它是微軟為操作系統 Windows 98、Windows NT 和 Windows 2000 驅動程序設計的一種構架,和傳統的 Windows 3. x 和 Windows 95 使用的 VXD 的驅動相比屬於完全不同的體系結構。不過對於用戶來說,WDM 驅動程序在 Windows 98 和 Windows 2000 下的表現很相似。對於驅動開發人員來說,它在兩者中有很多的不同,并且 Windows 98 中的 WDM 只能算是 Windows 2000 中的 WDM 的一個子集。在 Windows 98 中有一些驅動程序只能使用 VXD 來實現,如串行通信驅動等。

WDM 驅動模式作為 Windows 操作系統當前主流的驅動程序結構,其基本程序結構如圖 5.11 所示。一個完整的 WDM 驅動程序可以看作為一個容器,其中包含了許多子例程,操作系統調用這個容器中的例程來執行針對 IRP(I/O 請求包) 的各種操作。

如同 C 語言的入口函數為 main 一樣,驅動程序的入口函數為 DriverEntry。在一個基本的驅動程序中,都包括 DriverEntry、AddDevice 和幾種基本的 IRP 分發例程。 DriverEntry 例程只在驅動程序第一次被裝入時執行一次,但是一個驅動程序可以被多個實際設備利用,所以

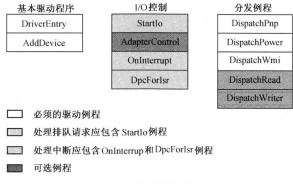

圖 5.11　驅動程序的基本組成

WDM 驅動程序有一個特殊的 AddDevice 函數,PnP 管理器為每個設備實例調用該函數。創建設備可以在 AddDevice 函數中實現,它的主要任務是為建立和啟用的設備創立一個符號鏈接名或者註冊設備接口,將當前驅動程序添加到設備棧中。排隊的驅動程序一般都有 StartIo 例程,執行 DMA 傳輸的驅動程序應有一個 AdaperControl 例程。大部分能產生硬件中斷的設備,需要有一個中斷服務例程(Interrupt Service Routine,ISR)和一個延遲過程調用(Deferred Procedure Call,DPC)例程。多數的驅動程序都還有幾個支持不同類型 IRP 的分發例程。WDM 開發人員的任務之一就是選擇自己特定驅動中需要的例程[30]。

要編寫驅動程序,首先要瞭解操作系統的結構。在 WDM 體系中,Windows 2000 操作系統是最標準的實現方式。Windows 98 則是部分兼容 WDM 結構部分兼容 VXD 結構。雖然按照微軟的說法,Windows 98 和 Windows 2000 在 Intel 架構範圍內驅動程序實現二進制碼兼容(參見 98 DDK),Windows 2000 x86 版本與其他 CPU 平臺版本實現源碼級兼容(因為 Windows 2000 內核結構與 NT 相似,最底層都是硬件抽象層 HAL,所以可認為它們之間具有源碼級兼容)。但實際上,Windows 2000 的 WDM 實現中有很多例程在 Windows 98 中沒有實現,一旦試圖加載這樣的 WDM 驅動程序到 Windows 98 中,則常常不能正常加載。

除了上述介紹的兩種驅動程序模型之外,其實在 Windows NT 的開發過程中,Microsoft 公司還提出了另外一種驅動程序模型,即 KMD(Kernel Model Driver)。KMD 是在 Windows NT 框架下提出的管理、維護硬件運作的驅動程序模式。但是由於微軟很快提出了上述的新型 WDM 驅動程序模式,KMD 只作為過渡產品,關於其介紹並不是很多;又由於其在形式上和 WDM 具有兼容性,開發過程一般與 WDM 不做詳細的區分。

(2)Windows 驅動程序的開發

用戶可利用如下較為常見的三種方法完成自行設計的 I/O 接口硬件板卡的驅動程序開發。其一是基於 Microsoft 提供的 DDK 進行開發,其二是在 DDK 基礎之上採用第三方的開發工具 DriverStudio 進行開發,其三是採用第三方的開發工具 WinDriver 進行開發。下面分別簡單介紹這三種方法在使用中需要注意的一些問題,以有助於讀者對驅動程序開發的瞭解,至於詳細的內容可參見有關驅動程序開發的文獻[29]～[31]。

①直接使用 DDK 開發

使用 DDK 進行開發,不僅需要瞭解很多關於 Windows 操作系統的知識,而且需要做很多繁瑣的工作,所以開發難度較大,對開發人員的要求也較高。但是採用 DDK 進行開發,程序的靈活性、通用性較強,對於整個系統的結構會有很好的把握,一般適合用於通用性、基礎性的開發工作。

使用 DDK 進行驅動程序開發,一般遵循以下步驟:

● 確定已經安裝了 Visual C ++ 編譯環境(6.0 或其他高級的編譯環境,如. net 2008 等)。

● 安裝針對性的 DDK。例如 Windows 98 需安裝針對 98 的 DDK,Windows 2000 和 Windows XP 均有針對性的 DDK。由於 DDK 對操作系統具有敏感性,最好不要混用。

注意:一定要先安裝 Visual C ++ 編譯環境,後安裝 DDK,順序不能顛倒。且安裝 DDK 時,安裝目錄中間不能有空格,比如 D:\ProgramFiles,Program 和 Files 之間不允許有空格。

● 確保 DDKROOT 的環境變量已經加載在系統環境變量中。如果沒有加載,需要通過控制面板 → 系統 → 高級 → 環境變量 → 新建用戶變量等步驟加載,如圖 5.12 所示。

按照上述步驟安裝好 VC ++ \DDK 等之後,就可以按照 DDK 提供的命令編譯行,對自己的源文件進行編譯。值得注意的是,如果讀者覺得使用 DDK 的命令行參數對於編譯不是很方便,可以參見文獻[30] 的 42 ~ 44 頁,將 VC ++ 編譯環境設置為 DDK 的開發環境。

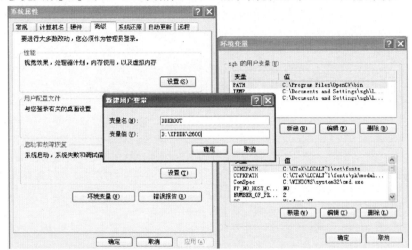

圖 5.12　DDKROOT 的環境變量加載設置

② 使用 DriverStudio 進行開發

DriverStudio 是 CompuWare 公司出品的一套 Windows 下的全套驅動開發工具集。DriverStudio 能加速開發、調試、調整和配置用戶的 VXD、WDM 和 Windows NT 驅動程序。

DriverStudio 2.7 所包含的工具有:

● VToolsD

VToolsD 是一個用來開發針對 Win9X(Windows 95 和 Windows 98) 操作系統下設備驅動程序(VXD) 的工具。VToolsD 中包括生成驅動程序源代碼的工具 Run-time 和 Interface 庫以及一些驅動程序樣本,可以用來作為各種類型的設備驅動程序的基礎部分。

● DriverWorks

DriverWorks 對於 Windows NT 下和 Windows 98 與 Windows 2000 共同支持的 Win32 驅動模型(WDM) 設備驅動程序的開發提供完全的支持。DriverWorks 中包含一個非常完善的源代碼生成工具(DriverWizard) 以及相應的類庫和驅動程序樣本,它提供了在 C ++ 下進行設備驅動程序開發的支持。

- DriverNetworks

DriverNetworks 是為 Windows 網絡驅動開發人員提供的一個模塊。在它的核心部分，DriverNetworks 是一個針對 NDIS drivers 和 TDI clients(DriverSockets) 的 C++ 的類庫。DriverNetworks 中也有 Quick Miniport Wizard 用來直接開始一個 NDIS Miniport 或 Intermediate Driver 工程。它可以讓用戶快速地生成所有采用 DriverNetworks C++ 類庫編寫的 NDIS 驅動程序的編譯、安裝和調試所需要的文件。

- SoftICE

SoftICE 是一個功能極其強大的內核模式調試器，它支持在配置一臺單獨的計算機或兩臺計算機下進行設備驅動程序的調試。

除了上述的各種工具之外，DriverStudio 還包括 DriverMonitor，EZDriverInstaller，SetDDKGo 等工具，極大地提高了驅動程序的開發效率。

使用 DriverStudio 進行驅動程序開發較為簡單。當安裝完 DriverStudio 後，DriverStudio 就會產生一個代碼生成向導 DriverWizard。通過 DriverWizard，超過 1 500 行的驅動程序源代碼框架只需幾次鼠標點擊就可完成，并且這些代碼還包含了詳細的注釋。此外，DriverWizard 還能生成專為特殊設備定制的代碼，比如：USB 設備、PCI 設備、即插即用設備、ISA 設備等等。

DriverStudio 對微軟 Visual Studio 的支持遠不止用 DriverWizard 構造一個新工程這麼簡單。DriverWorks 提供了完整的和 Visual Studio 相似的開發環境，包括 checked 和 free 編譯環境、相似的代碼編輯器、錯誤代碼定位以及類瀏覽器。感興趣的讀者可以進一步參閱文獻[31]。

③ 使用 WinDriver 進行開發

WinDriver 是一個用於驅動開發的工具包，它將很難的開發任務變得非常輕鬆。它只適合用於開發純硬件驅動，并且它自動探測插在機器上的硬件的參數。最重要的一點是它的跨平臺特性，在 Windows 開發的驅動程序不需要作任何修改就可以用於 Windows 98，Windows NT，Windows CE，Solaris，Linux 等系統。無論是有經驗的設備驅動開發者，還是初學者，WinDriver 通過一個非常強大的組合向導，使得硬件訪問變成一件很容易的事。基於這個向導，WinDriver 通過一組非常常見的 API 函數來分析硬件，自動產生程序代碼。基於 WinDriver 的驅動程序開發大致可以按照以下步驟進行：

- 將硬件板卡插入到計算機，啟動 WinDriver 的 WinDriver Wizard。
- 根據提示添加相應的資源，如 I/O 資源、Memory Range、中斷資源等等。
- 選擇 Build 菜單中的 generate code，產生基本的驅動程序代碼，并修改代碼。
- 通過 WinDriver 產生的實例程序測試驅動程序。

（3）驅動程序的安裝

在對用戶自行開發的接口硬件進行操作之前，需要將針對其開發的驅動程序安裝到計算機上。

對於基於 PCI 的用戶硬件設備，其設備驅動安裝通過以下步驟實現：

① 將板卡插入計算機。

② 通過計算機的控制面板 → 添加新硬件，掃描到相應的硬件資源。

③ 選擇用戶自行開發的驅動程序，點擊安裝即可。

但是對於類似 ISA 等遺留設備的驅動程序，安裝過程稍有不同，具體如下：

① 將 ISA 等遺留設備插入計算機,通過計算機的控制面板 → 添加硬件,掃描硬件。

② 由於 ISA 等遺留設備無法被檢測到,掃描硬件後會提示"硬件連接好了嗎？"。選擇"是。我已經連接了此硬件",點擊"下一步"。

③ 在"已安裝的硬件"中選擇"添加新的硬件設備"

④ 在"你期望向導做什麼"中選擇"安裝我手動從列表中選擇的硬件(高級)",點擊"下一步"。

⑤ 從"常見硬件類型"中選擇"顯示所有設備",點擊"下一步"。

⑥ 選擇"從磁盤安裝",選擇自行開發的驅動程序,點擊"確定"。若 Windows 提示文件替換,選擇"仍然繼續"即可。

⑦ 在最後點擊"完成"之前的"查看或更改這個硬件的資源(高級)"中對 ISA 等遺留設備的資源進行分配,完成安裝。

5.9.2　基於 PC/104 的數字控制軟件設計

對於基於 PC/104 的數字控制,由於考慮了嵌入性,利用 CF 卡來存儲操作系統和應用程序。雖然 CF 卡的容量不如常用的硬盤大(目前最大為 16 G),但也足夠安裝 Windows 98 版本以上的多任務操作系統。當使用 Windows 98 以上版本操作系統實現數字控制時,其有關的軟件設計考慮可參考上面 5.9.1 節的討論。從性價比和必要性方面考慮,基於 PC/104 的數字控制更適合使用單任務的 DOS 操作系統來完成用戶界面及數字控制軟件的編程。雖然人機交換界面程序設計時不如 Windows 操作系統下那麼方便,效果也不很美觀,但卻具有實時性好,基於 C、TC 高級語言設計時不存在對底層 I/O 操作的限制等優點。

採用高級語言進行數字控制算法實現編程時,不需要像以上設計單片機或 DSP 匯編語言那樣考慮太多有關浮點數據格式以及各種浮點運算的具體實現,編程十分簡單,故這裏不再進一步詳細討論。

5.10　數字控制實現中控制變量序列的初值處理

數字控制同模擬控制一個最大的不同是,其控制器是由差分算法實現的,而差分算法中控制量是以序列形式表示,初值由軟件控制,因此可能存在控制變量序列初值同實際的物理量初值不同的問題。

上面提到,控制器變量序列存放在數字控制系統的 RAM 中,上電時其內容往往是隨機的,這就要求程序初始化中必須對這些變量空間進行初始化設置,一般是進行清零處理。另外數字控制中常常遇到控制器在不同的控制模式之間切換,如果對控制器變量序列初值不進行處理,則當系統切換到新的控制模式時,會引入非零初始條件的響應過程。為了進一步說明這個問題,從古典控制理論出發,假設一個二階動態系統的微分方程表示如下

$$a_2 c^{(2)}(t) + a_1 c^{(1)}(t) + a_0 c(t) = b_0 r(t) \tag{5.31}$$

如果狀態變量存在非零初值,則進行拉氏變換後將得到

$$a_2[s^2 C(s) - c(0)s - c^{(1)}(0)] + a_1[sC(s) - c(0)] + a_0 C(s) = b_0 R(s) \tag{5.32}$$

其輸出響應為

$$C(s) = \frac{b_0}{a_2 s^2 + a_1 s + a_0} R(s) + \frac{a_2[c(0)s + c^{(1)}(0)] + a_1 c(0)}{a_2 s^2 + a_1 s + a_0} \tag{5.33}$$

可見系統響應中多了後面一項,這一項同輸入没有關係,只同系統結構及狀態變量的初始值有關[32]。這樣會在系統針對輸入的響應中叠加進一個二階振盪過程,其過程經過一段時間後會基本消失,這段時間的長短則取決於狀態變量的初值,有時甚至比系統響應輸入信號的過渡過程時間還長。

在某個運動控制的實際調試過程中,我們曾經遇到,當給定一個位置階躍輸入時,系統會在到位後振盪很長時間才會達到定位狀態。開始以為是系統參數調整得不好,後經過仔細檢查發現其根本原因是數字控制程序未對控制變量序列進行初值處理。在進入控制算法計算前將控制變量序列清零後,即可解決這一問題。由此可見,數字控制中控制變量序列的初值處理很重要,實踐中必須仔細對待。

當然從原理上講,控制器切換時,被控系統狀態變量不一定是零初值狀態,强制清零處理可能不會反映完全真實的情形,但由於切換過程中的狀態初始值的確無法真實獲得,按照强制清零處理可能會影響投入控制後的頭幾個採樣週期的系統響應,但不會造成太大的不利影響。

第6章　數字控制系統的電磁兼容設計

一般的數字測控系統不可能工作在絕對理想的環境下,因此它必然受到各種環境因素的影響。這些影響包括:① 外部環境對數字測控系統的影響;② 數字控制系統電子綫路內部各元器件之間的相互干擾。外界環境干擾包括外界電磁場、電網波動等,而電子綫路之間的互相干擾則主要是通過公共阻抗、綫間分佈電容及互感而相互影響。數字測控系統的電子綫路不僅受到外界環境的影響,同時它也會向外界發射電磁波,給電網回饋波動,這種效應會對其他電子設備造成干擾。因此其電磁兼容是研究設備既不受周圍環境的影響,又不給周圍環境造成干擾的技術[33][34][35]。

電磁兼容問題是一個非常復雜的問題,有些從原理設計時就可以考慮,如電源濾波、抗干擾有源或無源濾波網絡的引入或繼電器綫圈等瞬間高壓的吸收等。而大部分的電磁兼容問題,如綫間分佈電容,由於其與具體的元器件的布局、走綫等有關,因而難以在原理設計時就予以考慮。即使能夠考慮,也會因為需要在原理設計中加入一系列措施而使電路變得十分繁雜,反而會引入新的電磁兼容問題。解決這類電磁兼容問題往往是從電路布局、信號走綫等方面入手。因此,電磁兼容技術很大程度上是一門工藝性技術。隨著數字控制系統精度及可靠性要求的提高,電磁兼容性問題變得越來越重要,一定程度上它是限制數字控制性能進一步提高的主要因素,而且電磁兼容性問題自始至終貫穿於數字控制系統硬件設計及調試全過程。因此,必須從原理設計、印刷板設計到裝配及設備調試都予以認真考慮。

數字控制系統一般主要由電源部分、數字電路部分、模擬電路部分、軟件部分及外部信號走綫等部分搆成,下面分別介紹各個部分在設計過程中的電磁兼容考慮,最後再介紹幾個實際系統調試過程中的電磁兼容實例。

6.1　電源部分的電磁兼容設計

數字控制不像數字測量,它對系統的工作電源往往有功率要求,一般不采用電池供電方式,其直流工作電源都是由交流220 V經過交－直變換、穩壓的方式來實現。這樣的電源系統一端連接到市電電網,另一端直接同數字控制系統相連,因此一方面市電電網的干擾容易通過電源系統直接引入到數字控制系統,另一方面電源系統本身又是一個具有一定功率的干擾源,其干擾噪音也容易通過傳導方式耦合進數字系統,尤其是當采用開關穩壓電源的時候。所以數字控制中電源部分的抗干擾處理十分重要。

電源部分的電磁兼容設計主要考慮兩個方面的問題:一是考慮如何減小電源部分本身的干擾噪音通過傳導耦合進入數字系統;二是考慮如何防止通過電源部分引入外界的其他干擾。數字控制實踐中通常是通過濾波處理來達到如上兩個目的。電源濾波分兩種形式:一種是在穩壓電源的輸出端加濾波,以防止或抑制電源本身產生的干擾進入數字系統;另一種是在市電交流220 V到穩壓電源的輸入端之間加濾波處理,以消除或抑制由交流電網進入數字系統的干擾。還有一種進一步減小電源噪音的方法是對穩壓電源進行二次穩壓處理。

6.1.1 穩壓電源輸出端濾波處理措施

同綫性穩壓電源相比,開關穩壓電源具有功耗低、效率高及體積小等優點,因此在大多數數字控制實踐中被廣泛使用。由於一般開關電源的輸出中含有大量的高頻紋波,而它又同數字系統直接相連,所以特別容易引進傳導性干擾。為了濾除電源的紋波干擾,最簡單也是常用的方法是在進入數字系統的電源入口處並入一個較大容值的電解或者鉭電容和一個高頻特性好的瓷片或獨石電容,如圖6.1(a)所示。其中電解或鉭電容用來濾除電源中的低頻干擾(主要是工頻干擾),而瓷片或獨石電容則是用於濾除高頻紋波。兩種電容的作用不同,電解或鉭電容主要起穩壓作用,而高頻電容則是給高頻干擾提供一個短路泄放回路。電解或鉭電容選取時要注意其耐壓值,一般根據電源電壓的 2 ～ 3 倍裕量來選;高頻濾波電容值根據高頻成分的頻率值來選,一般采用 0.1 μF 即可。圖6.1(a) 的濾波一般適合電源的直流輸出濾波。

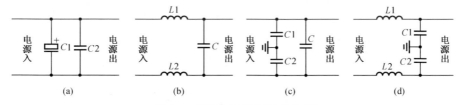

圖6.1　幾種典型電源濾波處理電路

圖6.1(b) 是另一種形式的濾波電路,它的效果比圖6.1(a) 要好一些。其中電容 C 的作用同圖6.1(a),而電感 $L1$、$L2$ 則是利用其對高頻的大阻抗作用來濾除直流電壓中的高頻串模成分,降低加在數字電路負載上的高頻干擾的幅度。有時供給數字系統的電源電壓中還會包含共模干擾,尤其是對從穩壓電源到數字系統引綫較長時的情形更是如此,這時可以采取圖6.1(c) 和(d) 形式的濾波電路。其中電容 $C1$、$C2$ 中間點就近接數字系統的機殼地,起消除共模干擾的作用,而電容 C 及 $L1$、$L2$ 的作用同圖6.1(a)(b) 中的作用一樣,用來消除或抑制電源中的串模干擾。

6.1.2 穩壓電源交流輸入端的濾波處理

有時為了更好地濾除干擾,還需要在穩壓電源的交流輸入端加入濾波裝置,以便消除或抑制從市電電網引入的干擾。這樣的電源濾波器有現成的模塊提供,用戶可根據數字系統的功率來選擇。其電路原理基本與圖6.1所示的幾種電路相同,圖6.2給出其接綫方法。虛綫框中的電路為常用濾波器的電原理圖,L、N 分別對應交流 220 V 的火綫和零綫,E 為濾波器屏蔽殼的接地綫。E 應接到保護地上。

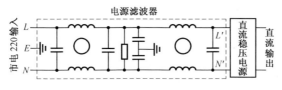

圖6.2　穩壓電源交流輸入端的濾波處理

在安裝電源濾波器時,應該考慮其輸出 L'、N' 到直流穩壓電源的引綫盡量短,而且需要雙絞屏蔽。輸入綫只雙絞即可,但切忌同輸出綫 L'、N' 平行捆扎。

6.1.3　穩壓電源的二次穩壓處理

同在穩壓電源輸出端加濾波處理的目的相同,二次穩壓是為進一步減小穩壓電源本身的噪音對數字系統的影響,它是通過電壓調整的方法起到進一步的濾波作用。二次穩壓一般是采用集成三端穩壓器,又稱集成電壓調整器來實現的。三端穩壓器分開關型、幷聯型和串聯型三種。顯然開關型的三端穩壓器不適合作為二次穩壓,目前數字控制中常用的是串聯型固定電壓輸出的三端穩壓器,如 78XX(正電壓輸出)、79XX(負電壓輸出)。具體的電路連接如圖 6.3 所示。

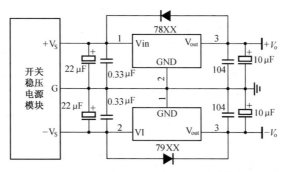

圖6.3　利用三端集成穩壓器實現二次穩壓的電路連接方法

在使用時,一般要求 V_S 比 V_o 大 3 V 以上,同時三端穩壓器的輸出端也必須經電容去耦再接到數字系統中。圖6.3 中的兩個二極管起保護作用,當三端穩壓器的輸出絕對值高於開關穩壓電源模塊的輸出時,自動將其輸出鉗位到開關穩壓電源模塊的輸出。

這裏有一個問題值得注意,這就是一般正電壓的輸出按圖中的接法能獲得很好的穩壓效果,但對於采用 79XX 系列的三端穩壓器得到的負電壓輸出由於具體型號、器件本身特性或者負載的不同可能存在問題,這時用示波器觀察負電壓輸出端可以看到在 $-V_o$ 上叠加了一個幾百 kHz 的鋸齒波,通過增大其輸出端並接的電解電容的容值即可解決這個問題。

6.2　數字電路部分的電磁兼容設計

數字電路部分的電磁兼容考慮分原理設計和印刷電路工藝設計兩個階段[33][35],下面分別介紹。

6.2.1　數字電路原理設計階段的電磁兼容考慮

1. 數字芯片的電源去耦

數字電路部分處理的主要是一些高、低變化頻繁的數字信號,而且所采用的器件都具有高集成度,這樣每個芯片工作時產生的高頻率信號電平變化勢必會通過印刷綫條的等效電感對電源系統或其他器件產生干擾,同時也會受到電源或其他器件的干擾。為了抑制這樣的干擾,設計時應該在每個數字集成電路芯片的電源和地之間並一個高頻特性好的瓷介電容,以就近吸收本數字芯片工作時產生的高頻噪音,同時也能起到阻礙從電源引入的高頻干擾。一般每個器件采用一個 103 的瓷介電容即可,但有時為了減少電路板體積,也可以 3 ～ 4 個集成電路芯片共用一個 104 的瓷介電容。

2. 數字電路芯片不用端的處理

數字電路設計過程中難免遇見一些器件的管腳不全用的情形,對那些不用的管腳的處理則對數字電路的抗干擾性能有很大影響,尤其是時序邏輯數字電路。不用的管腳分輸入和輸出兩類,對於不用的輸入腳一般應接固定的電平,必須接地或者通過上拉電阻(大多數字集成電路可直接接 V_{cc}) 接 V_{cc}。對於組合邏輯電路,不用的輸出端可以懸空,但對於時序邏輯電路,則不可以懸空。這是因為時序邏輯電路的輸出端往往在其內部同某個輸入端是相連的,如果不做處理特別容易引進干擾。一般的處理方法是在設計時將不用的輸出端對地接入一個小容值的介片電容,比如 102 容值的介片電容。

3. 來自數字控制單元外的信號和從單元引出信號的處理

從數字控制單元外來的信號往往經過相對長的距離傳輸,其信號可能會有一定的畸變,為了避免這種畸變造成數字邏輯錯誤,對該類信號應該進行整形處理,比如采用帶施密特觸發器的芯片作為該類信號的接口芯片。對於從本單元引出的信號,也可能要經過較長距離傳輸給下級電路單元,對這樣的信號在引出前最好考慮加驅動并且設計時加防止信號反射的電阻,該電阻值不能太大,一般選為 27 ～ 47 Ω 之間。加驅動的另外一個好處是還能起到一定的隔離作用,避免使用過程中後續電路單元的損壞對本單元的影響。

4. 具有外擴程序存儲器的微處理器數據線的上拉處理

數字控制中用到的微處理器許多時候要采用外擴的程序存儲器,微處理器工作時要不斷地從其中讀取程序代碼,然後執行。為了防止程序受干擾跑飛後讀取到非法指令,同時也為避免讀取指令過程中數據總綫上的電平的不確定性影響,在數據總綫上應考慮用排阻實現上拉,上拉電阻一般選為 2 ～ 5 kΩ 即可。這樣處理後能保證數據總綫在任何時候都有確定的電平,從而提高微處理器讀指令的可靠性。同時,當程序跑飛後能確保微處理器讀到 0FFH 的指令代碼,這個代碼一般是微處理器的復位指令代碼,微處理器執行這個代碼後會自動復位,從而使程序重新回到正常運行狀態。

6.2.2　數字電路印刷電路板設計階段的電磁兼容考慮

印刷電路板設計對數字電路電磁兼容性有很大影響,同樣的原理設計,不同的印刷電路實現,其電磁兼容效果會有很大差別,因此電路板的工藝設計是電磁兼容設計中的一個非常重要的環節。印刷電路設計主要考慮如下幾方面的問題:元器件的布局、電源和地綫的走綫、數字電路器件的電源去耦電容接法、信號印刷綫的走綫、A/D 及 D/A 器件的數字地和模擬地的共地等等,下面分別介紹如何從以上幾個方面來改善數字電路的電磁兼容性。

1. 印刷電路設計中數字芯片的布局

電路板的布局關係到信號綫布綫的方便與否及電路板幾何尺寸的大小等。信號綫的走綫分佈及連綫長度直接影響到電路板的電磁兼容特性,如果布局合理的話,則可保証信號綫按較短路徑連接,因此布局設計是印刷電路板設計中最為關鍵的一個環節。一般的原則是:① 將相互之間連綫比較多的數字芯片盡可能安排在一起。② 電路板中易受干擾和易產生干擾的部分盡可能遠離,必要的時候可以對干擾源部分外加屏蔽,并保証良好的屏蔽接地。③ 數字芯片外接的阻容元件、晶振等盡可能緊挨芯片安放,切忌一味追求整齊美觀。

另外,數字系統中許多芯片如總綫驅動用的 74LS244、74LS245,一般數字輸出鎖存用的 74LS374、74LS373 等内部集成了多個相同功能的單元邏輯,在連接時其信號排列順序可以任意定義,故布局時最好隨時根據布綫效果來更改原理設計,以保证信號連接的走綫距離較短。

2. 電源、地綫的 PCB 設計考慮

印刷電路板中所有的數字芯片的相同電源及地綫都連接在一起,因此電源和地綫是造成各個芯片之間互相干擾的最主要的途徑。故電源、地綫布綫應遵循如下幾個原則:① 如果可能,最好采用多層電路板的形式,將電源和地綫分單獨的兩個層來布置,以獲得最好的電磁兼容效果。這樣設計還可以為信號綫的連接提供方便。其缺點是印刷板的造價相對較高。② 若采用雙層或單層印刷綫路,則要保证電源、地綫的寬度在幾何尺寸允許的前提下盡量地寬,尤其是地綫,這樣可以減小通過電源、地綫引入的傳導性干擾。③ 要保证整個印刷電路板上電源和地綫構成的回路面積盡可能小,以減小數字電路通過電源和地綫構成的回路耦合進外界的磁干擾,同時抑制整個電路板對外部其他單元造成磁干擾[33]。

地綫應避免形成環路,以免由於各點"地"電平不同產生"地"環流,引起干擾。

3. 數字芯片的電源去耦

在原理設計時已考慮給每個或者每幾個數字芯片的電源、地之間加去耦電容,但在印刷電路設計時不同的連接方法也會產生不同的電磁兼容效果。去耦電容安置的原則是就近連接,切記避免過長的旁路電容引綫。圖 6.4 是一種常見的也是最合理的數字芯片電源、地綫走綫方式及去耦電容接法。它不僅保证每個芯片的電源和地構成的回路面積較小,而且能夠將每個芯片的高頻干擾就近予以抑制,使得每片之間的互相干擾及對電源幹綫的干擾達到最小。圖 6.4 中每個數字芯片都設置了去耦電容,對於某些必須追求小型化的手持數字設備,有時受空間限制難以做到,可以每 3 ~ 4 個設置一個去耦電容;但對於數字控制來講,小型化一般不是最重要的指標,同時隨着電子技術的發展,阻容元件越來越小型化,給每個數字芯片都設置去耦電容不會大幅度增加數字控制硬件的體積,所以建議盡量采用圖 6.4 的印刷電路設計。

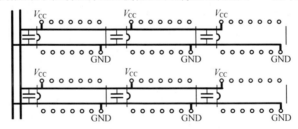

圖 6.4 幾種數字電路芯片的去耦電容安置方法

有時一個數字控制單元的元器件較多,布綫密度較大,同時可能受到空間上的限制無法采用圖 6.4 的方式安排芯片的電源、地走綫和去耦電容,也可以采用如圖 6.5 所示的印刷電路設計。但去耦電容一定要按照圖中實綫所示的電容接法,應絕對避免采用其中虛綫所示的去耦電容(C_1、C_2、C_3、C_4) 接法。

圖 6.5 所示的布綫方法最大的缺點是電源、地綫構成的回路面積相對較大,不利於抑制外界的磁干擾對本數字芯片的影響和減小數字芯片產生的磁干擾對其他數字器件的影響。

4. 信號綫印刷綫條設計[5]

信號綫的印刷綫條設計也會影響數字電路單元的電磁兼容特性。印刷綫條設計主要考慮

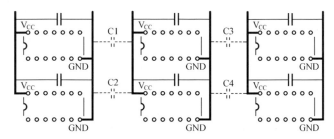

圖6.5 另一種數字芯片電源、地布綫方式及去耦電容接法

如下幾方面的問題:① 綫條寬度。綫條寬度決定允許通過的信號電流的大小,對於一般的35 μm 厚的電路板敷銅綫條,當工作環境溫度為 20 ℃ 時,0.4 mm 的寬度可通過的電流在 2 A 以上,0.8 mm 的綫條寬度可通過的電流在 4 A;若環境溫度高時,同樣寬度綫條允許通過的電流會變小很多。另外,綫條寬度還會影響綫條的電阻,越寬則電阻越小。所以空間允許的話,采用較寬的綫條有利於改善電磁兼容性。② 綫條形狀。采用直綫形式,盡量避免折轉次數;轉向時采用鈍角方式,避免銳角轉向。綫條折轉太多,會大大增加綫條的等效電感,這是造成高頻干擾的主要因素。銳角轉向不僅不利於印刷電路的腐蝕加工,同時通過高頻信號時還會產生天綫效應,不利於電磁兼容。③ 信號綫布綫尤其是信號頻率較高的綫條布綫時應避免兩根綫條的長平行走綫,以減小綫條間的分佈電容,從而減小信號間的互相耦合造成的信號畸變。④ 對於某些容易對其他部分造成干擾的和對干擾敏感的信號綫條,應考慮加屏蔽綫條(接地的印刷綫)予以隔離。⑤ 電路板尤其是沒有專用地綫層的雙面板,不同層上綫條盡量采用互相垂直的走向,以減小相互之間的耦合。⑥ 如果需要從器件的兩個管腳之間穿綫,則盡量安排在焊接面穿行。

5. A/D、D/A 器件的"數字地"和"模擬地"處理及前、後置電路"模擬地"的處理

在數字控制電路中,難免遇到一個數字單元同時具有數字電路和模擬電路的情形,最典型的就是 A/D、D/A 器件及其前、後置處理的模擬電路。這類電路的特點是數字電路部分產生的干擾相對較大,而模擬部分是影響轉換精度的主要因素,對干擾比較敏感,并且兩部分電路在空間上無法分開,數字部分的干擾會通過地綫直接耦合到模擬部分,因此在印刷電路設計中必須考慮兩種性質地綫的接地問題。首先,前、後置處理的模擬綫路部分的地不要與電路板中的數字地隨便連接,應該單獨處理,最後連接到 A/D、D/A 芯片的模擬地上;其次,A/D、D/A 芯片是一類內部既有數字電路又有模擬電路的混合型器件,它的數字地和模擬地應就近在芯片附近一點相連,一般采用在芯片附近大面積敷設地綫面實現一點接地,以避免數字部分的干擾通過地綫對模擬部分綫路造成影響。

6.3 模擬電路部分的電磁兼容設計

數字控制中的模擬電路絕大部分是由集成運算放大器與其外圍阻容元件構成的各種濾波、運算電路。同數字電路比較,模擬電路的抗干擾能力較差,因此不論原理設計還是工藝設計,都要仔細地對待,以保証其電磁兼容性能。此類電路的電磁兼容設計主要包括抗共模干擾、自激振盪的克服、高輸入阻抗高電壓增益放大中的設計裝配工藝等等,下面分別介紹。

6.3.1　運算放大器電路原理設計階段的電磁兼容考慮

1. 運算放大器電路的抗自激振盪措施

對於放大倍數較大、反饋深度較深及含有容性負載的運算放大器電路,在使用過程中特別容易產生自激振盪。造成自激振盪一般有電源性能不好、輸入綫分佈電容等因素。尤其是具有寬頻帶、高放大倍數的運算放大器如 LM318 電路,電源的影響更容易產生自激振盪。為此,在原理設計時,應就近加 0.1 ～ 1 μF 的電源旁路電容,旁路電容引綫盡可能短。對於中等寬度帶寬的運放電路,一般建議幾個器件共用一個電源旁路,比如采用 22 μF 的電解電容或鉭電容并聯一個 104 獨石或瓷介電容構成[33]。

對於輸入綫分佈電容引起的自激振盪現象,可以通過在反饋電阻並接一個電容的方法或者在運放的兩個輸入端並人 RC 校正電路來消除。

2. 運算放大器電路的抗共模噪聲措施

在低頻電路中,對於"浮地"信號源或雖然有"地"但要經過較長距離傳輸後再進行放大的信號尤其是小信號,特別容易引進共模干擾。原理設計時,對此類信號應采用差動放大作為第一級處理電路。

6.3.2　運算放大器電路印刷 PCB 板設計階段的電磁兼容考慮

1. 元器件的布局設計

模擬電路的外圍器件大多是阻容元件,在印刷電路設計時信號綫的走綫比數字電路相對簡單,但布局比較占空間。為了保證電磁兼容性,PCB 板設計時應遵循如下幾個原則:① 外圍元件盡可能緊靠運算放大器布置,切忌追求排列整齊。這點在數字電路設計部分曾經強調過,但在模擬電路設計時更要嚴格遵守。它不僅能保證電磁兼容特性,而且有利於減小 PCB 的幾何尺寸。② 本單元的所有模擬電路部分盡量集中安排,並同數字部分在空間區域上分開布置。③ 容易產生干擾的部分同容易被干擾的部分盡可能遠離。④ 外圍阻容元件一般安排在印刷電路的 TOP 面,但有時為了滿足就近布置的要求,還可以將部分阻容元件安排到焊接面。

2. 信號綫印刷綫條設計

由於模擬部分的綫條數量相對數字部分少,綫條寬度可以適當加寬,這樣有利於減小綫條的阻抗,提高電路的抗干擾性能。信號綫印刷綫條之間的距離稍微大些,以減小綫間分佈電容的影響。另外除非萬不得已,不要從集成運放元件的兩個管腳之間穿綫,尤其是不要從運放的 + / - 引腳同其他引腳間穿綫。

3. 運算放大器 + / - 輸入端連綫的注意事項和特殊處理

運算放大器的同、反相輸入端是比較容易引進干擾的薄弱點,PCB 設計時,連接到此兩端的引綫盡量短些。切記不要將電路中容易引進干擾的器件,如電位器的中間抽頭端、體積比較大的電容、開關觸點等直接同運放的 + / - 端直接相連。對於某些特別敏感的電路,最好將運放的 + / - 端通過印刷綫進行屏蔽處理,封閉的印刷綫必須進行良好接地。

4. 印刷電路板焊接後的表面工藝處理

一般焊接完畢的電路板,難免在各焊盤之間留下焊油等殘留物,這些殘留物質會改變綫條之間或焊盤之間的阻抗特性。對於某些敏感的模擬電路,這種阻抗特性的改變可能會造成比較大的影響,因此在焊接完畢後,一定要對焊接表面進行清潔處理。

5. 電路中電位器的使用注意事項及工藝處理

很多模擬電路中都可能用到電位器,由於其中間觸點的接觸噪音會給電路帶來影響,所以盡量少用,能通過固定電阻的串、并聯組合代替電位器的盡量不用電位器。不得不使用電位器的場合,應該考慮使用一個固定的電阻同電位器串聯,電位器的值在滿足調整範圍的前提下盡量小些,以減小電位器接觸電阻變化的影響。另外,電位器調整觸頭的接觸電阻會受振動、環境溫度等的影響,調整完畢後應該用合適的粘合劑進行固定。

6. 高輸入阻抗、高放大倍數的小信號放大電路的抗干擾措施

對於具有高輸入阻抗、高放大倍數的小信號放大電路來講,由於其輸入阻抗較高、放大倍數較大而且輸入信號比較微弱,特別容易因為干擾而嚴重影響電路的特性。為了抑制干擾的影響,這部分電路應該單獨外加金屬殼屏蔽處理,屏蔽殼體一定要接地良好,否則會適得其反。若輸入信號是從外部單元電路接入的話,輸入信號也應采用雙絞屏蔽處理,屏蔽層應通過短綫與外加的金屬殼體良好連接。

6.4 基於 PWM 的電機驅動系統的電磁兼容設計

6.4.1 輻射干擾的抑制措施

無刷直流電機系統的驅動單元的輻射干擾主要來源於功率器件的 PWM 電壓的寄生振盪,並以高頻電磁波方式通過功率器件的散熱片、電機連接電纜等輻射出去。采用優化驅動方案,減小輻射干擾源,同時采用扼流圈可抑制輻射干擾。對於輻射干擾頻率較高但能量密度較低的無刷直流電機系統驅動單元,其輻射干擾在空氣中衰減較快,在其單元上加屏蔽機箱,一般可保證不會對設備、傳輸通道或系統性能造成很大的干擾。

6.4.2 傳導干擾的抑制措施

1. 減小騷擾源強度

采用一種優化驅動方案,通過附加電流源來控制門極驅動電流波形,使得功率器件的 di/dt 和 dv/dt 可分別被控制,從而達到功率器件開關損耗和 EMC 性能的優化,有效抑制功率器件的 di/dt 和 dv/dt 的最大變化率,可大大減小電機系統的電磁干擾強度。

2. 切斷傳導騷擾的傳播途徑

切斷或阻礙干擾源的傳播途徑,在傳導干擾的抑制方面就是采用濾波技術。

(1) 有源濾波

在無刷直流電機系統中傳導干擾的抑制中,有源濾波器主要用來消除傳導干擾中的共模分量,可以有效減小逆變器輸出共模電壓。雖然有源濾波器能夠取得較好的效果,但由於結構較為復雜,且國內設計技術並不成熟,因此應用較少。

(2) 無源濾波方式

相對有源濾波器的拓撲結構與方式,無源濾波由 R、L、C 組成,其結構較為簡單,不僅可以抑制差模干擾,同時也可以抑制共模干擾。

6.4.3　基於 PWM 的驅動器電磁兼容的系統設計

由於驅動電路采用了脈寬調制技術,在電機系統工作中必然會產生一定量的電磁干擾,為減小電機系統對上位機及周圍環境的影響,電機驅動系統設計中,必須采用專門的抑制電磁干擾措施,其系統結構原理如圖 6.6 所示。

系統由三相變壓器、輸入濾波器、無刷電機驅動器、輸出濾波器、永磁電機和旋轉變壓器六部分組成。三相變壓器為降壓變壓器,為電機系統提供所需要的輸入電壓。輸入濾波器可以有效地減少無刷直流電機驅動器產生的高頻脈沖干擾對電源系統的影響。無刷直流電機驅動器的輸出通過 Sin 濾波器,可大大減少電機系統對環境的電磁干擾。采用輸入濾波器和 Sin 輸出濾波器構成的無刷直流電機系統能夠滿足用戶對電機系統的 EMC 和 EMI 要求。

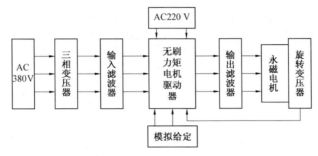

圖 6.6　基於 PWM 的電機驅動系統結構圖

無源濾波器的設計方法:分析無刷直流電機系統的傳導噪聲源阻抗對濾波器衰減倍數的影響,根據測試結果找出需要抑制的頻率點(或段),確定電機系統傳導噪聲源的阻抗範圍。濾波器的參數設計也需要分別從抑制差模和共模干擾兩個方面來進行,然後再把它們合在一起。

6.5　軟件設計上的抗干擾措施

數字控制和模擬控制相比,其抗干擾能力有其優越的地方,但也有其不足之處。由於數字控制是基於程序來實現控制過程的,某些瞬態尖峰干擾不會對模擬控制造成嚴重的後果,但卻會造成數字控制的程序執行出現錯誤,從而可能造成整個數字控制系統崩潰。對於這樣的干擾,采用其他的措施基本上起不到預期的效果,因此只能通過軟件的抗干擾措施來解決。當然軟件抗干擾措施不僅僅能解決這個問題,對其他的干擾也可以通過軟件抗干擾措施來解決。

一般常用且可行的軟件抗干擾措施多用於解決如下幾方面的問題:數據采集或反饋信號中的干擾去除,包括野值去除、數據通信過程中的甄錯及處理、信號狀態採樣判別中的瞬態干擾造成判別錯誤、瞬態尖峰干擾造成的程序運行失常[5][6][33]。對於瞬態干擾造成系統 RAM 內容的變化,則很難通過軟件抗干擾措施來解決。

6.5.1　數據采集或反饋信號中的干擾去除

對於解決此類干擾,可以采用軟件濾波,包括簡單的算術平均處理、比較取舍的野值處理,復雜的濾波則可以根據信號中的干擾頻率設計各種軟件濾波器來完成。

6.5.2　數據通信的軟件抗干擾措施

數據通信經常遇到由於某些干擾造成信息傳輸錯誤,為瞭解決這一問題,可以采用軟件容錯處理,在傳輸的信息中加入各種校驗信息。校驗信息只為了增加程序運行的安全性,可采用特別規則的信息形式作為校驗代碼同實際有用信息內容組合排列。程序在數據通信過程中不斷判斷校驗代碼,以確定是否出現干擾造成傳輸數據錯誤,一旦出錯則重新啟動一次通信過程,增加數據傳輸的可靠性。

6.5.3　程序運行失常的軟件抗干擾措施

其實在數字控制中,最常見的也是最可怕的是干擾造成程序運行的失常。程序運行失常包括程序跑飛進入非程序存儲區及干擾造成程序進入死循環等等。

為了有效防止這一問題,可在軟件設計上采用如下措施。

(1) 在程序存儲器不用的空間安排特殊指令,比如跳轉到某個指定的地址的指令或者復位指令。有些微處理器具有非法指令中斷功能,在初始化設置時開放這個處理功能。

(2) 目前大多數微處理器都會提供看門狗功能,軟件設計時開啟微處理器的看門狗功能,對於沒有看門狗功能的微處理器則在硬件上設置該功能,通過軟件來控制以實現看門狗功能。這樣的話,一旦程序由於干擾跑飛,則正常的餵狗指令無法執行,會造成看門狗的定時器溢出,產生中斷,從而復位微處理器。

6.5.4　信號狀態採樣判別中的抗瞬態干擾措施

數字系統中,常常會遇到要求程序根據某個外部輸入信號狀態來確定程序走向或者進行判別的情形。在程序設計時,一般的做法是先對該輸入信號電平採樣,然後根據採樣得到的信號狀態進行判斷或判別。當採樣瞬間出現干擾,則可能造成狀態採樣錯誤,進而造成程序走向失常或者給出錯誤的判別信息。為解決這個問題,可以在軟件設計時采用重復採樣,然後根據多次採樣結果進行"多數表決"處理,達到對瞬態尖峰干擾的抑制效果,最大限度地保証程序執行正常或得到正確的判別結果。

6.6　外部信號走綫的電磁兼容設計

數字控制中許多部分涉及外部走綫,比如各個控制單元之間的連綫、傳感器到控制單元之間的連綫、控制單元到執行機構之間的連綫等等。這些外部引綫是干擾引進的直接途徑,因此在電磁兼容設計時必須引起足夠的重視。

一般的干擾分為傳導性干擾、電場干擾和磁場干擾。外部引綫部分的電磁兼容設計則以如何避免電場和磁場干擾為主。

為了避免磁場干擾通過外部走綫引入數字控制系統,一般對模擬弱信號綫采用雙絞形式。絞綫的緊密程度對抗磁場干擾的性能有很大影響,絞綫越緊密,抗干擾性能越好。但是由於雙絞綫之間會存在一定的分佈電容,絞的越密,則分佈電容越大,因此具體采用何種絞綫方式,還得根據實際的信號的頻率來定。對於一般的低頻信號可以采用緊密的絞綫形式,而對於兆赫茲級的高頻信號則不能絞的太密,否則分佈電容過大,會造成信號傳輸失真。對於更高頻率的信號傳輸,可考慮采用同軸電纜走綫形式。對於並行傳輸的數字信號,采用扁平電纜一般可起到很好的抗電磁干擾效果[36]。

數字控制系統中,電場的干擾有時比磁場的干擾更突出。為了提高抗電場干擾能力,一般通過在雙絞綫外面加屏蔽層的方法來實現。但有個問題必須引起足夠的重視,這就是屏蔽層的接地問題。如果加了屏蔽層卻不將其接地,則會起適得其反的作用,因此屏蔽層必須良好接地。屏蔽層的接地也需要根據干擾的頻率確定是一點接地還是多點接地。對於低頻率干擾應采用一點接地,而對於高頻干擾則應該在多點接地。

另外,由於外引綫中難免有强電信號、弱電信號,可能有會對其他信號造成干擾的信號,也有容易被干擾的信號等等,在外部走綫時,則要根據實際信號類型將這些信號盡量分開布綫。

6.7　幾個電磁兼容問題解決實例

6.7.1　繼電器綫圈的電磁干擾抑制

在數字控制系統實現中常常存在很多尖峰干擾,這樣的干擾可能不會對模擬系統造成很嚴重的後果,但對數字控制則會造成非常嚴重的影響,甚至引起計算機死機從而使整個數字控制系統癱瘓。因此如何提高數字系統的抗干擾能力及盡量減小它可能引起的干擾就顯得非常重要。

解決干擾問題的途徑有兩個:一是從提高數字控制系統的抗干擾能力入手,另一是從消除或抑制干擾源入手。實踐證明,解決干擾最有效的辦法是設法消除或抑制干擾源的影響,同時盡量改善數字控制系統的抗干擾能力。當實際調試過程出現嚴重干擾,首先查找干擾源,然後設法去除或者抑制其干擾的强度,一般地,當去除了干擾源後,系統中的干擾問題就可解決。為了說明問題舉如下實際的例子。

某極軸翻滾試驗臺的數字控制系統的執行機構由直流有刷力矩電機及驅動器構成,整個驅動器模塊的强電源由一個交流接觸器來控制,如圖6.7所示。

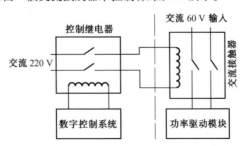

圖6.7　某極軸翻滾試驗臺的電源控制電路接法

當用戶需要啟動設備時,數字控制系統將控制圖6.7中控制繼電器的觸點閉和,從而給驅動系統模塊的交流接觸器綫圈供電,進而給整個驅動器模塊上電。調試中,每當啟動驅動器時都會造成數字控制系統死機。進一步查找發現驅動器上電的瞬間,單片機系統中讀取程序存儲器的關鍵信號"RD"和"CE"會莫名消失,造成單片機取指中斷,使整個數字控制系統陷入癱瘓狀態。通過示波器觀察發現,上電瞬間EPROM芯片的"RD"和"CE"信號上都會出現如圖6.8所示的尖峰干擾,然後正常的"RD"和"CE"信號就會消失。

通過分析認為,當數字控制系統打開控制繼電器時,驅動器模塊上的交流接觸器綫圈就直

圖6.8 "RD"及"CE"信號上出現的尖峰干擾

接接到交流 220 V 上,由於該綫圈具有强的電感特性,因此就會產生上圖所示的尖峰干擾。如果斷開交流接觸器綫圈,則上電瞬間不會出現這樣的干擾,數字控制系統也不會死機。實踐證明,尖峰干擾是由交流接觸器綫圈的反電勢引起的。

為瞭解決干擾問題,本着從去除干擾源入手的原則,必須設法抑制接觸器綫圈上電瞬間的反電勢的影響,為此在其綫圈兩端並入 RC 吸收電路,如圖 6.9 所示。其中 R 選為 35 ～ 51 Ω(1 W),而 C 選值為 0.047 ～ 0.22 μF 的無感電容。並入這個吸收電路後,再通過示波器觀察"RD"和"CE"波形,則上電瞬間不出現上圖中的尖峰干擾了,數字系統也能正常工作。

在這個系統的調試過程中,有一個現象值得注意,這就是該數字系統中不僅僅只有一個單片機系統,當出現圖 6.8 所示的尖峰干擾時,其他單片機系統並没受到影響。通過比較幾個單片機系統的印刷電路設計發現,容易受干擾的這個單片機系統的印刷電路設計上抗干擾措施考慮的不够周全。因此,在數字控制系統的電磁兼容性設計過程中不僅僅只考慮如何消除干擾源,還得盡量提高數字系統本身的抗干擾能力。

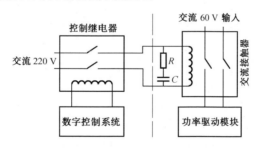

圖6.9　尖峰干擾消除電路接法

6.7.2　數字控制機械執行機構部分的接地處理

接地對於提高數字控制系統抗干擾能力有很大的作用。一般地空間存放的機械臺體本身會帶有很高的工頻感應電壓。實踐中經常可以發現,如果機械臺體没有接地,操作人員碰到臺體時會有被電擊的感覺,用示波器量測臺體則會觀察到一個感應出的工頻電壓信號,這個信號峰峰值小則50 ～ 60 V,大則上百伏。這樣的干擾電壓會對安裝在臺體上的傳感器信號帶來極大的共模干擾,如果傳感器的後續電路不是采用差動放大形式,還可能損壞芯片。即使傳感器的後續電路都采用了差動形式,該干擾電壓也會通過臺體內部走綫引入耦合干擾,尤其是對弱信號的影響更明顯。比如常用的精測角傳感器采用感應同步器,它的輸出信號一般在 ± 8 mV 左右,如果臺體接地不好的話,則經過前置放大器後的信號裏會包含一個明顯的干擾,波形質量較差,接地處理好後,則基本可消除這樣的干擾。因此一般地在開始調試前應該首先將臺體進行接地處理,這一點非常重要。正確的接地方法是:將臺體同控制櫃的機殼相連並接到交流 220 V 的保護地上,接地時盡量保証一點接地,有條件的話最好把這個"地"同實驗室外的專用

"地"相連,接地電阻要保証盡量小。

6.7.3　控制箱殼體接地處理

　　一般數字控制系統都安裝在一個控制箱裏,控制箱的接地良好與否,對系統的抗干擾能力有很大的影響。對於含有 PWM 功率驅動的數字控制系統,當功率驅動上電後,則會給數字控制輸出接口 D/A 轉換輸出的模擬信號上叠加一個高頻干擾,如圖 6.10(b)所示。這樣的干擾一般是難免的,但其干擾幅度不是很大,不會給控制精度造成太大的影響。在某位置轉臺的調試中曾經出現這樣的情況,示波器觀察到的 D/A 轉換上叠加的高頻干擾莫名出現圖 6.10(a)所示的波形,幅度比正常狀況下的干擾大了許多。

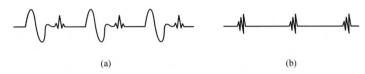

(a)　　　　　　　　　　　　　　　　　(b)

圖 6.10　PWM 功率驅動器對數字輸出的干擾波形

　　經過仔細分析和查找發現,雖然驅動系統的箱體同主控系統的箱體及外部連綫的屏蔽層表面上都一起連接到交流保護地及系統數字地,但它們的控制箱的表面防銹處理却采用了靜電噴涂技術,導致連綫的屏蔽層及各自的數字系統地並未良好連接,從而引起上圖中的干擾放大。後經過處理,使每個數字系統的箱體都接地良好,則能有效抑制圖 6.10(a)所示的干擾。

　　此例說明數字控制系統的箱體接地十分重要,在實際系統安裝時應引起足夠的重視。

6.7.4　角位置數字化測量的前置放大電路的抗干擾措施

　　在很多回轉運動控制系統中,常采用粗、精雙通道角位置測量來得到大範圍高精度角位置的數字化反饋值,實現時則大多采用旋轉變壓器和感應同步器分別作為粗、精的一次儀表。由於這兩種傳感器的輸出信號都具有"浮地"特性,而且一般要經過較長距離傳輸,其信號中勢必存在共模干擾,因此在二次儀表綫路結構中必須考慮如何消除或抑制這種干擾的影響。原則上可以采用差動放大的方式來消除共模干擾,但一般簡單的差動放大電路的輸入阻抗難以做到很高,尤其是要求電路增益較大時更是如此,而後續放大電路的輸入阻抗太小的話則容易引進負載效應。對於粗測通道來講,其一次信號幅度相對較大,因此雖然其信號內阻比較大,但差動放大倍數要求不高,故采用一般的差動放大即可。對於精測通道,除了信號內阻比較大外,其一次信號的幅度還很微弱,所以必須采用高增益的差動放大電路來完成第一級放大,此時采用一般的差動放大將難以得到高的輸入阻抗。儀表放大器是為解決一般差動放大的缺點開發的一種差動放大電路,其內部采用兩個同相端輸入的運算放大器作為差動信號的輸入級,故其輸入阻抗很高,而內部電路中產生放大作用的兩個電阻都不必很大,但只要其比值很大就可以獲得大的放大倍數,避免了大阻值電阻難以做到精確並穩定而引起過大的直流失調的問題。故實際中最好采用儀表放大器作為第一級信號放大。另外精測的一次信號幅值太小,特別容易被淹没在干擾噪音中,尤其是當控制系統中采用 PWM 功率驅動時,所以還必須考慮采取進一步的抗干擾措施。

　　圖 6.11 給出一種提高精測通道抗干擾能力的二次處理電路,其中最前級先采用一個隔離變壓器過濾直流和高頻有害信號,同時在隔離變壓器的原邊並入一個小電容,以給高頻干擾提

供一個泄放渠道。實踐證明當加入這個小電容時,通過示波器觀察圖中 A、X 之間的波形可見,並入泄放電容後的噪音比不並入這個小電容在幅度上減小一半。進一步的實驗發現,當將隔離變壓器的原邊一端和其隔離層相連並接地時,可進一步將噪音干擾降低 50% 。

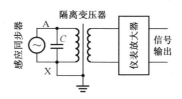

圖 6.11　精角位置測量的前置處理電路示意圖

　　隔離變壓器的製作工藝對於抗干擾性能有很大影響,必須仔細考慮。原理上,隔離變壓器的原邊阻抗是傳感器的負載,副邊阻抗是下級電路的內阻。由於其體積限制,原、副邊的繞制匝數都不可能太多,在滿足體積和變比要求的基礎上,應盡量增大原邊的阻抗同時減少副邊的阻抗,因此建議原邊繞制在隔離變壓器的外層,副邊繞制在其內層,這樣可保證同樣體積和變比的情況下增大原邊的阻抗和降低副邊的阻抗。更重要的是隔離變壓器綫圈繞制完畢後要封裝在磁罐裏,封裝時必須嚴格保證磁罐的上下兩半都不能破損,上下兩半在安裝時也必須盡量對接嚴密,否則極易引進干擾。再一個值得注意的問題是,引出的漆包綫的綫頭處必須用細砂紙打磨徹底,然後再焊接到電路板上,否則特別容易引起虛焊。虛焊是電路調試中最容易引進干擾同時又是最難以查找的隱患。

　　這個電路中采用高輸入阻抗大放大倍數的儀表放大器,處理的是十分微弱的小信號放大,特別容易引進外部干擾,所以整個電路單元應該加金屬殼屏蔽處理。屏蔽殼應該盡可能密封嚴密,接地良好。不良接地將會使得屏蔽殼起到適得其反的作用,這點應引起高度重視。

6.7.5　角度方向判別處理中的瞬態干擾抑制

　　在某型測試轉臺的數字控制中,其俯仰軸要求的回轉範圍超過360° 但却不全回轉。在某些特殊位置處實際的角位置值可能是小於0的值,也可能是超過360° 的值,但從測角系統讀到的值只能是0 ~ 360° 之間的數據,此時為了控制程序能正確判別,在機械結構上設置了一個用於判別的開關,利用該開關的閉合或斷開來確定當前角位置是否為小於 0 或大於 360°。該開關信號在長綫傳輸過程中,由於 PWM 功率驅動系統的影響,引入了一個瞬態尖峰干擾,其波形如圖 6.12 所示。在程序對該信號狀態采樣並判別時,這樣的干擾經常造成錯誤,進而引起轉臺定位控制抖動。

　　為了抑制這種干擾的影響,一方面硬件上在此信號對"地"之間並一個 104 的獨石電容,以盡量將干擾濾除到可以接受的程度;另一方面采用軟件抗干擾措施,讓程序在採樣該信號時,連續重復若干次,然後進行"多數表決"處理,以便盡可能正確確定該信號狀態。

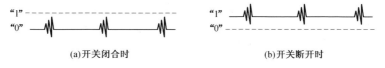

圖 6.12　具有瞬態干擾的開關信號

經過實驗,采用如上的抗干擾處理措施後,完全消除了轉臺定位控制中的抖動現象。

6.7.6　PWM 電機驅動系統中的一個問題解決

電機的功率驅動系統作為整個控制系統中的一個環節,它的性能直接影響控制系統的各項指標。對於驅動系統一般有如下幾個指標要求:① 輸入量程,這直接關係到控制系統的綫性範圍;② 給定分辨率,它會直接影響到控制精度,同時還可能關係到系統的綫性度,分辨率不高的話,會引進死區非綫性,給系統校正和調試造成困難;③ 驅動系統的綫性度尤其是零位附近的綫性度;④ 該環節的帶寬,一般要求其具有足够的帶寬,至少應該大於整個閉環系統帶寬的5 ~ 10 倍。

在實際應用中,系統達到穩態後驅動系統基本工作在零位附近,因此零位附近的特性至關重要。對於常采用的 PWM 功率驅動系統,其本身在零位時也容易被自身的高頻開關信號干擾,這就帶來一個矛盾:分辨率高時則對干擾信號也會反應,系統抗干擾能力就會變差,因此要在這兩個指標之間做一個折中考慮。

在某數字運動控制系統調試中曾經出現如下的問題:當校正環節調試好後,系統在大多數位置處的定位都非常好,但個別位置出現 ±1.8 ″ 的振盪。實驗中發現,通過改變前向通道的放大倍數無法克服這個現象,反而會造成系統不穩定,但給系統人為加一固定的干擾力矩則可消除這一現象。經進一步分析認為,造成這一現象的原因可能是功率驅動系統在零位的特性欠佳,如圖 6.13(a) 所示。

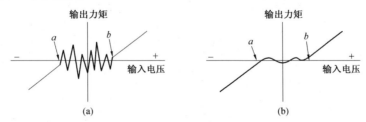

圖 6.13　實際功率驅動系統的零位特性

由圖 6.13 可見當系統偏差進入某個足够小的範圍內,數字控制的 D/A 輸出電壓處於 $a < V_i < b$ 之間,此時功率驅動系統造成電機力矩輸出異常,從而造成定位波動。外加的固定干擾力矩使閉環後系統施加在功率驅動系統的輸入信號偏離零位,即 $V_i < a$ 或 $V_i > b$,故可保證系統在任何位置處都能正常工作。那麼功率驅動系統為何會有圖 6.13(a) 所示的零位特性呢?這是因為采用 PWM 形式的功率放大模塊中的 PWM 波形是由正弦波同三角波比較得來的,其中三角波是一個固定的波形,而正弦波的幅值則同輸入電壓成正比。當輸入較小時,正弦波幅值接近零,此時該波形會因為高頻干擾而變得不規則,這會造成PWM波形的不正常,從而引起如圖 6.13(a) 所示的零位特性。

下面有兩種方法可解決這個問題:

(1) 在正弦波同三角波比較前,對經過乘法器輸出的正弦波進行"死區"處理,如圖 6.14所示,以消除高頻干擾造成的正弦波異常。加入"死區"處理後可獲得如圖 6.13(b) 所示的驅動系統的力矩 – 電壓特性,可見大大平滑了 $a < V_i < b$ 之間的波形。這樣處理可能會引入一個很小的零位死區,但通過實驗發現,在選擇合適的前向放大倍數的條件下,它並不會影響整個系統的穩定性和控制精度。

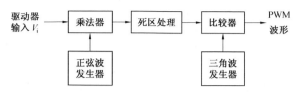

圖 6.14　抑制驅動系統零位附近的高頻异常力矩的處理方法

　（2）采用非綫性控制方法。根據控制偏差智能改變系統的前向放大倍數,在系統偏差很小時,采用較大的前向通道放大倍數,使最小分辨誤差下數字控制的 D/A 輸出值 $V_i < a$ 或 $V_i > b$,從而使得功率驅動系統工作在零位以外的區域。偏差稍大的時候則采用較低的向通道放大倍數,以避免大偏差下的系統不穩定。

第 7 章 　 數字控制系統中常用的模擬電路

7.1 　 前 　 言

　　大多實際的控制系統都難免存在各種物理量的傳感與反饋,比如用於反饋的測速機信號、加速度信號、直綫位置或角位置傳感信號、壓力傳感信號等等,這些信號的一次儀表輸出一般都是模擬形式的,并且常常需要先進行放大、濾波等處理,因此數字控制系統的硬件並不完全由數字電路組成,還包含許多模擬量處理電路。現代數字控制中的這類電路一般都是由運算放大器組成的。下面介紹幾種此類電路的設計原理及實際調試過程中應注意的事項。

7.2 　 運算放大器電路設計的一般原則

　　首先,一般運算放大器都工作在閉環狀態下,設計時應確保電路不出現自激振盪;其次,當需要高精度放大時,還應考慮器件的以下幾個指標:輸入失調電壓、輸入失調電流、輸入偏置電流、共模抑制比及電源抑制比等。對於一般的運算放大器來講,其輸入阻抗都比較大(1 MΩ以上),而輸出阻抗在閉環狀態下都極小(1 Ω 以下)[37],在設計時可不必考慮。

7.2.1 　 運算放大器電路主要指標

　　輸入失調電壓是指輸出為0時運算放大器兩端的電位差,一般都為 mV 數量級。對雙極型晶體管輸入結構的運放來講,這個指標比 FET(場效應管) 輸入結構的運放要好,一般在 $\pm(1 \sim 10)$ mV[38]。

　　輸入偏置電流和失調電流都和輸出為 0 時加在兩個輸入端的偏置電流大小有關。前者定義為兩個偏置電流的平均值,後者定義為兩者之差。一般的情況其偏置電流越大輸入失調電流也越大,但在運放電路設計中更注重輸入失調電流,這關係到運放兩端電阻的匹配問題。在這兩個指標上,FET 型運放比雙極型運放要好,雙極型運放的輸入偏置電流一般在 10 nA ~ 1 μA 之間,而 FET 型的輸入偏置電流一般在 1 nA 以下[38]。

　　還有一個重要的指標是輸入失調電壓、輸入偏置電流、失調電流的溫度係數,它們是指單位溫度變化時對應的該指標值的變化。

　　除了以上靜態指標外,在設計運算放大器電路時還要注意一下其動態指標,主要是指其帶寬。帶寬有兩種定義,一個是單位增益帶寬,另一個是增益帶寬積[38]。一般應用中運算放大器工作在非單位增益狀態下,所以選擇運算放大器時更關心的是其增益帶寬積。可根據所要處理的信號頻率和最大增益之積是否小於運放的增益帶寬積並留足夠的餘量來選擇運放。

7.2.2 　 運算放大器輸入電壓限制及保護措施

　　正常狀態下的運算放大器的同、反相端之間的電壓差可以認為是 0,所有基於運算放大器的電路分析都以此為基礎。但實際情況中可能因為干擾等出現同、反相端之間的電壓差較大而損壞運算放大器器件,為了避免此類情形的器件損壞,往往在運算放大器的同、反相端之間反向並接兩個二極管。

一般運算放大器都有一定的共模抑制能力,在規定的共模輸入範圍內其共模誤差一般是很小的,但當同、反相端的共模電壓過大時共模誤差則會突然增大,甚至會造成器件損壞。所以對於經過長綫傳輸來的信號或"浮地"信號進行放大時,最好采用差動放大電路,以保证在信號進入運算放大器前將共模信號消除[39]。使用同相放大電路時,則要注意輸入信號電壓不能超過運放規定的最大共模輸入範圍。

在高精度電路中,運算放大器的電源波動也會影響放大電路性能,嚴重時還會造成運算放大器的自激振盪,所以一般需要在電源對地之間加去耦電容以減小電源的噪聲影響。這些旁路電容一般可選 103 或 104 的陶瓷電容[39]。對於一般的放大器電路可 3 ~ 5 個器件加一對旁路電容,而對於寬頻帶電路則應在每個運算放大器的電源都加低電感的旁路電容。

7.2.3 運算放大器的選取原則

在選用器件時,盡量選用一些輸入失調電壓、輸入失調電流和偏置電流小及漂移小的器件,以減小放大器帶來的誤差;對某些要求帶寬較寬的電路還要考慮器件的帶寬和轉換(或擺動)速率。在滿足主要性能的基礎上再考慮運放的功耗、幾何尺寸(或體積)及性價比等。

7.3 常見的幾種電路介紹

在數字控制系統中,常見的運算放大器電路有單位增益隔離電路、反相放大器電路、同相放大器電路、差分放大器電路[37]~[40] 等,下面分別介紹。

7.3.1 單位增益隔離器

將運算放大器的輸出端同反相端直接相連,而輸入信號從其同相端接入,就構成了單位增益隔離器,如圖 7.1 所示。由圖可知,輸出端電位同運算放大器的反相端相等,而其反相端的電位基本上等於同相端的電位,所以電路的輸出和輸入是同相 1:1 的關係,故稱該電路為單位增益放大器,也有稱其為射極跟隨器的。

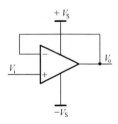

圖 7.1 單位增益隔離器電路(或射極跟隨器)

由於輸入信號從同相端引入,而一般運算放大器的輸入電阻最小能保证為 10 MΩ 以上(對於 FET 輸入式的運算放大器更大),其輸出阻抗一般在 1 Ω 以下,所以該電路常用於上、下級電路之間的隔離,以減小負載效應。

這裏應該注意的是該電路為同相輸入,它的動態誤差同增益及共模抑制比都有關係,因此在選擇運放時除了考慮高增益外,還應要求其有高共模抑制比。一般使用同時具有高增益和高抑制比的高精度運算放大器,而不要使用通用運算放大器。

7.3.2　基本反相放大器電路

反相放大器是運算放大器最基本和最常見的應用,其電路接法如圖7.2所示。

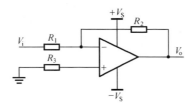

圖7.2　基本反相放大器電路

該電路的輸出、輸入關係如下

$$\frac{V_o}{V_i} = -\frac{R_2}{R_1} = G \tag{7.1}$$

為保証器件輸入失調電流和偏置電流不至於造成太大的不利影響,要求 $R_3 = R_1 // R_2$。

這個電路的優點是原理上可以實現任何倍數的放大,但在實際應用中必須注意以下幾點:

(1) R_1 作為上一級電路的負載,不能選的太小。

(2) 當要求的放大倍數比較大時,不要通過增大 R_2 的方法實現,最好采用多級放大電路完成。這是因為當電阻值太大時,其溫度變化造成的參數漂移將比較大,這時不僅難以保証放大倍數的穩定,而且難以保証 $R_3 = R_1 // R_2$ 的可靠滿足,會造成誤差。

(3) 原理上反相放大電路可以得到 $|G| > 0$ 的任意放大倍數,但當 $|G|$ 太小時運算放大器電路容易出現不穩定,因此若想得到相對小的 $|G|$ 時,建議用多級電路串聯實現。

(4) 從原理上講,基本反相放大電路的帶寬為無窮大,但實際上不可能做到,甚至有時為了濾除輸入信號中的高頻干擾(這些干擾不僅會造成誤差,甚至還會造成某些運算放大器的自激振盪),因此一般應在 R_2 兩端並接一個適當容值的電容。

7.3.3　基本同相放大器電路

常用的同相放大電路如圖7.3所示。它的輸入信號從同相端接入,輸出電壓信號同輸入保持同號,而並不反相。

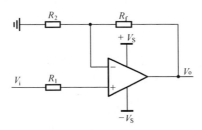

圖7.3　基本同相放大器電路

其輸出、輸入關係如下

$$G = \frac{V_o}{V_i} = 1 + \frac{R_f}{R_2} \tag{7.2}$$

這個電路的主要優點有兩個:

(1)因為輸入從同相端接入,本級電路的輸入阻抗可以認為是 ∞ ,比較適合信號源內阻大的場合。

(2)輸出同輸入同號,在某些應用場合比采用反相放大省一級電路。

但它也存在兩個主要缺點:一是其最小放大倍數也大於1,只能用於信號放大而不能用於信號縮小;二是一般運算放大器都對加在輸入端的信號的共模分量有一定的要求,不能太大,同相放大的輸入也相當於其共模信號,因此在使用時要選擇具有較高共模抑制比的運算放大器。

7.3.4 差分放大

差分放大電路主要用於消除或抑制輸入信號中的共模干擾。當電路要處理本身沒有"地"的(所謂的"浮地")信號時,信號中往往含有較大的共模分量,或者某些經過長距離傳輸的信號由於干擾或長綫電阻引入的共模干擾,這時一般采用差分放大電路。圖7.4給出一種不影響共模抑制比的可調放大倍數差分放大器電路結構[40]。

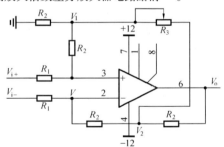

圖 7.4　一種可調放大倍數的差分放大器電路

下面進行詳細分析。設"虛地"點的電位為 V ,V_1、V_2 分別為圖7.4中所示點的電位,由於運算放大器的 + 、– 端幾乎不取電流,可列出如下節點方程

$$\frac{V_{i+} - V}{R_1} = \frac{V - V_1}{R_2} , \frac{V_{i-} - V}{R_1} = \frac{V - V_2}{R_2} \tag{7.3}$$

故

$$V_2 - V_1 = \frac{R_2}{R_1}(V_{i+} - V_{i-}) = \frac{R_2}{R_1}V_i \tag{7.4}$$

同時有以下兩個式子成立

$$\frac{V_{i+} - V_1}{R_1 + R_2} + \frac{V_2 - V_1}{R_3} = \frac{V_1}{R_2}$$

$$\frac{V_{i-} - V_2}{R_1 + R_2} - \frac{V_2 - V_1}{R_3} = \frac{V_2 - V_o}{R_2} \tag{7.5}$$

以上兩式相減並整理可得

$$\frac{V_o}{R_2} = \frac{V_{i+} - V_{i-}}{R_1 + R_2} + \frac{V_2 - V_1}{R_1 + R_2} + \frac{2(V_2 - V_1)}{R_3} + \frac{V_2 - V_1}{R_2} \tag{7.6}$$

將 $V_i = V_{i+} - V_{i-}$ 及式(7.4) 代入式(7.6) 可得

$$V_o = \frac{2R_2}{R_1}\left(1 + \frac{R_2}{R_3}\right) V_i \tag{7.7}$$

由以上分析可見,通過改變圖7.4中的 R_3 可以改變電路的增益;并且當 R_3 開路時,這個電路同基本的差分放大相同,其增益為 $G = 2R_2/R_1$,而加入 R_3 後該電路的增益比基本的差分放大電路大。由於改變 R_3 並不影響電路的運算放大器 +、- 端的阻抗匹配情况,所以調整 R_3 不會改變電路的共模抑制比。

這個電路是差動放大電路中結構最簡單、成本最低廉的一種,可以有效抑制輸入信號中的共模成分,并且調整過程中不改變電路的共模抑制比。

在實際使用中,必須保証圖7.4中所有的 R_1 都盡可能相等並且溫度穩定性一致,所有的 R_2 也一樣,故這兩種電阻最好選溫度係數和精密度都比較好的精密電阻。

7.3.5　相敏解調放大器電路

在角位置測量電路及陀螺伺服模擬信號處理電路裏會遇到輸入信號是經過調制的情形,這時必須對這個信號先進行解調處理,因此這裏介紹一下相敏解調放大電路的設計。

這個電路一般需要輸入兩路信號,一路是經過調制的交流信號,一路是解調用的交流參考信號。這個參考信號同調制用到的參考信號是一個信號,都由一次儀表(傳感器)給出。理想的情况下需要被解調的信號同參考信號在頻率和相位上都是一致的,但實際上難免由於傳輸過程等環節而引入一些干擾。這些干擾往往是高頻噪音,因而相位不可能總和參考信號一致,即使是同頻率的干擾,其相位也不可能完全同參考信號一致。相敏解調放大電路對同參考相位不一致的干擾有一定的抑制作用,因此該電路具有較強的抗干擾能力。圖7.5 給出一種相敏解調放大電路。

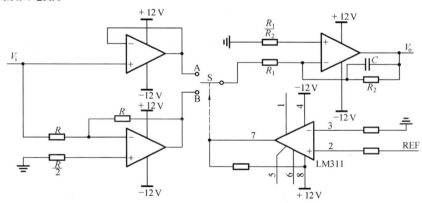

圖7.5　一種相敏解調放大器電路原理圖

圖7.5 中 REF 同 V_i 同相位,經過過零比較器 LM311 後控制圖中的開關 S。當輸入信號處於負半周時,開關打向 S→A,而處於正半周時則打向 S→B,這樣在 V_o 處能得到一個反相放大後的全波整流波形,該波形再經過電容 C 濾波處理則會得到一個正比於正弦輸入信號幅值的直流信號,如圖7.6 所示。

由圖7.6 可見,當輸入信號同參考信號相差90° 時,則輸出波形的平均值為0,故該電路對干擾有很好的抑制作用。由圖7.6 分析可見,若不考慮電容 C 的濾波作用,則相敏解調放大電

路的輸出、輸入有如下關係:

$$V_o = |V_i| \frac{R_2}{R_1} \tag{7.8}$$

對於正弦波輸入,當考慮電容 C 的濾波作用幷且設輸入輸出相位差為 φ,則最終得到的直流輸出為

$$V_o(直流) = 0.637 |V_i(峰值)| \frac{R_2}{R_1} \cos \varphi \tag{7.9}$$

其中 0.637 為半個正弦波的平均值。當 $\varphi = 90°$ 時,$V_o = 0$。

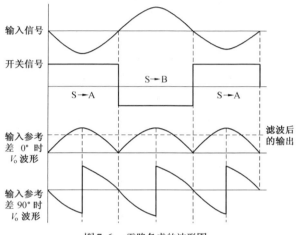

圖 7.6 電路各處的波形圖

對於參考頻率(也是調制頻率)同信號頻率不同(一般是參考頻率高於信號頻率)時,式(7.9)中的常數要稍小一些,可以通過實測量或根據具體參考頻率計算求得。

7.3.6 儀用放大器電路

數字控制硬件設計中經常要處理一類信號,即一次儀表輸出信號內阻較大、要經長距離傳輸的且具有"浮地"性質的微弱小信號。對這樣的信號處理一般要采用差動放大,以便抑制共模干擾,同時要求差動放大電路具有足够大的增益。

前面提到的基本的差動放大電路同其他基本放大電路一樣有一個共同的缺點,即其輸入電阻不能做到很大。對於信號源內阻較大幷且幅值很小的信號放大來講,需要差動放大電路具有很高的增益,而大增益需要大反饋電阻實現,這樣會因為運算放大器的輸入失調電流引起較大的直流輸出失調,如果輸入電阻再要求設計得很大的話,所需要的反饋電阻將更大,這還會因為高阻值電阻難以匹配造成運算放大器的共模抑制比下降[37];為此需要采用其他形式的差動放大。儀用放大電路由多級運算放大器構成,其輸入采用一般同相放大的輸入結構,可以有效地提高其輸入電阻,輸出則采用基本差動放大形式。圖 7.7 給出一種儀用放大器結構示意圖。

經分析,該電路的放大倍數可表示為

$$G = \frac{V_o}{V_{i+} - V_{i-}} = 1 + \frac{2R_2}{R_1} \tag{7.10}$$

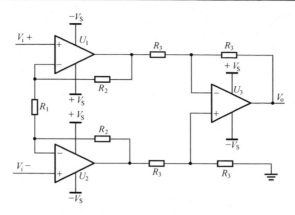

圖 7.7 儀用放大器電路結構示意

從圖 7.7 中可見,R_1 的選擇不影響輸入阻抗,因此為了得到大的放大倍數,可以將其選得較小一些,以便在獲得大放大倍數的同時 R_2 不至選的太大。R_3 必須選擇高溫度穩定度的精密電阻,其值可以選擇得較小,以便減小輸出級電路的輸出直流失調。

7.3.7 絕對值放大電路

絕對值電路也是實際控制系統常用到的一種放大電路,比如正弦波信號幅值或有效值檢測、運動速率監視與超速保護等。下面給出一種簡單的絕對值電路設計,如圖 7.8 所示。

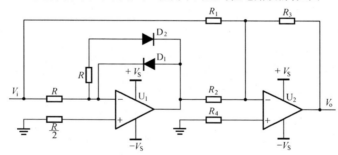

圖 7.8 一種絕對值放大電路

圖中電阻 R 可以任選,只要滿足輸入電阻的要求即可。R_1 和 R_2 必須滿足 $R_2 = R_1/2$,R_3 可根據放大倍數要求來選擇,其放大倍數 $k = R_3/R_1$。

由圖 7.8 分析可知,當 $V_i > 0$ 時,D_2 導通 D_1 截止,U_1 的輸出約等於 $-V_i$,該信號同通過 R_1 來的信號由 U_2 進行綫性疊加輸出。當 $V_i < 0$ 時,D_2 截止 D_1 導通,U_1 的輸出約等於 0,U_2 只反相放大 V_i,故在 V_i 的正半周,即 $V_i > 0$ 時有

$$V_o = -\frac{R_3}{R_2} \cdot (-V_i) - \frac{R_3}{R_1} \cdot V_i = \left(\frac{2R_3}{R_1} - \frac{R_3}{R_1}\right)V_i = \frac{R_3}{R_1}V_i \tag{7.11}$$

負半周時,即 $V_i < 0$ 則有

$$V_o = -\frac{R_3}{R_1} \cdot V_i = \frac{R_3}{R_1}|V_i| \tag{7.12}$$

故整個電路的輸出、輸入關係可統一用式(7.12)表示,說明該電路能實現絕對值放大。

7.3.8　移相電路

　　在角位置測量電路裏常用到移相電路,它的特性是只改變信號的相位而不改變其幅值。在設計時我們可能不確切知道到底是用超前移相還是滯後移相,為此可以采用圖 7.9 所示的設計。它可以通過簡單的開關設置改變移相電路的特性。當圖中的開關打到上面時,能得到一個滯後移相電路,而開關打到下面則可以得到一個超前移相電路。

　　通過電路分析可知,為了保証幅值不變,圖 7.9 中的 R_2 必須嚴格等於 R_1,因此必須采用精密電阻;另外為了保証移相的穩定,可調電位計和電容也必須采用溫度係數好的精度高的元器件。一般電位計選多圈精密電位計,電容 C 最好選雲母電容,要求不嚴格的場合可選 CBB 電容。

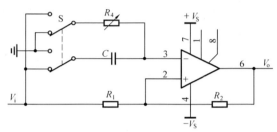

圖 7.9　特性可切換移相電路

當開關打到下面時為超前移相,其傳遞函數為

$$G(s) = \frac{V_o}{V_i} = \frac{R_4 Cs - 1}{R_4 Cs + 1} \tag{7.13}$$

當開關打到上面時為滯後移相,其傳遞函數為

$$G(s) = \frac{V_o}{V_i} = \frac{1 - R_4 Cs}{1 + R_4 Cs} \tag{7.14}$$

　　由式(7.13)及(7.14)可見,兩種電路的增益 $|G(s)| = 1$,即輸出和輸入的幅值在任何頻率下都相等,其相移分別為

　　a. 超前

$$\varphi = 2\tan^{-1} \frac{1}{2\pi f R_4 C} \tag{7.15}$$

　　b. 滯後

$$\varphi = -2\tan^{-1} 2\pi f R_4 C \tag{7.16}$$

　　對於超前移相電路來講,$\omega R_4 C$ 愈大則相移愈小,$0 \leftarrow \omega R_4 C \rightarrow \infty$ 時相移範圍為180° ~ 0°。而對於滯後移相電路,$\omega R_4 C$ 愈大則相移愈大,$0 \leftarrow \omega R_4 C \rightarrow \infty$ 時相移範圍為0° ~ -180°。

　　一般地,C 選擇為固定的值 $C = 0.1\ \mu\text{F}$,R_4 采用多圈精密電位計。因為一般的移相基本是在0° 附近調整,則 R_4 按照如下原則選取:

　　(1)對於超前移相來講,R_4 不能選得太小,否則將限制其最小超前移相值。

　　(2)對於滯後移相來講,R_4 可以選得小點,而且建議選小阻值的電位計,以便更精確地調整相位。

　　在移相電路的使用中還有幾點必須引起足夠的注意:

　　其一是信號中直流分量的影響。對於超前和滯後移相電路,直流分量的影響有所不同。

當輸入信號中存在一個直流分量 V_1,則圖 7.10(a) 電路對這個直流分量相當於一個單位增益隔離器,其輸出中將含有一個直流分量 V_1;而圖 7.10(b) 電路對這個直流分量相當於一個反向器,故其輸出中將含有一個 $-V_1$ 的直流分量。因此在電路設計過程中應該考慮如何消除直流分量,簡單的做法是在輸入前加一個隔直電容,電容的選取要保證 $\frac{1}{\omega C}$ 足夠小。

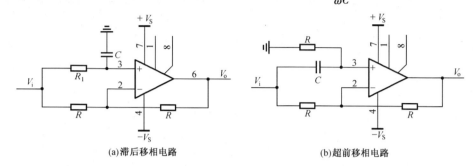

(a)滯后移相电路　　　　　　　　　(b)超前移相电路

圖 7.10　移相電路

　　其二是抗干擾問題。從圖 7.10 中可見,不論是超前還是滯後移相電路,在運算放大器的同相端都會連接有可調整的電位計。電位計中間抽頭處的接觸噪聲容易對電路造成干擾,而運算放大器的同相端對干擾非常敏感。因此在具體實現時最好不用電位計而改為固定電阻,如果非得采用電位計可在電位計同運算放大器的同相端用一個固定電阻隔離,然後使用小阻值的可調精密多圈電位計。這樣不僅能降低電位計中間抽頭接觸噪音的影響,還能提高電位計的調整精確度。電位計調整好後用膠將調整旋鈕固定,以防由於震動、溫度變化等造成電阻值的變化。

7.3.9　低通濾波器電路

　　低通濾波器是一種能有效濾除信號中有害高頻噪音的電路,目前多采用集成運放構成的有源形式。前面介紹過,在基本的反相放大器的反饋電阻上並入一個合適的電容即能構成簡單的低通濾波器,但其傳遞函數為一階,對轉折頻率以上的高頻信號按 -20 dB/ 十倍頻程衰減,濾波效果不是很理想。下面介紹兩種二階低通濾波器電路,它對轉折頻率以上的高頻信號按 -40 dB/ 十倍頻程衰減,能獲得相對良好的濾波效果[41]。

　　1. 二階壓控電壓源低通濾波器

　　二階壓控電壓源低通濾波器由一個集成運算放大器和若干外圍阻容元件構成,如圖 7.11 所示。

　　通過分析可知,該電路的傳遞函數為

$$\frac{V_o}{V_i} = \frac{Gb_0}{s^2 + b_1 s + b_0} \tag{7.17}$$

其中

$$b_0 = \frac{1}{R_1 R_2 C_1 C_2}, b_1 = \frac{1}{R_1 C_2} + \frac{1}{R_2 C_1} - \frac{R_4}{R_2 R_3 C_2}, G = 1 + \frac{R_4}{R_3} \tag{7.18}$$

G 為該濾波器的增益。

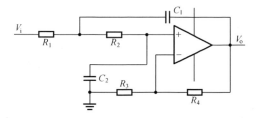

圖 7.11　二階壓控電壓源低通濾波器

該濾波器電路具有二階振盪環節的特性,其諧振頻率 $\omega_n = \dfrac{1}{\sqrt{R_1 R_2 C_1 C_2}}$。選擇參數時,一般以 $\omega = \dfrac{\omega_n}{(2 \sim 5)}$($\omega$ 為輸入信號的頻率)為依據來確定 ω_n,阻尼比一般選擇為 $0.5 \leqslant \xi \leqslant 1$ 比較合適。然後再根據確定的諧振頻率和阻尼比來確定外圍的阻容元件。在計算阻容元件選值時,首先令 $C_1 = C_2 = C$,C 可事先選定某個值,然後再確定 R_1、R_2、R_3、R_4 的值。

可以看出,該濾波器具有同相放大器的增益特性,在某些電路應用中可以不用再加一個反相放大,能省去一級電路。但只能用於放大,不能用於縮小。

2. 二階無限增益多路反饋低通濾波器

無限增益多路反饋低通濾波器也是由一個集成運放和若干外圍阻容元件構成,如圖 7.12 所示。

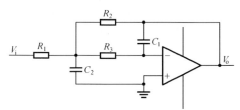

圖 7.12　二階無限增益多路反饋低通濾波器

其傳遞函數同式(7.17)完全相同,也具有二階振盪環節特性。但 b_0,b_1,G 係數分別為

$$b_0 = \frac{1}{R_2 R_3 C_1 C_2} \tag{7.19}$$

$$b_1 = \frac{1}{C_2}\left(\frac{1}{R_1} + \frac{1}{R_2} + \frac{1}{R_3}\right) \tag{7.20}$$

$$G = -\frac{R_2}{R_1} \tag{7.21}$$

無限增益多路反饋低通濾波器外圍元件參數選擇方法同壓控電壓源低通濾波器基本一致,尤其是諧振頻率的選取。一般也是先選擇 $C_1 = C_2 = C$,然後再根據放大倍數等指標選擇其餘三個電阻。

這個電路的優點是比壓控電壓源式的低通濾波器少用一個元件,增益調整方便而且既可以獲得大於 1 的放大倍數,也可以獲得小於 1 的放大倍數。另外,其特性穩定,輸出阻抗低;但缺點是電路增益為負,因而適合用於電路中需要反相的場合。

文獻[41] 中還介紹了一種雙二次低通濾波器電路,它由三個運算放大器和若干外圍阻容元件搆成,可以獲得相對良好的調整特性,參數選擇方便,但所用元件太多。一般地,低通濾波器不像帶通或帶阻濾波器那樣,對中心頻率及其他品質要求嚴格,故采用以上介紹的兩種電路完全能滿足大多應用場合的要求,而沒有必要采用雙二次形式的低通濾波器電路。

另外,以上兩種電路可以通過級聯方式得到更好的濾波效果,在要求較高的應用場合,可以采用這樣的多級電路級聯。

7.3.10　高通濾波器電路

高通濾波器是能有效濾除低頻干擾信號的一種濾波電路,它在形式上同低通濾波器電路很相似,只是將用於濾波的電阻換為電容、電容則換為電阻。和低通濾波器電路對應,下面將介紹的高通濾波器電路也分壓控電壓源和無限增益多路反饋兩種形式[41]。

1. 二階壓控電壓源高通濾波器

壓控電壓源高通濾波器和壓控電壓源低通濾波器一樣,也是由一個集成運放和相同個數的阻容元件搆成,其電路結構如圖7.13 所示。

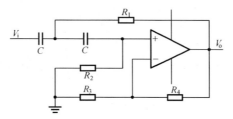

圖7.13　二階壓控電壓源高通濾波器

可見將二階壓控電壓源低通濾波器電路中的 R_1、R_2 換成 C_1、C_2($C_1 = C_2 = C$),而 R_3、R_4 不變化即可得到高通濾波器。

通過電路分析,可得其傳遞函數如下

$$\frac{V_o}{V_i} = \frac{Gs^2}{s^2 + a_1 s + a_0} \tag{7.22}$$

其中

$$a_0 = \frac{1}{R_1 R_2 C^2}, a_1 = \frac{2}{R_2 C} - \frac{R_4}{R_1 R_3 C}, G = 1 + \frac{R_4}{R_3} \tag{7.23}$$

G 為該濾波器的增益,同二階壓控電壓源低通濾波器完全相同。

其參數選取大致同低通濾波器,但諧振頻率同信號頻率的關係變為:$\omega_n = \frac{\omega}{(2 \sim 5)}$($\omega$ 為輸入信號的頻率)。

2. 二階無限增益多路反饋高通濾波器

二階無限增益多路反饋高通濾波器的電路結構如圖7.14 所示。它的傳遞函數同二階壓控電壓源高通濾波器相同,不過同式(7.22) 中的具體參數有所區別。

$$a_0 = \frac{1}{R_1 R_2 C C_1}, a_1 = \frac{1}{R_2 C C_1}(2C + C_1), G = -\frac{C}{C_1} \tag{7.24}$$

這兩種電路的優缺點同以上介紹的對應的二階低通濾波器相同,此處不再贅述。

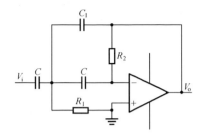

圖7.14 二階無限增益多路反饋高通濾波器

同樣地,以上兩種電路可以通過級聯方式得到更好的濾波效果,在要求較高的應用場合,可以采用多級電路串聯。

7.3.11 帶通濾波器電路

帶通濾波器電路是數字控制及測量中最常用的電路之一,它的目的是濾除以有用信號頻率為中心頻率以外的所有其他頻率信號。同這種電路相關的最重要指標有中心頻率、帶寬或 Q 值及增益。一般地 Q 值越高,帶通濾波效果越好。下面介紹兩種常用的帶通濾波器構成。

1.二階無限增益多路反饋帶通濾波器

同以上的高、低通濾波器一樣,其實帶通濾波器也有一種電路是壓控電壓源帶通濾波器,這裏考慮到它同無限增益多路反饋帶通濾波器能達到的各項指標基本相同,但却比無限增益多路反饋帶通濾波器結構復雜一些,故只介紹二階無限增益多路反饋帶通濾波器。

無限增益多路反饋帶通濾波器是由1個運放和5個阻容元件構成的、結構相對簡單的帶通濾波器[41],其結構原理如圖7.15所示。

通過電路分析,可得該濾波器的傳遞函數為

$$\frac{V_o}{V_i} = \frac{GBs}{s^2 + Bs + \omega_0^2} \tag{7.25}$$

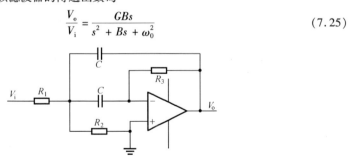

圖7.15 二階無限增益多路反饋帶通濾波器

其中

$$G = -\frac{R_3}{2R_1} \tag{7.26}$$

$$B = \frac{2}{R_3 C} \tag{7.27}$$

$$\omega_0^2 = \frac{1}{R_3 C^2}\left(\frac{1}{R_1} + \frac{1}{R_2}\right) \tag{7.28}$$

G, B, ω_0 分別稱為帶通濾波器的增益、帶寬和中心頻率。

這個電路的優點是所用元件很少,特性穩定,輸出阻抗低。最大的缺點是 Q 值做不高,一般$Q \le 10$。

2. 二階雙二次帶通濾波器

二階雙二次帶通濾波器構成相對復雜,所用元件較多,但由於帶通濾波器電路往往用在要求較高的場合,此時為了獲得良好的濾波效果,就必須在電路復雜程度同性能之間做個折中。

二階雙二次帶通濾波器由三個運放和若干外圍阻容元件構成,其結構如圖7.16 所示。

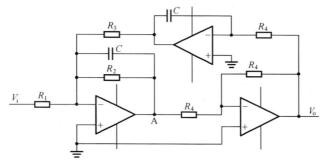

圖7.16　二階雙二次帶通濾波器

它的傳遞函數也具有式(7.25) 那樣的形式,不過其參數有所區別。此電路的各個參數分別如下

$$G = \frac{R_2}{R_1} \tag{7.29}$$

$$B = \frac{1}{R_2 C} \tag{7.30}$$

$$\omega_0^2 = \frac{1}{R_3 R_4 C^2} \tag{7.31}$$

從以上式(7.29) ~ (7.31) 可見,該濾波器的各數調整可基本獨立,相互之間的制約簡單甚至沒有制約,特別容易調整。增益可通過 R_1 單獨調整,帶寬或Q值可通過 R_2 單獨調整,而中心頻率則可通過 R_3、R_4 單獨調整。

外圍阻容元件值選取方法如下:首先選定電容值 C,然後分別根據信號頻率、帶寬要求和增益來選擇電阻 R_3、R_4、R_2、R_1。

該電路還具有如下優點:

(1) 參數調整方便。

(2)Q 值很高,一般可做到 $Q \le 100$,能獲得十分理想的濾波效果。

(3) 當輸出從圖7.16 中的 A 點引出的話,可在保持其他性能不變的前提下得到反相增益,因此可在不改變電路結構的基礎上方便地得到同相和反相增益。

帶通濾波器的性能對外圍阻容元件的參數變化十分敏感,尤其是 Q 值高時,更是如此,因此應該選取溫度係數好的精密電阻和雲母電容。

第8章 回轉運動控制的角位置 數字反饋信號測量

8.1 引 言

在回轉運動控制中,角位置的測量顯示及反饋是此類數字控制系統中最重要的環節,它在某種程度上決定了系統的控制性能。目前用於回轉運動控制的角位置測量系統大致分為以下幾種:

(1)用360對極感應同步器和1對極旋轉變壓器及其相應電子綫路構成的雙相激磁單相輸出鑒相型測角系統。這種測角系統常用於高精度的數字運動控制中,它可達到的精度目前為 ±1″,但它存在一些缺點,如一次儀表多、變換綫路復雜,因此可靠性受到影響;同時,其一次儀表的體積和重量較大,由於其安裝位置處於各軸的框架邊,增大了回轉軸的慣量;還有,該系統的角度編碼電路會在轉臺運動時引入速度誤差,造成其角度信號數字輸出的過1°跳變,無法保証速率和搖擺功能下的全數字控制精度。另外,由於該系統角度數字變換原理上存在的速度誤差,高速時不僅難以保証測角精度,還可能會由於粗測誤差造成粗、精耦合的錯誤,因此不適合用於運動速度要求高的場合。

(2)采用光學編碼器的測角系統。這種測角系統的精度一般不如第一種方案那樣容易實現,但其硬件相對簡單,可靠性高,抗干擾能力強。它可以直接以計算機卡板的形式給出一個數字量的角度信息,方便數字控制系統的構成,在低精度數字控制中比較常用。高精度的產品也有,但其造價太高,而且其一次儀表在體積和重量上也遠比稍低精度的同類產品大,甚至和采用感應同步器及旋轉變壓器的測角系統的差不多。另外,它還有安裝要求高、抗振能力差等缺點。

(3)采用感應同步器的測角系統還有一種無動態誤差的單相激磁雙相輸出的鑒幅型方式,它基於單片軸角變換器和單片計算機處理系統構成變換綫路,因此十分簡單,相應的可靠性要高。其精度介於前兩種方案之間,但造價却是最低,綫路也最簡單。

(4)基於旋轉變壓器和感應同步器的測角系統還可以采用一種混合型雙通道測角方式,即粗測通道采用單相激磁雙輸出的鑒幅方式,而精測通道則采用雙相激磁單相輸出的鑒相方式。這種方式能避免粗測通道的速度誤差造成的粗、精耦合錯誤,結構上也比全鑒相式簡單,可靠性高。

以上幾種角位置測量方式都可以實現絕對或增量測量。增量式比絕對式相對簡單,尤其是采用感應同步器方式的時候,它可以省去粗測通道的旋轉變壓器及其相關電路。

由於光學編碼器有現成的產品,在數字控制中直接選擇即可,不存在太多的設計問題,因此這裏不做詳細介紹。本書將主要介紹兩種基於旋轉變壓器和感應同步器的雙通道絕對角位置數字測量、反饋系統的原理及實現方法。

所謂的雙通道角位置測量,是指以1對極的旋轉變壓器作為粗角位置測量傳感器,實現0～359.9°的大角度範圍、低精度測量,而以360對極的感應同步器作為精測一次傳感器實現

0.000 1 ～ 0.999 9° 的小範圍、高精度角位置測量。這兩個通道在結構上是相互獨立的,不過是安裝在同一個軸上。將兩個通道測得的值按照一定的規律進行耦合,即可獲得大範圍高精度角位置的測量。

8.2 基於旋轉變壓器及感應同步器的鑒幅式雙通道測角系統原理及實現

單相激磁雙相輸出鑒幅型測角系統中,一次儀表的選取、安裝等和雙相激磁的鑒相型完全一樣,所不同的是它的激磁是接到轉子的,而從定子上獲得有關的角度信息。從這種方式的誤差分析結果看,靜態時激磁信號的失真並不導致轉換誤差,因此它對激磁信號的要求不高。具體的原理是將兩相輸出信號接到信號變換器,將其按可知角度變量 φ 作正餘弦變換後相減,得到一個值同 $\sin(\alpha_D - \varphi)$ 成正比的直流電壓信號,如果人為調整 φ 使得該信號為零,則可求得當前的角位置值。

8.2.1 軸角變換器 AD2S80 簡介

信號變換器有很多形式,過去大多是靠分立元件構成,因而硬件復雜,不易實現。隨着集成電路製造技術的發展,美國 AD 公司推出了一種 40 腳的軸角變換器芯片 AD2S80A,大大簡化了硬件系統,提高了測角電路的可靠性;而且其輸出信號直接為數字形式,編碼電路還不引進動態誤差,為實現全數字控制提供了方便。圖 8.1 為 AD2S80 的原理封裝示意。

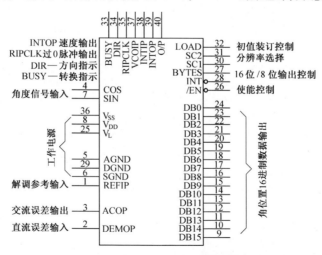

圖 8.1 軸角變換器 AD2S80 原理封裝示意圖

AD2S80 系列芯片精度上有 ±2′、±4′ 和 ±8′ 之分;根據使用溫度範圍有 0 ～ +70 ℃,－40 ～ +85 ℃ 及 －55 ～ +125 ℃ 之分;封裝上有 D－40 和 E－40A 兩種形式。

芯片工作電源有兩種: ±12 V 和 +5 V。 ±12 V 用於模擬部分供電,+5 V 為其數字部分電源。

SC1(30)、SC2(31) 用於選擇分辨率,SC1、SC2 = 00、01、10、11 時分別選擇 10 位、12 位、14 位和 16 位分辨率。此兩引腳內部有 100 kΩ 的上拉電阻接到 +12 V 上,其電平同 TTL 不兼容。

LOAD(32) 信號用於給芯片內部的計數器裝訂初始值,低有效,內部通過上拉電阻接到 + 12 V。數據則從 DB0 ～ DB15 輸入。該信號一般不用,此時可懸空。

BYTE(27) 信號用於選擇數據輸出形式,當 BYTE = 1 時,選擇 16 位輸出,BYTE = 0 時則選擇 8 位輸出形式。該引腳同 TTL 電平兼容。

EN(26) 使能輸入信號用來控制是否允許 16 位數據輸出。低電平時允許輸出,高電平時使 DB0 ～ DB15 處於高阻狀態。它的狀態不影響 AD2S80 的轉換過程。其電平同 TTL 兼容。

INHIBIT(28) 輸入禁止信號用來控制是否允許 +／- 計數器的數據呈送輸出鎖存器,低電平時禁止。它同樣不會影響 AD2S80 的轉換過程,但會影響 BUSY 信號狀態。

BUSY(33) 用於指示轉換狀態,該信號輸出為"1"時表示正在轉換,此時輸出數據不穩定。

DIR(34) 輸出,用於指示角度變化方向。RIPCLK(35) 輸出,每當數據從 0000H → FFFFH 或 FFFFH → 0000H 時,該引腳輸出一個最小寬度 300 ns 的正脈沖。

參考信號用於解調,從 1 腳引入,來自傳感器的信號分別從 4 和 7 腳接入。這裏需要注意一個問題,這就是原理上激磁信號同旋轉變壓器的反饋信號在相位上同相,而同感應同步器的反饋信號相差 90°。其原因是旋轉變壓器繞組呈感性,使得流過繞組的電流同激磁電壓在相位上差 90°,磁鏈同電流成正比,通過磁鏈耦合在副邊分段繞組上感應到的電壓同磁鏈的變化率即微分成正比,因此其輸出電壓和激磁電壓相位原理上沒有相差。而感應同步器的繞組呈電阻特性,激磁電壓和電流同相,故分段繞組上感應出的電壓和激磁電壓互差 90°。所以粗測 AD2S80 的參考信號可直接同激磁連接,而精測 AD2S80 的參考信號必須經過激磁超前相移 90° 後接入。

3 腳為交流誤差輸出端,目的是為外接濾波網絡之用,經濾波後的誤差信號又從 2 腳引入芯片內部的相敏解調器。相敏解調器將來自 2 腳的信號進行解調放大後從 40 腳輸出。

38 腳和 39 腳分別為芯片內積分器的輸入和輸出,通過外接網絡來設置其系統帶寬。VCOIP(37) 為內部壓控振盪器的輸入腳,通過外部網絡將積分器的輸出(INTOP - 39 腳)引入。積分器的輸出信號是同速度成正比的直流電壓信號,故它可以作為速度傳感信號來用。但設計上積分器的飽和電壓為 ± 8 V,當速度超過一定值時,將會出現積分飽和,故 AD2S80A 對運動速度有一個最高速度限制,而且不同的分辨率這個限制也不同,使用中應引起注意。

8.2.2 AD2S80 閉環測角原理及閉環系統特性分析

AD2S80 實質上是一個閉環角位測量系統,圖 8.2 給出 AD2S80A 的原理結構框圖。它的基本原理是將來自旋轉變壓器或感應同步器的兩相信號 e_A, e_B 和人為構造的角度估計信號 φ 進行變換後得來的 $\sin\varphi, \cos\varphi$ 通過內部的高速乘法器進行相乘並做減法運算得到一個交流誤差信號。這個信號經濾波和相敏解調得到如下的直流信號

$$U_{\mathrm{DER}} = \pm \frac{2}{\pi} \frac{U_{\mathrm{m}}}{k_{\mathrm{u}}} \sin(\alpha_{\mathrm{D}} - \varphi) \tag{8.1}$$

其中 $\alpha_{\mathrm{D}}, \varphi$ 分別為實際的角度信號和人為估計的角度值。

這個直流電壓經過積分控制一個壓控振盪器,產生相應的計數脈沖給可逆計數器進行計數,其計數值就是人為估計的角度值。對估計的角度值 φ 做變換得到 $\sin\varphi, \cos\varphi$,作為系統的反饋信號和實際的角度信號比較,這樣就構成一個具有積分校正的閉環的角位置測量系統。

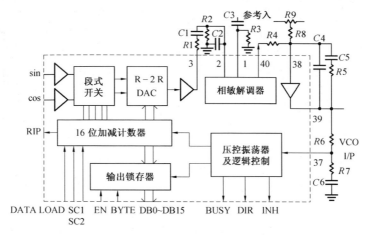

圖 8.2 AD2S80A 軸角變換器内部構成原理示意

當系統達到穩態時,對應的計數輸出值即是測得的實際角度。綜上可得 AD2S80 閉環測角系統基本的構成如圖 8.3 所示。

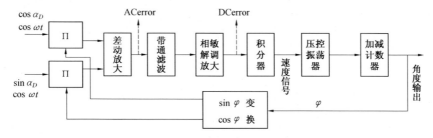

圖 8.3 AD2S80 閉環測角系統的基本構成

由圖 8.3 可見,比率乘法器和交流差動放大在這裏共同構成閉環控制系統的比較器放大環節,其輸出 ACerror 為:$A_1 \sin(\alpha_D - \varphi)\cos \omega t$,其中 $A_1 = 14.5$ 為設計好的,無法通過外部設置來更改。對於有效值為 2 V 的輸入信號則該值為:$2\sin \dfrac{360}{n} A_1 (\text{V/bit})$,這裏 n 分別為 1 024(10 位分辨率)、4 096(12 位分辨率)、16 384(14 位分辨率) 及 65 536(16 位分辨率)。

可見,當分辨率設置不同時,比率乘法器及交流誤差放大器環節的放大倍數不同,這會影響控制系統前向通道的整體放大係數,因此必須在以後環節中通過積分器電阻 R_4 和 R_6 來調整。

帶通濾波器為外部網絡,可加可不加,一般還是加的好。其特性由用戶設置的參數來決定,具體設置見外圍電路設置章節說明。當外部加帶通濾波時,則該環節是一個比例環節,其放大倍數 $k_2 = 1/3$。

相敏解調放大器也是控制系統前向通道的比例環節,理論上其放大倍數 $k_3 = \pm \dfrac{2\sqrt{2}}{\pi}$,實際取值為 0.882 ~ 0.918。

積分器為系統的前向校正環節,其特性是由如圖 8.2 所示的外部網絡 R_4、R_5、C_4、C_5 決定

的。其具體的傳遞函數為

$$G_1(s) = \frac{T_1 s + 1}{T_1 T_2 s^2 + (T_1 + T_3)s} \tag{8.2}$$

其中 $T_1 = R_5 C_5$，$T_2 = R_4 C_4$，$T_3 = R_4 C_5$。

壓控振盪器為一比例環節，其放大倍數 $k_4 = \dfrac{f_{\text{VCO}}}{R_6}$，這裏 $f_{\text{VCO}} = 7.9 \times 10^9$ Hz/A。

加減計數器相當於一個純積分環節，其傳遞函數為

$$G_2 = \frac{2\pi}{2^{\text{RLS}}} \frac{1}{s} \tag{8.3}$$

綜上所述，AD2S80 閉環測角系統的開環傳遞函數為

$$G_o = \frac{K(T_1 s + 1)}{s^2(T_1 T_2 s + T_2 + T_3)} \tag{8.4}$$

其中 K 為整個前向放大係數。可見該系統是一個 II 型系統，系統對位置及速率都是無差的。

8.2.3　AD2S80 的外圍電路參數選取

AD2S80 外圍電路參數選擇主要包括以下幾個：交流誤差輸出到相敏解調器的輸入之間的帶通濾波參數設置、積分器增益設置、速率調節電阻選取、閉環系統帶寬設置及壓控振盪器相位補償參數選取。下面分別介紹。

1. 帶通濾波器參數設置

如圖 8.2 所示，在 AD2S80 的第 3 腳和第 2 腳之間連接有由 R_1、C_1 和 R_2、C_2 構成的帶通濾波電路，其主要目的是為了濾除交流誤差信號中的直流分量和高頻噪聲。

當選擇 $R_1 = R_2 = R$ 及 $C_1 = C_2 = C$ 時，該網絡的傳遞函數可表示為

$$G_{\text{HF}}(s) = \frac{\dfrac{s}{T}}{s^2 + \dfrac{3}{T}s + \dfrac{1}{T^2}} \tag{8.5}$$

式中 $T = RC$。

由於交流誤差信號形式為

$$u_e = kU\sin(\alpha_D - \varphi)\cos \omega t \tag{8.6}$$

其中 ω 為激磁信號頻率。所以帶通濾波器的中心頻率應設置為激磁頻率，此處設 $f = 2\ 000$ Hz。而帶通濾波器的中心頻率 $\omega_0 = \dfrac{1}{RC}$，故令

$$\frac{1}{RC} = 4\ 000\ \pi \tag{8.7}$$

一般地，由於電容 C 不像電阻 R 那樣容易選擇，故先選定 $C = 2\ 200$ pF，然後根據式(8.7)求得電阻 R 的值。

$$R = \frac{1}{4\ 000\ \pi C} \approx 40\ \text{k}\Omega \tag{8.8}$$

AD2S80 對 R 有個限制，即 $15\ \text{k}\Omega \leqslant R \leqslant 56\ \text{k}\Omega$，可見上述選擇符合要求。該濾波器的增益 $k_{\text{HF}} = 1/3$。

這裏強調一點，C 最好選擇溫度係數相對好的 CBB 電容，而電阻應該選擇為精密電阻。

2. 積分器增益電阻 R_4 的選擇

由圖 8.2 可見,積分器增益電阻是積分器的輸入,AD2S80 在設計上規定,每當角度數據有 ± 1 LSB 變化時,積分器輸入電流必須為 100 nA/bit 才能使其輸出有效驅動 VCO 去調整計數值。因此 R_4 應該滿足

$$R_4 = \frac{\text{DCerror}(\text{mV/bit})}{100 \text{ nA/bit}} \Omega \tag{8.9}$$

這裏 DCerror 為相敏解調後的直流輸出。由於比率乘法及交流誤差放大倍數同分辨率有關,故 DCerror 也同分辨率有關。在不同分辨率下,DCerror 分別為

$$\text{DCerror} = 160 \times 10^{-3}(10 \text{ 位分辨率}), 40 \times 10^{-3}(12 \text{ 位分辨率})$$
$$10 \times 10^{-3}(14 \text{ 位分辨率}), 2.5 \times 10^{-3}(16 \text{ 位分辨率})$$

如果在交流誤差放大器和相敏解調器的輸入之間設置了帶通濾波網絡,則 R_4 應按如下方式選擇,即

$$R_4 = \frac{\text{DCerror}}{100 \times 10^{-9}} \times \frac{1}{3} \Omega \tag{8.10}$$

可見 R_4 的選擇同分辨率有關,如果想在綫改變分辨率設置,則必須同時更改 R_4 才能保証閉環系統前向通道的放大係數不變。

3. 參考信號輸入去耦網絡 R_3、C_3 選取

該網絡是為了消除參考信號中的直流分量和低頻干擾,R_3、C_3 選取原則是盡可能不產生有效相移。該網絡的頻率特性為

$$G(s) = \frac{R_3 C_3 s}{1 + R_3 C_3 s} \tag{8.11}$$

可見該網絡為一個高通濾波器,其轉折頻率為

$$\omega_c = \frac{1}{R_3 C_3} \tag{8.12}$$

為了保証該網絡相對於參考信號不會引入太大的相移並能有效濾除工頻干擾,應滿足 $2\pi \times 50 \leqslant \dfrac{1}{R_3 C_3} \ll 2\pi f_{\text{ref}}$,若先選好 R_3 的話,則 C_3 應按下式來選擇,即

$$C_3 \gg \frac{1}{2\pi R_3 f_{\text{ref}}} \tag{8.13}$$

在選擇 R_3 時還應該遵循如下原則:因為對相敏解調放大器來講,R_3 是該濾波網絡的輸出電阻,原理上這個電阻值應該遠遠小於相敏解調放大器的輸入電阻,以避免負載效應,故該電阻不宜選得太大。對於 2 000 Hz 頻率的參考信號,選 $R_3 = 51$ kΩ,$C_3 = 223$ 或 $R_3 = 100$ kΩ,$C_3 = 103$ 即可。這裏電阻最好選用精密電阻,電容選 CBB 電容,以保証參數相對穩定。

4. 速率調節電阻 R_6 的選取

由圖 8.2 可見,R_6 連接在 VCO 的輸入端,它是起限制 VCO 輸入電流的作用。VCO 是 AD2S80A 內部固有環節,是一個電流／頻率轉換器,其放大倍數為 7.9 kHz/μA。由於 AD2S80A 芯片設計上規定了 VCO 的最高工作頻率不能超過 1.1 MHz,因此其輸入電流最大不能超過 $\dfrac{1.1 \times 10^6}{7.9 \times 10^3} = 139$ μA。而流過 R_6 的電流由前級積分電路輸出電壓控制,設計上積分器的飽和電壓理論上固定為 ± 8 V,故 R_6 的最小值必須滿足

$$R_6 \geq \frac{8 \text{ V}}{139 \text{ }\mu\text{A}} \approx 57 \text{ k}\Omega \tag{8.14}$$

5. 系統帶寬參數 C_4、C_5、R_5 的選擇

由式(8.4)可見,閉環系統的帶寬由 C_4、C_5、R_5 的值決定。AD2S80A 規定,參考信號頻率同系統帶寬的關係見表 8.1。

表 8.1　AD2S80A 的分辨率同參考頻率與帶寬之比的關係

分辨率	參考頻率：帶寬
10 位	2.5 : 1
12 位	4 : 1
14 位	6 : 1
16 位	7.5 : 1

在選取以上三個參數之前,應先根據上表選擇系統帶寬,然後根據以下公式確定 C_4、C_5、R_5 的值。

$$C_4 = \frac{21}{R_6 \times f_{BW}^2} \text{ F} \tag{8.15}$$

$$C_5 = 5C_4 \tag{8.16}$$

$$R_5 = \frac{4}{2\pi f_{BW} C_5} \text{ }\Omega \tag{8.17}$$

6. VCO 的相位補償網絡 R_7、C_6 參數選取

R_7、C_6 網絡構成 VCO 的相位補償,一般選擇

$$R_7 = 68 \text{ }\Omega, C_7 = 470 \text{ pF} \tag{8.18}$$

7. 直流偏置調整網絡元件參數選取

圖 8.2 中電阻 R_8 和電位器 R_9 是為了調整 AD2S80A 積分器輸入的直流偏置,一般固定選取為

$$R_8 = 4.7 \text{ M}\Omega, R_9 = 10 \text{ M}\Omega \tag{8.19}$$

8.2.4　軸角變換器 AD2S80 的調零

在保證 AD2S80 所有外圍電路連接正確、參數選擇和設置合適的前提下,調試之前還需要對其進行調零。調零是為了消除相敏解調環節可能引入的直流分量,調零信號從積分器的輸入端(38 腳)接入。積分器具有加法器輸入結構,完成解調後的信號和調零信號的加法運算。

調零過程如下:將 AD2S80 同傳感器輸入斷開,1 腳同 4 腳短接,6 腳同 7 腳短接。上電後用示波器觀察 3 腳的輸出波形,調節外接的調零電位器,可以看到 3 腳會出現一個幅值較小并且隨調節變化的類似正弦波的波形,如圖 8.4 所示。調節調零電位器使該腳波形幅值為最小,即完成調零。一般性能較好的 AD2S80 在調完零後其 3 腳的波形幅值能控制在峰 - 峰值 50 mV 之內,但不同的芯片調零效果也會有所差別,對精度要求不高的應用場合只要將 3 腳波形幅值調節到波形峰 - 峰值最小就可以。

8.2.5　最高速率限制

AD2S80A 的最高速率限制主要取決於其內部 VCO 的最高輸出頻率限制。VCO 的輸出頻

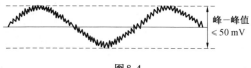

圖 8.4

率為 $T \cdot n$,這裏 T(轉/s)為轉速,n 為某個分辨率每轉輸出的脈冲個數,分別等於 1 024(10 位分辨率)、4 096(12 位分辨率)、16 384(14 位分辨率)及 65 536(16 位分辨率)。上面提到 VCO 的最高工作頻率不能超過 1.1 MHz,正常工作狀態下應保證 $T \cdot n \leq 1.1$ MHz,故應保證 $T \leq \dfrac{1.1 \text{ MHz}}{n}$。

AD2S80 可以通過 SC1、SC2 的不同設置來設置其分辨率。不同分辨率設置對應的 n 值不同,允許的角位置變化速率也不同。當設置為 16 位分辨率時,允許的最高角位置變化速率最小;設置為 10 位分辨率時,允許的最高角位置變化速率最高。就芯片本身而言,它的速度限制實質上是數據從 0000H 增大到 0FFFFH 的速度限制,所以最高限速的速度單位還同所使用的傳感器有關。對於 1 對極的旋轉變壓器來講,速率單位為轉/秒,對於 360 對極的感應同步器來講則為度/秒。

如果回轉運動速度在最高限速之下,則 AD2S80 的第 39 脚輸出波形如圖 8.5(a) 所示。可以看出它基本上是一個直流輸出,其平均值 V_{39} 的大小同運動速度成正比,因此可作為速率反饋信號來用。V_{39} 在最高速率下的正常輸出為 8 ~ 10 V。

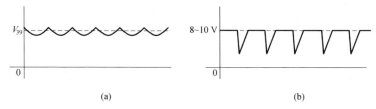

圖 8.5　動態下 AD2S80 第 39 脚輸出波形

當運動速度超過某個分辨率設置下的最高限速時,AD2S80 第 39 脚的波形則變為圖 8.5(b) 所示的那樣,出現異常,這時其 V_{39} 平均值將下降,該值已不再正確反映運動速度,AD2S80 系統將不能正常工作。

8.2.6　分辨率設置的注意事項

AD2S80 允許在綫更改分辨率設置來保証不同運動速度時獲得盡量高的角位置測量精度,但這樣的在綫分辨率切換時有一個問題必須引起注意,這就是 AD2S80A 的第 39 脚輸出是一個和回轉運動速度有關的直流電壓量,但同樣的轉速下不同的分辨率設置時,這個電壓值是不同的,分辨率高則電壓值高。比如同樣轉速下,10 位分辨率時第 39 脚的輸出電壓就是 14 位分辨率時的 $1/(2^{14-10})$ 倍。因此在低速運行狀態下將分辨率切換到比當前分辨率更低的分辨率時,39 脚的輸出電壓將會變得更小,故一般不會引起錯誤;但在高速運動狀態下將分辨率切換到比當前分辨率更高的分辨率時,則會造成系統不穩定。這是因為第 39 脚是閉環控制的積分器的輸出,也是 VCO 的控制輸入,在某個速率下運行時突然將分辨率設置為較高的分辨率,會造成該脚的輸出信號幅值突然增大,從而可能出現飽和(該脚輸出絕對值不能超過 8 V,飽和時其輸出波形將變為圖 8.5(b) 所示的那樣),所以在綫切換最好在静態下進行。

另一個需要說明的是不同分辨率設置時的輸出數據格式問題。當設置為較低分辨率時,16 位數據中的低位為無用位,將輸出"0",比如 12 位分辨率時,鎖存器輸出數據格式將是 XXXXXXXXXXXX0000B,而 14 位分辨率時,將是 XXXXXXXXXXXXXX00B。數據始終以高位對齊。

8.2.7 輸入信號接法同角度增大方向的關係及增大方向調整

采用旋轉變壓器和感應同步器作為一次儀表時,由於其輸出繞組並不分 COS 和 SIN,而且每相輸出也沒有 + / - 號之分(浮地),那麼如何連接才能得到預期的結果呢?

從原理上講,不同的接法將不僅造成同一角位置下數字角度輸出值不同,而且會造成 AD2S80 角度數據輸出增大方向同規定的運動正向不同。由於采用了計算機進行數據處理,很容易通過軟件實現數據輸出調整。角度數據增大方向的調整則有兩種方法:一是靠改變接綫方式來實現,另一是通過軟件處理實現。

1. 通過接線方式改變調整

AD2S80 的第 3 腳輸出信號 Acerror 是由其 SIN 輸入引腳的信號乘以 $\cos \varphi$,COS 輸入引腳的信號乘以 $\sin \varphi$ 處理後先進入其內部的差分放大器,然後再提供給相敏解調放大器的輸入端。假設激磁為 $\sin \omega t$,傳感器為感應同步器並設其輸出信號幅值為 1,則相敏解調放大器的輸入端信號為

$$\sin \theta \cos \varphi \cos \omega t - \cos \theta \sin \varphi \cos \omega t = \sin(\theta - \varphi)\cos \omega t \tag{8.20}$$

此處 θ, φ 分別表示真實的機械角度和測量得到的角度,當穩態時有 $\varphi = \theta$。

如果改變激磁信號接入的方向,則 AD2S80 的 SIN、COS 輸入端信號分別為 $-\sin \theta \cos \omega t$ 和 $-\cos \theta \cos \omega t$,則 ACerror 為

$$-\sin \theta \cos \varphi \cos \omega t + \cos \theta \sin \varphi \cos \omega t = \\ -\sin(\theta - \varphi)\cos \omega t = \sin(180° + \theta - \varphi)\cos \omega t \tag{8.21}$$

由上式可見,當改變激磁信號的接入方式時,測量得到的角度值將在原值上增加 180°,方向並不改變。

如果將傳感器分段繞組交換接入 AD2S80,則 ACerror 為

$$\cos \theta \cos \varphi \cos \omega t - \sin \theta \sin \varphi \cos \omega t = \cos(\theta + \varphi)\cos \omega t \tag{8.22}$$

可見交換後 AD2S80 測得的角度數據將會變為 $90° - \varphi_{原讀數}$,這時當原讀數增大時,新讀數將減小,故交換傳感器分段繞組接入時,將同時改變角度增大方向和讀數值。

如果將接入 AD2S80 之 SIN 端的信號方向改變,則 ACerror 為

$$-\sin \theta \cos \varphi \cos \omega t - \cos \theta \sin \varphi \cos \omega t = \\ -\sin(\theta + \varphi)\cos \omega t = \sin(180° + \theta + \varphi)\cos \omega t \tag{8.23}$$

可見改變接法後,新測得的數將為 $180° - \varphi_{原讀數}$,同時改變了讀數大小和方向。

同理,當將接入 AD2S80 之 COS 端的信號方向改變時,新測得的角度數將變為 $360° - \varphi_{原讀數}$,也會同時改變角度讀數大小和方向。

綜上所述,要改變讀數增大方向可以通過如下兩種方法實現:一是交換傳感器輸出繞組;二是交換 SIN 或 COS 任意一相的信號端。

這裏需要注意的是,精測的接綫改變需要在前置放大器之前實施。

2. 通過軟件處理調整

用軟件方式也可以改變讀數的增大方向。由於粗、精通道的角位置轉換輸出都是 16 位二進制數的形式,在具體實現時,按 65536 為模來對 AD2S80 輸出的數據進行求補處理,這樣當原始數據在某個運動方向上是增大的話,則求補後將變為減小。求補後的數據再去進行其他處理,如零位調整、數字補償及粗、精耦合等。

以上兩種方法各有優、缺點,在實際使用時可任選一種。

8.2.8　鑒幅式角位置數字測量系統整體硬件結構

鑒幅式角位置數字測量系統硬件設計主要包括三部分:

(1)AD2S80A 本身連綫及外圍電路設計。

(2)激磁電源部分硬件設計及角度反饋信號處理模擬電路硬件設計。

(3)粗、精通道耦合計算機處理部分硬件設計。

其中 AD2S80A 本身連綫及外圍電路設計在以上討論中已基本介紹完畢,以下不再贅述。整個系統的原理方框圖如圖 8.6 所示。

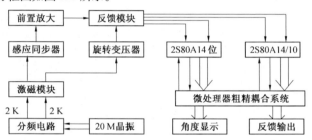

圖 8.6　基於 AD2S80A 的鑒幅式角位置數字測量系統整體構成

在具體實現時,旋轉變壓器反饋來的信號和一片 AD2S80A 構成粗測通道,感應同步器反饋來的信號和另一片 AD2S80A 構成精測通道。兩個通道分別同時輸出 16 位二進制數據,就是當前的角位置的粗值和精值。當選取 AD2S80A 為 14 位時,粗測的分辨率為 0.022°,精測通道的分辨率為 0.22″,這樣的精度完全能滿足一般回轉運動控制的要求。由於兩個通道互相獨立,要得到一個 360° 分辨率為 0.22″ 的角度值,還必須對粗測和精測值進行耦合處理。耦合處理采用單片機來實現,最後輸出一個數字量的絕對角位置信號。該單片機處理系統能同時輸出供顯示用的 7 位 BCD 碼表示的角度值和供反饋用的二進制角度值,并且可以根據外部設定進行定時測角。

8.2.9　鑒幅式角位置數字測量系統激磁電源及角度反饋信號處理模擬電路設計

1. 激磁電源設計

激磁電源采用 2 K 正弦形式,其基準來自 20 M 有源晶振。有源晶振輸出的是一個 20 MHz 的峰－峰值值約為 240 mV 的正弦波,該信號經過三極管放大及偏移處理形成一個 0 V ～ 4 V 左右的正弦波給數字分頻電路,得到占空比基本為 50% 的 2 K 方波信號。這個信號一方面作為整個測角系統的時間基准信號,另一方面提供給下級濾波電路,經過三級濾波處理得到一個較好的 2 K 正弦波輸出作為傳感器的激磁信號。該信號同時也作為 AD2S80A 的參考輸入,其原理方塊圖如圖8.7所示。

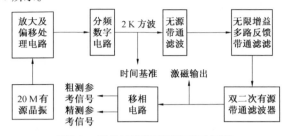

圖 8.7 激磁電源部分硬件原理方框圖

由圖8.7可見,此部分涉及兩種性質的電路,既有數字電路又有模擬電路,但設計上都相對比較簡單。數字電路主要是分頻,采用專用的2－5分頻計數器構成10 000分頻,從20 M得到2 K的方波。模擬電路主要是濾波電路,可以參見第7章的帶通濾波設計,此處不詳細討論,下面只給出設計中的一些主要注意事項說明。

(1)數字分頻得到的2 K方波一定要盡量保证占空比接近50%,這樣有利於後續濾波電路處理及得到較好的2 K正弦波形。

(2)無限增益多路反饋帶通濾波器只能得到$Q(Q \leq 5)$值比較低的濾波效果,故要再加一級雙二次帶通濾波器,它的Q值可達到100以上,濾波效果比較好。

(3)帶通濾波器電路,尤其是高Q值的帶通濾波電路對參數變化十分敏感,若使用環境溫度有所變化導致電阻、電容值發生漂移,從而導致帶通濾波器中心頻率發生改變,造成激磁信號幅值產生較大的衰減。因此有關帶通濾波器的外圍元器件必須選精度高、溫度係數好的器件,電阻選0.1%的精密電阻,電容選雲母電容。

(4)雙二次帶通濾波器是由三個運算放大器構成的,其中一個要采用大功率運算放大器,如LM12CLK或其他類似的器件,提供給傳感器的激磁信號要從這個大功率運放的輸出引出。

(5)給AD2S80的參考輸入信號從激磁經過移相電路處理後得到,但粗參考信號和精參考信號的移相特性相反,一個為滯後移相,另一個為超前移相。這主要有兩方面的考慮:一是精參考同粗反饋信號相位上互差90°,必須加入超前移相,另外粗、精通道都加移相是為了調整各自AD2S80A參考信號同其對應的SIN、COS輸入信號之間的相位差,以減小誤差。

2. 角度反饋信號處理電路設計

角度反饋信號分為粗通道和精通道兩部分。

粗測通道反饋回來的信號來自旋轉變壓器,其幅度較大,因此不必經過前置放大處理,但考慮到該信號為"浮地"信號、信號內阻較大并且經過長綫傳輸,故後續放大處理電路必須采用差動放大形式,而且差動放大電路的輸入電阻不能太小。在電路設計及參數選取上盡量保证兩路增益匹配,處理後的信號要保证其最大值為峰－峰值5.6 V(有效值2 V),以滿足AD2S80A對輸入信號的要求。

精測通道來自感應同步器,兩路輸出為微小弱信號,故必須就近在傳感器附近先進行前置放大處理,然後再進行信號傳輸。同樣地,在後續放大處理電路上,也要保证兩路特性匹配并保证其最大值為峰－峰值5.6 V(有效值2 V),然後再提供給AD2S80A。

這兩部分電路設計相對簡單,可參考第7章的有關部分,此處不再詳細叙述。但有如下幾個問題值得注意:

（1）粗測通道兩路增益可以設計為不可調節,其誤差補償可以通過粗、精耦合處理的計算機進行數字補償。

（2）精測通道必須設計為增益可調形式,以便進行幅值不等時的誤差補償;同時還必須留出供幅值不正交二次諧波誤差補償的接口和干擾造成的一次諧波誤差補償的電路接口。

（3）反饋通道的元件盡量采用高精度、溫度係數好的元器件,以免溫度變化造成電路特性漂移,影響測角精度。

8.2.10　鑒幅式角位置數字測量的誤差分析及補償

鑒幅式角位置數字測量系統的誤差分為長週期誤差和短週期誤差兩種。長週期誤差主要是由於感應同步器的安裝存在傾斜和偏心造成的,一般表現為一次諧波形式。短週期誤差主要分兩大部分:傳感器本身的製造誤差和變換綫路誤差。因為精度取決於精測通道,故這裏的傳感器是指感應同步器;變換電路的誤差則主要包括綫路本身兩路信號放大倍數不同引起的誤差、AD2S80 參考信號同正、餘弦信號之間的相位差引起的誤差、兩相信號綫路間的互相干擾及激磁對兩相繞組的干擾引入的誤差[42]。

一般地,長週期誤差不是誤差的主要成分。當感應同步器安裝調試滿足一定的要求後,角位置數字測量系統的誤差主要由短週期誤差構成,誤差補償將主要針對短週期誤差進行。但值得注意的是,如果由於某種原因誤差中確實存在不可忽略的長週期誤差分量,在進行短週期誤差補償時,必須先剔除長週期誤差分量,否則將得不到預期的補償效果。

1. 短週期誤差分析及補償

感應同步器的製造誤差主要包括電勢幅值誤差和兩相分段繞組空間不正交造成的誤差,即零位誤差。電勢幅值誤差表現為同樣激磁下,兩相分段繞組輸出的最大值不相等;正交誤差同鑒相式不同,不是指在分段繞組上感應出的信號之間相位不正交,而是指幅值上的不正交,即表現為一相幅值最大時另一相幅值不為 0。

根據文獻[43]、[44] 可知,感應同步器的電勢幅值誤差造成的測角幅值誤差具有如下形式

$$\Delta \alpha_{D1} = \frac{1}{2} \Delta e_0 \sin 2\alpha_D \qquad (8.24)$$

其中 $\Delta \alpha_{D1}$ 為兩相電勢幅值誤差造成的測角誤差,Δe_0 為感應同步器兩相電勢幅值誤差,α_D 為實際的角位置變量。可見,兩相電勢幅值誤差造成的測角誤差具有二次正弦形式。

傳感器的正交零位誤差造成的幅值不正交誤差具有如下形式

$$\Delta \alpha_{D2} = \frac{1}{2} \Delta \alpha_0 + \frac{1}{2} \Delta \alpha_0 \cos 2\alpha_D \qquad (8.25)$$

其中 $\Delta \alpha_{D2}$ 為正交零位誤差造成的測角誤差,$\Delta \alpha_0$ 為感應同步器的正交零位誤差,α_D 為實際的角位置變量。由式(8.25)可見,傳感器的正交零位誤差造成的幅值不正交誤差具有一個常值誤差叠加一個二次餘弦的形式。

傳感器本身的製造誤差造成的測角誤差則主要是以上兩種誤差的綫性叠加。

從傳感器分段繞組輸出的兩相信號必須經放大處理後才能接入 AD2S80,一般,這兩個信號在時間軸上不存在相位差,經過放大綫路也幾乎不會引起相位差,某些位置觀察到的兩個波形會有 180° 的相位差,它實質上並不是時間軸上的相位差,而是幅值變號引起的。但為了避免傳輸過程中引入的相差,可以在處理綫路中加入專門的移相電路來矯正。需要強調一點

的是:如果兩相真的存在相位差,它對測角誤差的影響也不同於鑒相式測角的兩相激磁不正交的影響。

假設傳感器本身不存在製造誤差,放大綫路存在兩相放大倍數不一致也會造成所謂的幅值誤差,它的表現形式同上面式(8.24)完全一樣。而一般電子綫路的調整精度遠遠高於傳感器的製造精度,因此可以通過調整放大綫路的增益來補償傳感器的此類誤差。

放大處理綫路本身一般不會造成上面所講到的幅值不正交誤差,但可能存在兩相信號之間的互相耦合干擾,這種耦合干擾會造成一相幅值最大時另一相幅值不為0。同樣,假設傳感器本身不存在製造上的正交零位誤差,這樣的耦合干擾造成的測角誤差也具有同式(8.25)完全相同的形式。因此,可以通過人為地引入兩相之間的互相干擾來補償傳感器的正交零位誤差造成的測角幅值不正交誤差。

在綫路中還可能存在激磁信號對兩相輸出信號的同頻率耦合干擾,這點同鑒相式測角相同。所不同的是,其干擾相位的影響不像鑒相式測角那麽嚴重,這是因為AD2S80內部的相敏解調器本身對不同於參考信號相位的干擾具有較好的抑制能力,所以這裏只關心同頻率同相位的干擾。對於同相位的干擾造成的測角誤差具有如下形式

$$\Delta\alpha_{D3} = \varepsilon\sin\alpha_D \text{ 或 } \Delta\alpha_{D3} = -\varepsilon\cos\alpha_D \qquad (8.26)$$

可見其造成的測角誤差具有一次諧波的表現形式。

對於這樣的干擾造成的測角誤差,可以通過人為地引入參考(或激磁)部分分量叠加到兩相輸出上來補償。

除了以上幾種因素會造成測角誤差外,AD2S80本身的參考信號同兩相輸入信號之間的相位差也會造成一定的測量誤差,它造成的測角誤差具有如下形式[42]

$$\Delta\alpha_{D4} = \frac{1}{4}\Delta\varphi^2\sin 2\alpha_D \qquad (8.27)$$

其中:$\Delta\varphi$ 為參考同輸入信號的相位差。

由於一般在電路設計時,為了調整參考同輸入信號的相位,參考信號是通過一個移相電路後接入到AD2S80芯片的,可以通過調整該移相電路來消除參考同輸入信號的相差。另外,由於這個相差可以調整到很小的範圍之內,$\Delta\varphi$ 是個極小的值,而 $\Delta\alpha_{D4}$ 同 $\Delta\varphi$ 的平方成比例,故此誤差在綫路調整好後幾乎可以忽略。

2. 長週期誤差分析及補償

長週期誤差一般通過調整感應同步器的安裝誤差來消除,但有時難以通過機械調整達到預期的要求,這時可以通過計算機進行長週期補償。有關長週期的補償問題參見下節的相關論述,此處不詳細討論。

8.2.11　雙通道測角數據耦合處理

前面講到的雙通道角位置測量系統,由裝在同一軸上的旋轉變壓器和感應同步器分別作為粗通道和精通道的角度傳感器,其中粗測通道由於分辨率低,可測得大範圍的角度值,而精測通道則可以精密測量小範圍的角度值,將二者組合即可得到大範圍的高分辨率、高精度的角度值。這種雙通道的測角系統的優點是既可以獲得很高的測量精度,又能使測角系統具有確定的空間起始零位。由於兩個通道在實踐中相對獨立,因此不能簡單地將測得的兩組數據組合起來,為了從這兩組數據中得到正確的角度測量,必須進行粗、精耦合。過去的粗、精耦合一般采用的是硬件實現,很難消除傳感器本身和機械安裝等造成的非規則確定性誤差,而且不能

實現其他更多和更先進的功能。這裏介紹一種基於微處理器的粗、精耦合處理方法,它不僅簡化了測角系統的設計,改善了可靠性,而且能方便地實施濾波、補償功能,有利於提高測角系統精度[45]。

1. 粗、精耦合原理

首先假設粗通道誤差最大不超過 0.4°,這在目前技術條件下完全可以實現。耦合原理如下:比較兩通道的 0.1° 的位值,若其差的絕對值小於或等於4,則說明當前誤差沒造成粗測 0.1° 位向 1° 位的錯誤進位或借位,故不必對粗測 1° 位進行修正。

當粗、精 0.1° 位的值差絕對值大於4,由於粗測誤差規定不大於 0.4°,則說明粗測誤差造成其 0.1° 位對其 1° 位錯誤的進位或借位,故須對粗測 1° 位進行修正。修正原則如下:

(1) 若粗測 0.1° 位值大於精測 0.1° 位值,則說明誤差造成粗測 0.1° 位向其 1° 位借位,故應給粗測 1° 位加 1。

(2) 若粗測 0.1° 位小於精測 0.1° 位值,則說明粗測 0.1° 位向 1° 位有錯誤進位,故應給粗測 1° 位值減 1。因為在實際系統中不可能出現粗、精 0.1° 位之差為5,所以以上判別法則中未考慮這種情形。

2. 粗、精耦合計算機處理硬件設計

未經耦合的粗、精測角數據已由測角系統其他部分提供,同時工作模式設定由鍵盤給定並經鎖存供耦合處理讀取,測角系統的鎖存脈衝也提供給單片機作為外中斷信號。

粗、精耦合系統不僅要完成雙通道數據采集與處理,而且要完成定時測角的角度顯示和十六進制形式的數據輸出。因此,它在硬件上應具有以下內容:粗精通道位碼的數據采集部分、定時測角和十平均設定讀入部分、8 位 BCD 碼角度信息顯示、32 位十六進制角度輸出、中斷計數輸入和數據準備好輸出。

微處理器采用80C196單片機,角度數據采集用4個74LS244來實現,定時測角和十平均設定用一片74LS244完成,8 位 BCD 碼角度顯示用4個74LS377實現,32 位十六進制角度值通過4片74LS374輸出,它的輸出允許信號分高、低十六位,分別由外部地址經譯碼提供。外部中斷輸入信號即是頻率 2 K 的角度鎖存脈衝,同時在80C196單片機系統處理完全部運算時給數據采集與處理的其他設備提供一個數據準備好信號,經80C196單片機的 PWM 信號綫給出。根據以上討論可得其硬件原理[45],如圖8.8 所示。

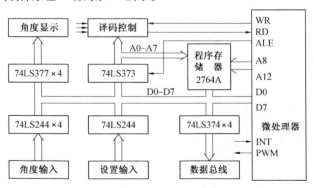

圖 8.8　基於微處理器的粗、精耦合硬件原理框圖

3. 粗、精耦合計算機處理軟件設計

測角系統對粗、精耦合的基本要求是:

(1) 系統復位時以 0.5 s 週期進行耦合處理,並完成一次顯示與角度數據輸出。

(2) 定時測角能根據鍵盤給定完成若干種定時測角功能,按照給定的處理週期完成耦合處理與角度顯示和輸出。

(3) 十平均處理功能。當位置到位或停時,控制系統給出一個電平信號要求測角系統做十平均處理運算,即每 0.1 s 采集一次數據,連續采集 10 次數據並累加求和、平均處理後再輸出,以消除測角系統的隨機誤差和噪音。這部分處理過程相對復雜,但要求必須在 0.5 ms(一個採樣定時週期) 內完成。

(4) 補償處理。根據外部基準,針對整個測角系統做出其誤差曲線,然後分段擬合,計算機根據擬合曲線實時計算當前角度誤差值進行補償,以提高精度。在程序設計時,把十平均處理設定為高優先級。在 2 K 方波的角度鎖存信號上昇沿會產生一次中斷請求,進入中斷後,微處理器首先判斷是否是十平均,若是則轉入十平均處理,否則為定時測角。定時測角又分 11檔,程序進一步判斷是哪一檔並轉至相應的處理,以下分別討論。

4. 十平均處理

一旦進入十平均處理,則子程序讀取雙通道測角值,將 8 位 BCD 碼轉化為十六進制數,並與上次值進行求和,將結果存貯在一個暫存寄存器裏,然後判斷是否已經 10 次。若是則開始粗、精通道各自的平均運算,再進行耦合處理,最後將二進制碼轉化為 BCD 碼送顯示,同時輸出十六進制角度值。若不足 10 次則只進行數據讀取及求和即中斷返回,等待下一次讀取。

在十平均處理過程中,允許測角系統將工作模式改變為定時測角。但每次中斷響應進入十平均處理時,必須等待本次處理結束後方可進入定時測角。這時十平均處理中的和結果寄存器清零,本次結果無效,下一次十平均開始時重新開始求和運算。進入定時測角時對十平均的有關寄存器應初始化。

在十平均處理中,有一個特殊問題需要引起注意,這就是過零現象。對於粗通道,當實際的機械角度在絕對零位附近時,進入十平均後由於隨機干擾或外界擾動,可能出現十次數據中讀到若干次值為 359. XXXX°,另外若干次則為 0. XXXX°,如果不加處理而直接求和平均則會得到完全錯誤的結果。對於精通道也存在這樣的問題,即十次讀數中有若干次為 0.999X°,而其餘讀數為 0.000X°,不加處理也會出現同樣的平均錯誤。

設測角系統由於擾動造成的粗通道最大角度變化為 α,精通道最大角度變化為 β。對於粗通道,當機械位置在絕對零位附近停止時,則可能測得的角度一定在 $(360° - \alpha)$ ~ α 之間;而對於精測通道來講,在每個整度數附近可能讀到的值一定在 $(1° - \beta)$ ~ β 之間。α、β 可以根據實際情況來定,一般而言設定 $\alpha \leqslant 1°$、$\beta \leqslant 0.001°$ 足夠。程序處理時分別記下十次數據中粗角度數據大於等於 0 小於 α,精角度數據大於等於 0 小於 β 的個數 m、n,然後分別在粗通道十次數據之和和精通道十次數據之和上分別加上 3 600m 和 10 000n,再進行十平均處理。但這樣處理又會引起另外一個問題,這就是雖然粗、精的讀數可能分別出現 m 次和 n 次數據處於 0° ~ α,0° ~ β 的數,並不一定說明粗、精數據正處於過零狀態,也有可能是處於 α、β 附近,這時如果分別再加 3 600m 和 10 000n 到粗、精之累加和上,也會出現錯誤。為瞭解決這個問題,可以先對粗、精之和做一個判斷。判斷是否真的處於過零狀態的依據是:如果粗通道真的是處於過零狀態,則其餘 10 - m 個數據一定是 $(360° - \alpha)$ 之間的值,同樣如果精通道真的是處於過零時,則其餘 $10-n$ 個數據一定是($1°-\beta$)之間的值。由於 $\alpha \ll 360°$,$\beta \ll 1°$,當粗、精實際位置處於 α、β 附近時,則其十次累加之和一定遠小於過零時的十次累加之和,以此可以正確判斷角度位置是否真的處於過零狀態。

基於以上討論,十平均處理過程設計如下:

每次讀到粗、精兩個通道的角度值後,首先判別粗、精通道數據是否分別小於 α 和小於 β,是則分別記下,然後分別進行求和運算。接着判斷粗、精累加和是否分別大於各自的某個設置的閾值,大於則在各自的累加和上分別加 3 600m 和 10 000n。這樣處理得到的平均值可能分別大於 360° 和 1°,這時應再進行 360° 和 1° 溢出處理。注意:一定要先對粗、精兩通道分別進行平均處理,然後再進行耦合,否則會因隨機性造成處於耦合邊緣的角度值 1° 位以後的值跳字。

5. 定時測角

進入定時測角後,進一步判別當前的時間設定,以執行相應的處理程序。定時測角將以 0.5 ms 週期作為基本的計時單元,設立一個 11 種狀態計數常數表,共占 22 個字的微處理器 RAM 單元。同時開闢出 22 個字的暫存空間,用以存放 11 種狀態的中間計數結果。

程序進入定時測角後首先判別當前定時的計數器是否為 0,即定時一個週期是否結束,若沒結束則計數器減 1 後中斷返回,否則讀取兩個通道數據並轉化為十六進制數,進行耦合處理。在耦合處理時可能會遇到過零現象,其處理方法是:若粗測值的 1° 位修正後出現等於或大於 360°,則當零處理;如果修正前整數位為 0°,則減 1 修正後應作為 359° 處理。完成耦合後,將二進制數化為 BCD 碼送顯示並送十六進制輸出,最後返回中斷,等下一定時開始。

程序允許在一個定時未完成前更換定時設置,并且不清除有關的暫存寄存器,等下一次同類定時有效時接着原來的值繼續計數。這樣會造成該定時開始的第一個週期輸出不足一個週期,但這不會造成其他不利影響,却有利於簡化軟件設計。根據以上討論可得圖 8.9 所示的程序框圖。

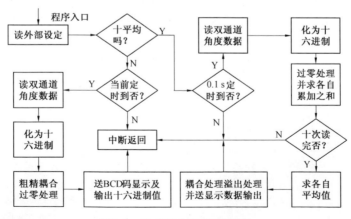

圖 8.9　粗、精耦合處理程序框圖

整個耦合處理系統具有如下優點[45]:

(1) 能消除硬件偶發性錯誤,提高可靠性。

(2) 能方便地對傳感器本身和機械安裝等造成的確定性誤差實施補償,提高測角精度。

（3）在不增加硬件的前提下實現定時測角。

（4）能同時給出 BCD 碼和十六進制碼,這為今後控制系統數字化提供了極大方便;而且在角度定位時對角度測量值能自動進行濾波處理,有利於數字控制時角位置靜態剛度和位置控制精度的提高。

（5）在不改變硬件條件下可任意添加測角系統功能,系統可塑性強。

8.3　　基於旋轉變壓器及感應同步器的混合式雙通道測角系統原理及實現

這種方式的粗測原理及硬件設計同上面講到的鑒幅式完全相同,粗、精耦合處理也完全相同,故此處對這兩部分內容不再詳細討論。而精測則完全不同,它采用雙相激磁、單相輸出的鑒相方式來實現 0.000 1° ~ 0.999 9° 的小角度測量的二進制值,同基於鑒幅式的粗測通道輸出值耦合後得到全周範圍的分辨率為 0.000 1° 的二進制角度反饋值和 BCD 碼表示的角度顯示值。下面將詳細討論其精測通道的原理及硬件設計。

8.3.1　精測角系統基本原理

精測系統采用雙相激磁方式,系統主要包含以下幾個部分:精密激磁模塊,角度編碼模塊和定角計時模塊。其總體結構如圖 8.10 所示。

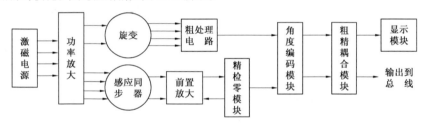

圖 8.10　混合式角位置數字測量系統總體結構圖

精測部分大致原理是,激磁產生兩相幅值相等相位正交的正弦波給感應同步器提供激磁信號,通過感應同步器產生一個正弦的反饋信號。這個反饋信號同激磁的一相信號進行比相,得到代表角度位置的相位信息,然後用 20 M 時鐘信號進行填充,直接得到數字形式的角度位置信息。

8.3.2　閉環激磁電源設計

粗精通道的激磁電源都采用 2 K 的激磁頻率。為方便起見,采用一套激磁綫路。它的基本原理是由高穩定度(2×10^{-8}) 帶溫度補償的 20 MHz 的石英晶體振盪器給出基准信號,然後經過數字分頻得到 2 K 方波及其他有用的時鐘信號,再對 2 K 方波進行 90° 移相處理,得到兩路互差 90° 的方波,經過濾波處理得到正、餘弦激磁信號給測角系統的一次儀表。從誤差分析可知,兩相激磁的幅值、相位及失真度對測角精度有很大影響,因此在設計激磁電源時必須使以上三個指標都滿足一定的要求。

原理上我們可以通過綫路設計及其元器件選擇上進行匹配,以保證兩相激磁的幅值相等、相位正交,但為了滿足失真度的要求,應在兩相激磁綫路中加入各種濾波器尤其是高 Q 值的帶通濾波[46]。由於這些綫路中的元器件參數會隨時間和溫度發生漂移,而且其變化係數很難做到一致,即使選取的元器件參數、質量保證對稱,但實際操作過程中根本無法完全保證這一點,故必須采用閉環激磁的方案,即在電路中引入 AGC 和 APC 電路,以保证元器件參數變化及選配不對稱時仍能保證滿足幅值相等和相位正交以及失真度的要求。閉環激磁電源原理方塊圖如圖 8.11 所示。

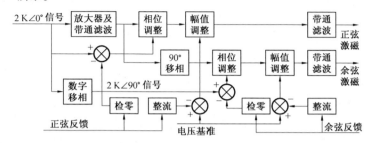

圖 8.11　閉環激磁電源原理示意

從圖 8.11 可見,AGC 電路的構成是在正、餘弦兩路中加入自動調節環節。綫路根據基準電壓和反饋電壓的有效值比較,得到誤差信號,用於調整自動調幅電路的放大倍數,保證無論發生怎樣的參數漂移激磁電壓都鎖定在這個基準上。同時在每相回路中也加入自動相位調整環節,將反饋來的相位同數字分頻得到的 ∠0° 信號,∠90° 信號比較得到相位誤差,送去調整每相的相位值,保證加到一次儀表的上的電壓相位一直鎖定在數字分頻得到的 ∠0° 信號,∠90° 信號的相位上,從而保證激磁電源相位的正交度。

在設計閉環激磁時,還必須注意以下問題。

(1) 雖然在綫路中加入了閉環控制,而且采用了積分校正,這樣可以保證對前向通道中的干擾的抑制,但對反饋通道中的干擾却無法做到完全抑制,因此這部分綫路的元器件選取還必須進行仔細配對。另外在設計閉環系統帶寬上也要進行考慮,盡量保證其具有較寬的帶寬,以消除反饋通道元器件的不對稱及參數漂移造成的影響。為此,系統帶寬選為 100 Hz,相位裕度為 60°。

(2) 從圖中可見,APC 電路的指令信號分別來自 ∠0° 信號,∠90° 信號,因此為保證相位正交,必須嚴格保證數字移相的精度,這部分電路也必須進行精確的選配和調試。

1. 正、餘弦激磁的基本信號發生

高穩定性、低失真度的正、餘弦信號產生是整個激磁電源設計的關鍵環節之一,它不僅直接影響到最後激磁信號的失真度,并且無論是幅值閉環還是相位閉環的偏差信號經處理後都要作用到以正、餘弦信號為基礎的調控電路上。

正、餘弦信號是由 2 K 方波信號經過各種濾波、放大等處理得來的,其原理見圖 8.11 所示的前向通道部分。其中閉環外的部分包含一級簡單的帶通濾波、兩個雙 T 帶阻網絡、兩級低通濾波電路,這部分電路的功能是從 2 K 方波得到一個相對良好的正弦波形,這個正弦波形即是激磁的基本信號。將這個波形進行 90° 移相,得到兩路基本正交的正、餘弦波形,然後分別經過各自的可控增益調整放大網絡、可控移相網絡、一級高 Q 值無限增益多路反饋帶通濾波及功率放大環節,最終得到兩路具有幅值和相位閉環控制的正、餘弦波形。下面討論基本信號的發生及處理電路設計。

這裏第一級濾波器采用中心頻率為 2 K 的無源帶通濾波器及同相放大電路構成,具體電路設計如圖8.12 所示。

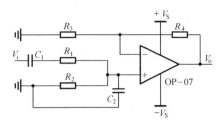

圖 8.12　帶通濾波電路

通過分析可知它的傳遞函數為

$$G(s) = \frac{GBs}{s^2 + Bs + \omega_0^2} \qquad (8.28)$$

該帶通濾波器的增益、中心頻率和帶寬分別為

$$G = \frac{R_3 + R_4}{R_3} \cdot \frac{R_2 C_1}{R_1 C_1 + R_2 C_2 + R_2 C_1}, \quad f_0 = \frac{1}{2\pi\sqrt{R_1 R_2 C_1 C_2}}, \quad B = \frac{1}{R_1 C_1} + \frac{1}{R_2 C_2} + \frac{1}{R_1 C_2} \quad (8.29)$$

該濾波器的幅相頻特性圖如圖8.13 所示,輸入輸出曲線如圖8.14 所示[46]。

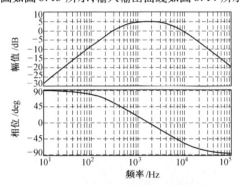

圖 8.13　第一級帶通濾波器的幅相頻特性圖

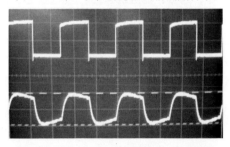

圖 8.14　第一級帶通濾波器的輸入輸出曲線

第二級濾波器為兩個雙 T 帶阻濾波器,主要阻隔方波中含有的 6 K 和 10 K(三次和五次)諧波,具體電路如圖 8.15 所示。

該雙 T 網絡的傳遞函數為

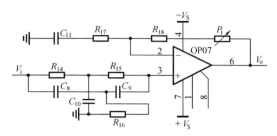

图 8.15　雙 T 帶阻濾波網絡

$$G(s) = \frac{(R_{14}^2 C_8^2 s^2 + 1)\ [(R_{18}C_{11} + P_1C_{11} + R_{17}C_{11})\ s + 1]}{R_{14}^2 C_8^2 R_{17}C_{11}s^3 + (2R_{14}C_8R_{17}C_{11} - 2R_{14}C_8R_{18}C_{11} - 2R_{14}C_8P_1C_{11} + R_{14}^2C_8^2)\ s^2 + (R_{17}C_{11} + 2R_{14}C_8)\ s + 1}$$

(8.30)

令 $R_{14} = R_{15} = R, C_8 = C_9 = C$，則其中心頻率 f_0 為

$$f_0 = \frac{1}{2\pi RC}$$

(8.31)

放大倍數 A_{up} 為

$$A_{up} = 1 + \frac{R_{18} + P_1}{R_{17}}$$

(8.32)

其幅相頻特性圖如圖 8.16 所示。

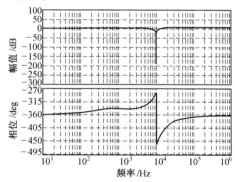

图 8.16　帶阻濾波器幅相頻特性圖

　　實際測量的波形如圖 8.17 所示，其中左圖是阻 6 K 諧波的效果圖，右圖是阻 10 K 諧波的效果圖，在兩幅圖中上面的波形均為進入雙 T 網絡前的波形，下面的波形均為從雙 T 網絡輸出的波形。

　　經帶阻濾波器輸出後再經過兩級低通濾波器就可以得到失真度較好的正弦波。低通濾波器的電路如圖 8.18 所示。

　　其傳遞函數為

$$G(s) = \frac{\dfrac{R_{21}}{R_{19}} \cdot \dfrac{1}{R_{21}R_{20}C_{12}C_{13}}}{s^2 + \dfrac{1}{C_{12}}\left(\dfrac{1}{R_{19}} + \dfrac{1}{R_{20}} + \dfrac{1}{R_{21}}\right) s + \dfrac{1}{R_{21}R_{20}C_{12}C_{13}}}$$

(8.33)

通過式(8.33)可得低通濾波器的截止頻率 f_c 為

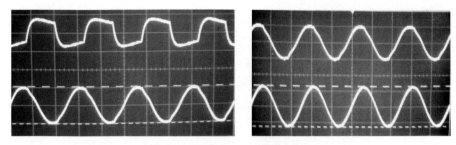

圖 8.17　帶阻濾波器輸入輸出曲綫

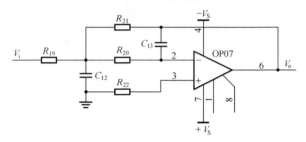

圖 8.18　無限增益多路反饋低通濾波網絡

$$f_c = \frac{1}{2\pi\sqrt{R_{21}R_{20}C_{12}C_{13}}} \tag{8.34}$$

放大倍數 A_{up} 為

$$A_{up} = \frac{R_{21}}{R_{19}} \tag{8.35}$$

其幅相頻特性圖如圖 8.19 所示。

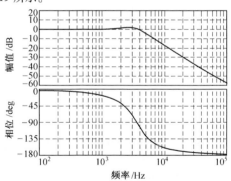

圖 8.19　低通濾波器的幅相頻特性圖

　　進一步將低通濾波器的輸出波形進行 90° 移相處理,然後再分別經過可控增益調整放大和可控移相處理,由於涉及閉環控制,并且其設計相對簡單此處不詳細討論,具體的電路放在閉環部分說明。

　　信號經壓控調幅、調相電路輸出後進入高 Q 值的帶通濾波電路,它是提高閉環激磁電源失真度的關鍵環節,其具體電路見第 7 章圖 7.15,其幅相頻特性曲綫如圖 8.20 所示。圖 8.21 給出兩個通道（正、餘弦）經過帶通濾波器的輸出曲綫。

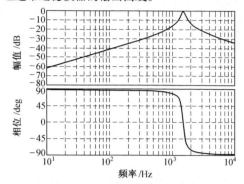

圖 8.20　帶通濾波器的幅相頻特性圖

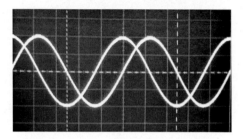

圖 8.21　最終得到的正、餘弦激磁電壓波形

2. 幅值閉環系統設計

為保証激磁信號的幅值精度和抗干擾性，用一個帶有積分環節的負反饋系統來控制激磁信號的幅值大小[46]。激磁幅值閉環的方框圖如圖 8.22 所示。

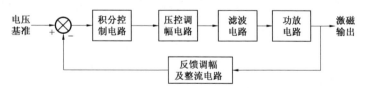

圖 8.22　激磁幅值閉環方框圖

從圖 8.22 中可以看到，從功放輸出上獲取的反饋信號經過整流後與給定的電壓基準做偏差，偏差信號經過積分環節後作用到頻率為 2 K 的正餘弦信號上搆成壓控調幅電路，在壓控調幅電路中利用光敏電阻作執行元件實現對信號幅值的控制。從壓控調幅電路輸出的信號再經過濾波電路和功放電路後輸出，形成閉環。為了保証兩路激磁信號幅值相等，把餘弦信號的電壓鎖定在基準電壓上，正弦信號的電壓鎖定在餘弦信號上，這樣就在原理上保証了兩路激磁信號的幅值相等。在這裏將對餘弦信號幅值閉環的各環節進行分析，正弦信號同理。

（1）整流電路

從功放輸出獲取的反饋信號先經過調幅電路和整流電路，調幅電路位於反饋回路便於調整輸出信號的幅值大小，保証電壓輸出的峰峰值滿足後面測角元件的要求，同時在補償短週期二次諧波誤差中也將起到重要作用。整流電路是將激磁反饋的正弦信號轉變成直流信號,電路如圖 8.23 所示。

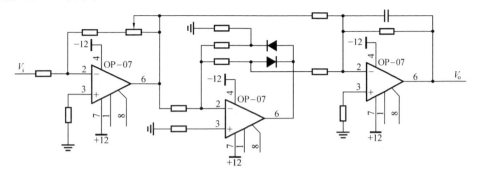

圖 8.23　整流電路

在閉環回路中整流電路可以用一階慣性環節近似為

$$G_1(s) = \frac{1}{T_1 s + 1} \tag{8.36}$$

其中轉折頻率可以用頻率特性法測出。實際測得的整流電路輸入輸出曲綫如圖 8.24 所示,其中上面的曲綫為整流後輸出的直流信號。

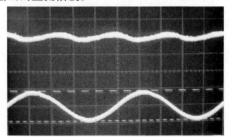

圖 8.24　整流電路輸入輸出曲綫

(2) 壓控調幅電路

經整流電路輸出的直流量與基準電壓作比較形成偏差信號,為了抑制前向通道中的干擾,偏差信號經過一個積分環節後與餘弦信號結合形成壓控調幅電路。在壓控調幅電路中偏差信號通過對光敏電阻的控制來調整輸出信號的幅值,壓控調幅電路的原理圖如圖 8.25 所示。其模型可以用一階慣性環節來近似表示為

$$G_2(s) = \frac{K_1}{T_2 s + 1} \tag{8.37}$$

當把慣性環節看成是小時間常數來處理時,整個壓控調幅環節可以近似成增益環節 K_1。從圖 8.25 中可以看到壓控調相單元與壓控調幅單元共用一套綫路,所以在計算幅值回路的開環傳函時必須考慮到調相電路的特性,在這裏把調相電路傳函近似為增益 K_2 來處理。

圖 8.25 中采用的光敏電阻為 MG01 型光電耦合器。光電耦合器是用發光二極管或白熾燈泡作輸入端,輸出端則為光敏電阻器的組件。入射光起觸點作用,通過電－光－電的轉換從而構成一個無觸點可變電阻和開關,具有無機械噪聲、性能穩定、長壽命和高靈敏的特點。

本設計中所采用的光電耦合器的輸入輸出特性見表 8.2。

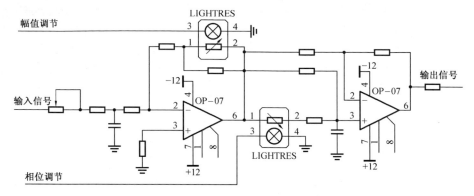

圖 8.25　壓控調幅電路

表 8.2　MG012－22 輸入輸出特性

輸入端		輸出端		
正向額定工作電流／mA	正向電壓／V	正向額定工作電流下亮阻／kΩ	暗阻／MΩ	額定功率／mW
10	2 ±0.5	≤ 2	≥ 2	20

（3）幅值閉環特性分析

由於濾波電路和功放電路只對 2 kHz 附近的信號起到濾波和功率放大作用，所以在數學模型上可以把它們一并用增益 K_3 來近似處理，這樣整個幅值閉環系統的開環傳遞函數為

$$G(s) = G_1(s) \cdot \frac{1}{s} \cdot K_1 \cdot K_2 \cdot K_3 = \frac{K_1 K_2 K_3}{s(T_1 s + 1)} \tag{8.38}$$

在環路設計時考慮到光敏電阻是一個非綫性環節，必須對它進行綫性化。根據表 8.2 中光敏電阻的輸入輸出特性，這裏對光敏電阻在輸入電壓為 2 V 附近作綫性化處理，所以必須把偏差信號的大小控制在 2 V 左右。

在對激磁信號幅值的控制中雖然在綫路中采用了閉環控制，而且采用了積分校正，但對反饋通道中的干擾却無法做到完全抑制，因此這部分綫路的元器件選取還必須進行仔細配對。另外，在設計閉環系統帶寬上也要進行考慮，盡量保証其具有較寬的帶寬，以消除反饋通道元器件的不對稱及參數漂移造成的影響，此處幅值閉環的系統帶寬選為 100 Hz，相位裕度為 60°。

3. 相位閉環系統設計

把激磁的正餘弦信號分別鎖定在分頻出來的 ∠0°，∠90° 信號上，這樣就保証了兩相激磁信號的正交性。在本文中相位鎖定用閉環控制來實現，下面將對餘弦綫路相位閉環的各環節進行分析，正弦信號同理。圖 8.26 為相位控制系統方框圖。

從圖 8.26 中可以看到，系統從功放的輸出獲取反饋信號，信號經檢零電路後變成方波並與 ∠90° 信號在鑒相器中做偏差，偏差信號經泵電路轉變為直流量并作用到 2 K 的餘弦信號上搆成壓控調相電路。在壓控調相電路中利用光敏電阻作執行元件實現對信號相位的控制。從壓控調相電路輸出的信號再經濾波電路和功放電路後輸出，形成閉環。

從功放輸出獲取的反饋信號首先經過調相電路和檢零電路。調相電路作用在反饋回路可

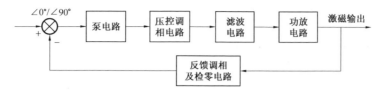

圖 8.26　激磁相位閉環方框圖

以微調整個閉環輸出的相位,以確保兩相激磁信號的正交度,并且在出現由相位不正交引起的短週期二次誤差時,可通過調相電路調整相位來消除誤差。檢零電路的作用是把反饋信號整形成方波,電路原理圖如圖 8.27 所示。

　　由於檢零電路只是從正弦波到方波的波形轉換工作,所以可以把檢零電路看作是增益為1 的單元。圖 8.28 為在檢零電路上實際測得的輸入輸出曲綫,其中圖 8.28 上方的波形為輸入信號,下方的波形為輸出信號。

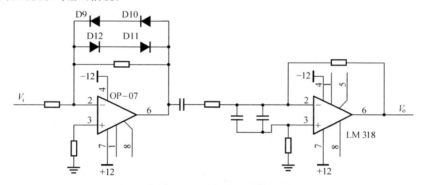

圖 8.27　檢零電路原理圖

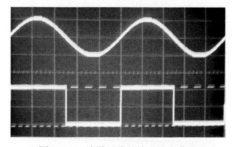

圖 8.28　檢零電路的輸入輸出曲綫

（1）鑒相器及泵電路

　　從檢零電路輸出的方波信號與 ∠90° 信號在鑒相芯片中作比較形成偏差信號。雙沿鑒相器可由 74LS51 構成。具體的電路可查閱相關的文獻,此處不詳細介紹。

　　從鑒相器輸出的偏差信號經由泵電路後轉變為直流量,根據相差大小的不同,直流信號的幅度也不同。泵電路原理圖如圖 8.29 所示。

　　當 A、B 都為高電平時,Q_1、Q_2 導通,Q_3、Q_4 截止,電容 C_1 不充電也不放電,輸出保持低電平。當相位滯後時鑒相器 A 端為低電平,B 端為高電平,這時 Q_1、Q_4 截止,Q_2、Q_3 導通,電容正向充電,輸出為高電平,其電容充電時間與相位差大小有關。當相位超前時,則與前面的情況相反。

從鑒相器的相差輸入到泵電路的輸出電流之間,實際就是相位差到電流的兩電路增益關係。為了測量兩電路的增益大小,在開環時用精密鑒相器和電流表分別測量鑒相器的輸入端和泵電路的輸出端,記錄當相位變化時泵電流輸出電流的有效值。根據測試得到的增益為

$$K_4 = 33.4(\text{A}/1°) \tag{8.39}$$

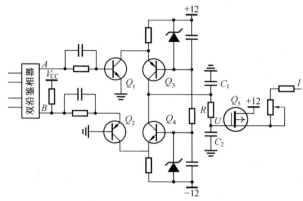

圖8.29 激磁電源相位閉環中的泵電路原理圖

在泵電路的輸出端增加了一個如圖 8.30 所示的濾波電路,它與泵電路的充放電電容共同構成了整個相位閉環中的控制器。設泵電路輸出為 I,濾波電路輸出為 U,則根據圖 8.30 有

$$I = I_1 + I_2 \tag{8.40}$$

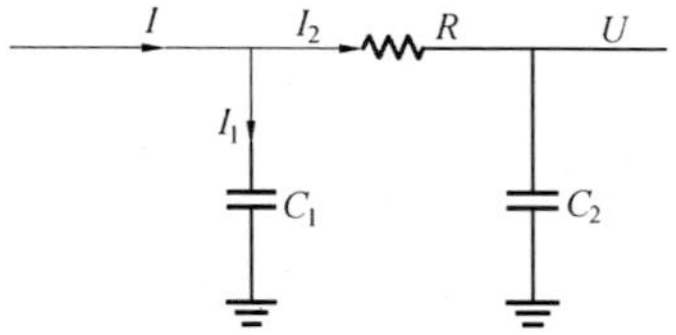

圖8.30 控制器電路

$$U = I_2 \frac{1}{C_2 S} \tag{8.41}$$

$$I_2 R + I_2 \frac{1}{C_2 S} = I_1 \frac{1}{C_1 S} \tag{8.42}$$

經整理得到 U/I 的傳遞函數為

$$G_3(s) = \frac{1}{(C_1 + C_2) s \left[1 + \dfrac{RC_1 C_2}{C_1 + C_2} s \right]} \tag{8.43}$$

在實際設計時令 $R \ll \dfrac{1}{C_1} + \dfrac{1}{C_2}$,則式(8.43) 可簡化為

$$G_3(s) = \frac{1}{(C_1 + C_2) s} = \frac{K_5}{s} \tag{8.44}$$

由式(8.44) 可見,相位閉環的控制器也包含一個積分環節。

（2）相位閉環特性分析

相位閉環中的壓控調相電路可用一階慣性環節近似,同壓控調幅電路一樣,在把慣性環節當成是小時間常數來處理時,整個壓控調相環節可以近似成增益 K_6,而壓控調幅電路在相位閉環中則近似為增益 K_7。因此,整個相位閉環的開環傳遞函數可表示為

$$G(s) = \frac{K_5 K_6 K_7}{s} \tag{8.45}$$

由式（8.45）可知,整個相位閉環也是一個 I 型系統,這就保証了對輸入基准信號的跟踪誤差為零。實際的閉環激磁正、餘弦輸出波形如圖 8.31 所示。

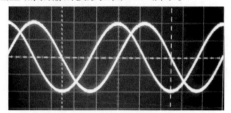

圖 8.31　閉環激磁兩相輸出信號

8.3.3　精測反饋前置放大器設計

由於感應同步器輸出的信號比較弱,而且信號還必須經過滑環長綫傳輸,故如何進行處理既能保証信號足夠大又不引入過多的噪音是十分關鍵的[36]。

前置放大器的位置應緊挨着感應同步器的輸出安放,以避免過長的引綫引入大的干擾,經過放大的信號再通過滑環引出。前置放大采用瞭高精度的儀表放大器 AD624 來完成,它不僅具有差分輸入,而且集成度高,還可以通過簡單的外部接綫調整獲得很大的放大倍數。因此,它不僅有較大的共模抑制比,而且不易引入其他的干擾噪音。為進一步抑制干擾還在其輸出級加入了一級低通濾波,并且整個放大器設置在一個嚴格屏蔽的金屬盒裏,其走綫也要進行嚴格的雙絞屏蔽及良好的接地處理。從動態角度考慮,由於在運行時感應同步器的輸出信號頻率發生變化,因此該放大器的帶寬應足夠寬,以保証在 2 kHz ±400 Hz 的頻率段內該放大器不致引入過大的相移,給測角系統造成誤差。該放大器的帶寬設計為 200 kHz 左右。

8.3.4　精測反饋回路的濾波、檢零電路設計

精角度編碼電路是一個數字電路,而角位置傳感器輸出的卻是模擬信號,要將角位置的模擬信號變為能夠數字處理的數字信號,必須經過檢零模塊。檢零模塊實際上是一個高靈敏度的過零電壓比較器,它將來自角位置傳感器的正或餘弦信號變為方波信號,而這個方波信號包含着實際的角位置信號。同時該模塊內還將對 $\angle 0°$ 方波進行處理,以獲得兩路脈冲 $\angle 0°$ 和 $\angle \varphi$,這兩個脈冲之間的相位差即為角位置值。此兩路脈冲作為主要的輸入信號提供給下一級的角位置編碼模塊。

在這裏需要特別注意的是,由於反饋信號中難免包含一些高頻干擾,在進行檢零前一定要對反饋信號加濾波處理。濾波電路最好采用帶通濾波器,但考慮到帶通濾波會引入附加相移,并且由於反饋信號頻率會隨運動速度變化而變化,帶通濾波器引入附加相移也將是變化的量,無法通過其他方式補償;因此帶通濾波器的帶寬必須設計的稍寬一些,而且中心頻率附近的平坦段也最好寬些,其幅、相頻率特性應具有如圖 8.32 所示的形式。

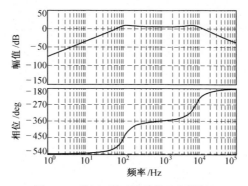

圖 8.32　精測反饋通道的帶通濾波特性

　　為了得到如圖 8.32 的頻率特性,這裏的帶通濾波器最好采用高、低通濾波器串聯的方式實現,而不要直接采用類似無限增益多路反饋等一級帶通濾波器的實現方式。高、低通濾波器的轉折頻率以運動速度範圍為設計依據,以保証整個速度範圍內,該帶通濾波器不會造成太大的幅值及相位變化,尤其是相位的變化。具體的電路設計可參見第 7 章的濾波器設計,此處不再贅述。

　　檢零電路就是一個高放大倍數的過零比較電路,也比較簡單,故此處也不給出具體的實現電路。

8.3.5　混合式雙通道測角系統角度編碼電路硬件結構原理

　　每個通道的角位置編碼電路實際上是由四個串行進位的十進制計數器和相應的寄存器搆成的,粗精通道各自獨立,採樣週期選為 1 kHz。精通道選 20MHz 脈冲作計數脈冲,由 $\angle 0°$ 和 $\angle \varphi$ 作為計數的開門和關門信號,分別獲得分辨率為 0.000 1° 的以 BCD 碼表示的精位置計數值,鎖存在 16 位寄存器裏;粗通道直接采用 AD2S80 軸角變換電路獲得粗測的 16 位二進制的角度值,同樣鎖存在另外的 16 位寄存器裏,以便粗、精處理模塊讀取,進行耦合處理,其原理圖如圖 8.33 所示。由於該電路相對簡單,此處不給出其具體的電路設計。

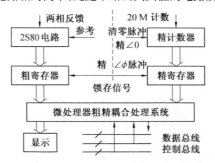

圖 8.33　混合式雙通道測角系統角度編碼電路原理圖

8.3.6　混合式雙通道測角系統的輔助功能設計

1. 定時測角及實時速率輸出功能設計

定時測角功能直接在粗、精耦合計算機處理裏完成,基準脈冲週期為 0.5 ms 或者 1 ms,計算機對這個脈冲進行計數處理,每當定時時間到後再更新角度顯示。實時速率發生是按照 1 s 採樣相鄰時間間隔的角度信息,然後進行差分,作為實時的角速率,輸出到前面板。

2. 定角計時功能設計

定角計時包括兩部分內容:一部分是基準脈冲發生電路,另一部分是時間計數電路。角度基準是根據系統提供的 ∠0° 方波、∠90° 方波和 ∠φ 方波變換得來,其中用到的 1 M 時鐘來自總時鐘 20 M 分頻,直接得到的是 0.5° 方波,作為基準脈冲。測角系統輸出的 1°,10° 和 360° 脈冲則由這個 0.5° 基準脈冲分頻得來。由於 1° 輸出可能由於轉臺速率不平穩造成前後沿不穩定,故必須對這個脈冲先進行濾波整形處理方可應用。

時間計數電路由 7 個 2 - 10 進制計數器實現,其中包含 4 個計數時鐘的選擇,分別是 0.1 s,0.01 s,1 ms 和 0.1 ms。計數控制來自所選擇的 1°、10° 和 360° 脈冲,4 個時間分辨率作為計數時鐘。得到的時間計數值分兩個通道輸出,一路直接送顯示,另一路供上位機讀取。角度間隔和時間分辨率的設置由上位機來控制。同理,為了減小電路板體積,角度脈冲發生電路和時間計數電路等可用一個 EPLD(EMP7128S) 來完成。

值得說明的是,采用此方法得到的角度脈冲存在原理性誤差,角速度越高其誤差越大。實踐經驗表明,當激磁頻率 2 K 時,角速度 ±400°/s 以下能得到正確的角度脈冲,超過這個限制則會出現錯誤。

8.3.7　誤差補償參數調試方法

當采用圓感應同步器作為其一次儀表,其精度主要取決於感應同步器本身的製造、安裝工藝和變換電路的精度。隨着微電子技術的飛速發展,變換電路的精度可以得到不斷的改善,而感應同步器的製造和安裝精度因受到加工工藝的限制而難以再進一步提高,而且一旦感應同步器製造完畢,則其製造誤差便不可調整,安裝誤差雖然能夠通過整定、轉子的相對位置來消除,但却相當有限和麻煩。由於感應同步器的誤差很大成份都具有一定的規律和確定性,因此可以通過外部變換電路補償方法加以消除或抑制。補償技術不僅可以進一步提高角位置測量系統的精度,而且可以降低對感應同步器的製造及安裝精度的要求。角位置測量系統誤差是各種有害因素共同作用的結果,過去在實踐中如何根據測得的誤差曲綫來具體區分各種誤差的量從而進一步確定補償參數缺乏理論指導,誤差補償的調試往往帶有很大的盲目性,因而既浪費時間又難以獲得較為理想的效果。本節裏將詳細分析基於感應同步器的角位置測量系統的誤差表現形式,討論其誤差補償參數調整的理論依據,給出一種快捷準確的補償調試方法,為提高角位置測量系統精度及縮短精度調試週期提供便利[47]。

1. 感應同步器測角系統短週期誤差表現形式及補償原理

感應同步器的短週期誤差中能夠方便補償的是分段繞組刻綫空間位置不正交及安裝傾斜造成的二次諧波和干擾引起的一次諧波。假設變換電路具有理想特性,則根據文獻[43]、[44] 可知,其細分誤差主要表現為二次諧波形式,表示如下

$$\Delta\alpha_D = \frac{1}{2}\Delta\alpha_0 - \frac{1}{2}\Delta\alpha_0\cos 2\alpha_D + \frac{1}{2}\Delta e_0\sin 2\alpha_D +$$

$$\sum_{m=1,2\cdots} \Delta e_v\sin 4m\alpha_D \tag{8.46}$$

其中 $\Delta\alpha_0$ 為正交零位誤差, Δe_0 為兩相電勢幅值誤差, Δe_v 為函數誤差, $\Delta\alpha_D$ 為合成後的誤差, α_D 為角位置變量。

實際應用中,激磁發生電路產生的兩相激磁本身存在相位不正交、幅值不相等,同時兩相之間也會存在耦合干擾,這種耦合干擾也會造成相位不正交和幅值不相等,誤差分析時可統一按照激磁兩相的相位不正交和幅值不相等來考慮。根據分析,變換電路的這兩種因素造成的誤差在形式上同式(8.46)完全相同,表示如下

$$\Delta\alpha'_D = \frac{1}{2}\Delta\alpha'_0 - \frac{1}{2}\Delta\alpha'_0\cos 2\alpha_D + \frac{1}{2}\Delta e'_0\sin 2\alpha_D +$$

$$\sum_{m=1,2\cdots} \Delta e'_v\sin 4m\alpha_D \tag{8.47}$$

實際的誤差為 $\Delta\alpha_0$ 和 $\Delta\alpha'_0$ 的綫性疊加,若令

$$\Delta\alpha'_0 = -\Delta\alpha_0, \Delta e_v = -\Delta e'_v \tag{8.48}$$

則可以完全消除誤差中的二次分量。當然,要實現這一目的,變換電路應具有高於感應同步器的分辨率和精度,就目前的技術水平講,這一點完全可以滿足。因此,在實際調試中可以人為地調整變換電路的參數滿足式(8.48),從而達到利用變換電路來補償感應同步器誤差的目的。

一次諧波誤差主要是由變換電路在分段繞組和連續繞組間產生的電氣耦合及激磁信號中的二次諧波造成的,其表示如下

$$\Delta\alpha''_D = \Delta\alpha\sin(\alpha_D - \alpha) \tag{8.49}$$

其中 $\Delta\alpha$ 為一次諧波誤差的幅值, α 為其相位。

對於雙相激磁單相輸出的測角系統來講,以上造成一次諧波誤差的因素等效為在反饋電壓中引入一個同頻率的干擾電壓,可表示為

$$u'_o = u_o + u_d = U_o\sin(\omega t + \alpha_D) + U_d\sin(\omega t + \beta) \tag{8.50}$$

其中 u'_o 為實際的反饋電壓, u_o 為理想的反饋電壓, u_d 為干擾電壓, β 為干擾電壓的相位。由於造成一次諧波誤差的因素具有確定性,故 β 為一固定的值。

式(8.50)可用矢量法表示為圖8.34所示的形式。圖8.34中 α_D 為真實角度值, α'_D 為實測角度值。

由以上討論可知,既然干擾電壓為疊加在反饋電壓上的確定量,則可以從外部人為引入一個補償電壓

$$u'_d = U_d\sin(\omega t + 180° + \beta) \tag{8.51}$$

即可消除一次諧波誤差。

2. 補償參數確定

由以上討論可見,式(8.46)中的 $\Delta\alpha_0$, Δe_0 具有確定性但卻未知,那麼要進行補償則必須先由誤差曲綫得到 $\Delta\alpha_0$, Δe_0。由於實際誤差曲綫中既含有相位誤差又含有幅值誤差,在調試時到底應如何分別調整變換電路的相位和幅值無法確定,因此往往盲目試湊,給調試帶來極大的不便。同樣,當測角系統硬件確定後,式(8.50)表示的干擾電壓的幅值和相位也是定常而未知,而且同二次諧波補償參數相比更具有隨機性,調試的盲目性更大。下面將進行詳細的理

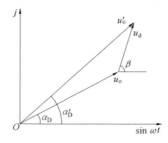

圖 8.34　一次諧波誤差機理矢量表示

論分析,給出確切的補償參數。

3.誤差曲綫的傅裏葉分解

基於外基準所得的誤差曲綫含有各次諧波,因此無法直接從該曲綫確定感應同步器相位、幅值誤差的大小和安裝等造成的一次諧波誤差的大小,從而進一步確定補償參數。

考慮到誤差曲綫為一週期函數,故可以利用傅裏葉分析將其分解為一次、二次和高次諧波,以便確定補償參數。根據傅裏葉分析可知,誤差曲綫可表示為如下形式的傅氏級數:

$$e(\alpha_D) = \frac{\alpha_0}{2} + \sum_{k=1}^{n} [a_k \cos k\alpha_D + b_k \sin k\alpha_D] \tag{8.52}$$

則一次諧波和二次諧波的傅氏級數係數為

$$a_1 = \frac{2}{n} \sum_{i=1}^{n} e(\alpha_{Di}) \cos \alpha_D , b_1 = \frac{2}{n} \sum_{i=1}^{n} e(\alpha_{Di}) \sin \alpha_D \tag{8.53}$$

$$a_2 = \frac{2}{n} \sum_{i=1}^{n} e(\alpha_{Di}) \cos 2\alpha_D , b_2 = \frac{2}{n} \sum_{i=1}^{n} e(\alpha_{Di}) \sin 2\alpha_D \tag{8.54}$$

其中 $e(\alpha_{Di})$ 為誤差曲綫的採樣值,n 為採樣次數。

這一處理過程可以通過計算機軟件來完成,使用者只需將誤差曲綫的採樣序列輸入給該程序,即可得到式(8.53)和式(8.54)的係數,進一步利用下面討論的方法自動給出補償參數值。

4.二次諧波補償參數確定

從式(8.46)可見,以感應同步器零位為初始相位,相位誤差表現為帶直流分量的餘弦形式,而幅值誤差表現為正弦形式。以 360 對極感應同步器為例做出其曲綫如圖 8.35 所示。

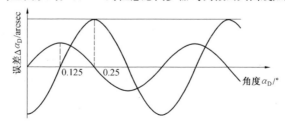

圖 8.35　二次諧波誤差曲綫示意

根據圖 8.35 可以得出如下幾點結論:

(1) $\alpha_D = 0$ 時,無論是相位不正交還是幅值不相等都不會造成測角細分誤差。

（2）$\alpha_D = 0.125°$ 時，二次諧波誤差中不含有相位造成的誤差，僅有幅值誤差，其值為 $A_s = 1/2\Delta e_0$。

（3）$\alpha_D = 0.25°$ 時，二次諧波誤差中不含有幅值造成的誤差，僅有相位誤差，其值為 $A_c = \Delta\alpha_0$。

利用本節 3 中的方法可求得變換電路相位和幅值的補償量 $\Delta\alpha'_0 = -2b_2$，$\Delta e'_0 = -2a_2$。

這裏有一點必須引起注意，即在做誤差曲綫時，起測點必須為 $\alpha_D = 0$。這是因為不同的起測點所得的二次諧波的相位不同，但傅裏葉分解所得的正、餘弦的相位却不變，只是係數發生變化。若以任意起測點所得到的 a_2 和 b_2 來調整補償參數，則將得不到預期的補償效果。

5. 一次諧波補償參數確定

由以上討論可知，一次諧波是由等效叠加在反饋電壓中的干擾電壓造成的，但在實際調試中却不知其幅值和相位具體是多少，其信息包含在一次諧波誤差曲綫中。一次諧波誤差補償參數的確定即是根據本節 1 中所得到的一次諧波誤差來計算式（8.51）中的 β 和 U_d。

這是一個反問題求解，而且不像二次諧波補償那樣，它涉及兩個不同物理含義的坐標係之間的轉換，為此必須先弄清楚干擾電壓同其造成的誤差曲綫的關係。

為了分析方便，作出圖 8.36 所示的反饋電壓矢量圖及其對應的一次諧波誤差曲綫。其中誤差曲綫的橫軸為角位置，縱軸為角位置誤差，而且誤差必須定義為（實際值 − 理想值）的形式。矢量圖中，順時針為角度增大方向（這是由鑒相方式決定的）。

從矢量圖上可見：

（1）角位置變化一個電週期時，反饋電壓的幅值和角位置誤差都呈一次諧波形式。

（2）在位置 2、3 處，干擾電壓同理想的反饋電壓同相或反相時並不造成測角誤差，因此這兩處對應於圖 8.36（a）和圖 8.36（b）所示的一次諧波曲綫的兩個過零點。其中一個稱為同相點，另一個稱為反相點。

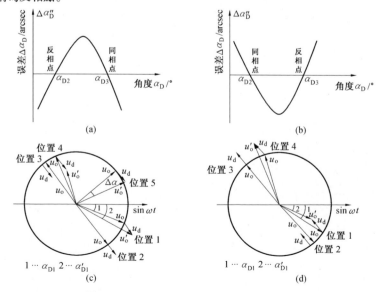

圖 8.36　干擾電壓同一次諧波誤差的關係

（3）在圖 8.36（c）位置 5 處,干擾電壓同理想反饋電壓正交,此時造成的角位置誤差最大為

$$\Delta\alpha = \sin^{-1}\frac{U_d}{U'_o} \tag{8.55}$$

其中 U'_o 表示實際反饋電壓的幅值。

（4）圖 8.36（c）中,位置 1 為小於同相點角位置的位置,此時實測的角度值 α'_{D1} 大於理想的角位置值 α_{D1};圖 8.36（d）位置 4 為大於同相點的位置,此時實測值小於理想值。這說明誤差曲線中負向過零的點為同相點,此時 u'_o 的相位即是干擾電壓的相位。

（5）同理,分析圖 8.36（c）的位置 4 和圖 8.36（d）的位置 1 可得,誤差曲線上的正向過零點為反相點,此時反饋電壓的相位同干擾電壓反相,即為補償電壓的相位。

綜上所述,測量一次諧波的正向過零點處的反饋電壓的相位即得補償電壓的相位。進一步測得誤差最大點處(圖 8.36 中的位置 5 處)反饋電壓的幅值 U'_o,根據傅裏葉分析得到的 a_1、b_1,利用

$$U_d = U'_o\sin(\sqrt{a_1^2 + b_1^2}) \tag{8.56}$$

即可近似求得補償電壓的幅值。

6. 一、二次諧波誤差補償的調試方法

由上面的討論可知,一、二次諧波的誤差補償參數可以通過計算求得,然後進行離綫調整,也可以基於以上討論的方法根據誤差曲線進行在綫調整。這兩種方法在實際調試中各有優缺點,可依具體情況取舍。對於二次諧波的誤差補償調試,采用第一種方法有如下缺點:

（1）在測量誤差曲線時必須將兩相激磁電源調到理想狀態。

（2）補償量 $\Delta e'_o$,$\Delta\alpha'_o$ 的符號不易確定。

（3）由於兩相激磁不可能調到絕對理想,實際的誤差曲線中可能還含有變換電路造成的誤差,故由計算得到的補償量可能得不到理想的補償效果。因此,不推薦使用離綫法進行二次誤差補償。對於一次誤差補償來講,采用兩種方法均可。

下面給出具體的調試步驟。

（1）斷開激磁的餘弦相,用電壓表量測反饋電壓,轉動感應同步器轉子,使反饋電壓變到 0 後鎖緊,將外基準(光管)對 0,確定起測點。

（2）恢復連綫,在一個電氣週期內均勻選適當多的採樣點做誤差曲線。

（3）利用以上 3 中討論的傅裏葉分析方法,求取一次誤差曲線的正向過零點對應的角位置以及一次誤差的幅值 $\Delta\alpha$,同時求取二次誤差諧波的 A_c 和 A_s(A_c 和 A_s 均為有符號數)。

（4）將感應同步器轉子轉到距起測點電氣角度 90° 的位置處鎖定,在綫調整激磁電源的兩相相差,使測角系統數顯表讀數減小 A_c。

（5）將感應同步器轉子轉到距起測點電氣角度 45° 的位置處鎖定,在綫調整激磁電源的一相幅值,使測角系統數顯表讀數減小 A_s。

至此即完成二次諧波的誤差補償調試。

（6）將轉子轉到一次誤差曲線的正向過零點對應的角位置處鎖定,用相位計量取補償加入點處的反饋電壓的相位(以 $\sin\omega t$ 為基準)即得補償電壓的相位,離綫調整補償電路。或用雙踪示波器在綫調整補償電路的相位,使其與此位置處的反饋電壓同相即完成補償電壓相位的調整。

(7) 用電壓表量取補償加入點處反饋電壓的幅值,利用式(8.56) 計算得補償電壓的幅值 $U_{\rm d}$,離綫調整補償電路參數,使其幅值為 $U_{\rm d}$ 即完成補償電壓確定。加入補償電路即完成一次諧波補償調試。也可在(6) 之後預先加入補償電路,然後將感應同步器轉子從正向過零點朝角度增大方向轉 90° 電氣角鎖定,在綫調整補償電壓幅值大小,使數顯讀數比原來減小 $\sqrt{a_1^2 + b_1^2}$ 來一次完成補償電壓的確定和整個一次誤差補償的調試。

7. 關於一次諧波長週期誤差補償

以上討論了短週期的 1、2 次諧波誤差的調試方法。理想的情況下,我們認為感應同步器每個 1° 之內的特性具有很好的一致性并且一般其整度數誤差同細分誤差相比可以忽略,因此短週期的數據都是從 360° 範圍內測得。一般感應同步器的製造上不會有很大的長週期誤差,但當感應同步器安裝上同時存在偏心和傾斜,則會在測試數據中帶進長週期誤差甚至突跳點,因此在用以上方法進行短週期誤差補償前,應先看看是否有長週期誤差或突跳點,有的話則應先剔除長週期誤差和突跳點,否則將得不到預期的結果。

目前長週期誤差只能通過計算機來補償。補償可根據具體情況采用 10° 一補或者 1° 一補。這裏必須強調一點,由於采用計算機補償,勢必存在離散化問題,它會造成補償後的交界度數附近出現小的異常。如若采用 10° 補償,在 9° ≤ θ < 10° 加 2,而在 10.9° ≤ θ < 11° 加 3 的話,則當當前未補償的數為 9.999 9° 時,加上補償量會得到 10.000 1°,而當未補償的數為 10.000 0° 時,補償後的值則為 10.000 3°,這時測角系統就得不到 10.000 2° 這個值。另一種情形是在交界點附近不同的位置點得到兩個相同的值。

8.3.8　混合式角位置數字測量的動態誤差及自動補償

前面介紹了静態時精測通道鑒相式角位置數字測量的誤差來源及誤差補償調試方法。但大量的實驗表明,綫路干擾噪音對反饋波形的影響也會引起測量誤差。由於反饋信號的波形失真直接造成測角讀數跳字,它對測角系統静態精度的影響比激磁的影響還要大。而同激磁相比反饋信號更易受到干擾。因此為了提高静態精度,應在反饋通道裏引入高 Q 值的帶通濾波器。但是由於實際系統中帶通濾波器的阻容元件會隨溫度和時間變化而產生漂移,從而導致其中心頻率的變化;而且回轉運動過程中,感應同步器的輸出信號頻率也是變化的,這種變化會導致濾波器環節引入的相位滯後變化。因此不論是濾波器中心頻率改變還是信號頻率變化都會直接造成大的測角誤差,而且 Q 值愈高造成的誤差愈大。解決這一問題的方法之一是采用高、低通濾波器串聯搆成帶通濾波器,但這種方法難以獲得高 Q 值的濾波效果,給進一步提高静態精度造成障礙。為此下面討論一種相位閉環補償方法,它不僅能抑制時、溫漂的影響,而且能補償信號頻率變化造成的帶通濾波器附加相移變化,保證測角系統同時獲得高的静、動態精度[48]。

1. 動態誤差分析

在感應同步器測角系統中,反饋信號幅值一般在毫伏級,因此其本身的信噪比很低,而且信號源內阻較大,故其前置放大處理電路必須具有高輸入阻抗、高放大倍數。這種電路特別容易耦合進干擾,其輸出信號質量很差,因此電路中應加入高 Q 值帶通濾波器,根據高 Q 值帶通濾波器的頻率特性可知,當實際電路中的阻容元件發生時、溫漂時,其中心頻率會發生變化;這時若信號頻率不變,該電路會造成幅值尤其是相位的劇烈變化,從而造成大的測角誤差,即使其中心頻率不變,回轉運動過程中,反饋信號的頻率也會變化,同樣會造成如上的誤差,這就是

所謂的動態誤差,下面詳細分析。對於具有 N 對極的感應同步器,設其雙相激磁為

$$u_A = U\sin \omega_0 t, u_B = U\cos \omega_0 t \tag{8.57}$$

其中 ω_0 為激磁頻率。則感應同步器的輸出為

$$u_f = U/k_u \sin(\omega_0 t \pm N\theta) \tag{8.58}$$

其中 k_u 為感應同步器的電壓傳遞係數;θ 為機械角位置,單位為 rad。

若回轉體以角速度 $\omega_T(\text{rad/s})$ 勻速轉動時,則式(8.58)進一步表示為

$$u_f = U/k_u \sin(\omega_0 \pm N\omega_T)t \tag{8.59}$$

由式(8.59)可見,當回轉體勻速轉動時,感應同步器的輸出信號的頻率將發生變化。

設反饋通道前置處理電路的傳遞函數如下:

$$G(s) = \frac{K_0(\omega_c/Q)s}{s^2 + (\omega_c/Q)s + \omega_c^2} \tag{8.60}$$

其中 K_0 為電路增益,ω_c 為帶通濾波器的中心頻率,Q 為電路的品質因數。

由式(8.60)可得該電路引入的相移為:

$$\varphi(\omega) = \tan^{-1} Q(\omega_c/\omega - \omega/\omega_c) \tag{8.61}$$

當 ω 在 ω_c 附近作微小變化時,造成的相移變化為:

$$\Delta\varphi = \frac{d\varphi}{d\omega}(\omega)\mid_{\omega=\omega_c} \Delta\omega = -Q(\omega_c^2 - 1)/\omega_c^3 \Delta\omega \tag{8.62}$$

若選激磁頻率 $\omega_0 = 2\,000$ Hz,則 $\omega_c = 2\,000$ Hz,此時由於 $\omega_c^2 >> 1$,結合式(8.59)則式(8.62)可進一步簡化為:

$$\Delta\varphi = -\frac{Q\Delta\omega}{\omega_c} = \mp \frac{QN\omega_T}{\omega_c} \tag{8.63}$$

從式(8.63)還可知,Q 值愈大則信號頻率的微小變化造成的相移變化愈大。舉例來講當某個實際系統的 $Q = 5$, $\omega_c = 2\,000$ Hz, $N = 360$,當 $\omega_T = 200°/s$ 時,則由式(8.63)計算可得此時帶通濾波器引入的測角誤差為 $286''$。

2. 測角系統的動態誤差補償

由上面1的分析可見,反饋通道裏加入的帶通濾波器對測角系統的精度尤其是動態精度有很大的影響,因此必須加以補償。從原理上講,由於帶通濾波器引入一定的相移,若能夠在反饋通道裏再引入一個壓控移相器,通過在綫檢測該通道的相移變化,實時調節該移相器的控制電壓就可進行在綫補償,達到閉環自動補償的目的。根據這一思想給出了圖8.37所示的動態誤差閉環自動補償原理結構圖。

從圖8.37可見,帶通濾波器後引入了一個反相器,這是因為一般帶通濾波器引入的相移為滯後相移,而下面將討論的壓控移相器提供的相移也為滯後相移,無法進行補償。加入一級反相後,其輸出將超前帶通輸入,這樣就可以用移相器進行補償,使圖中的輸出信號相位同輸入信號相位一致。另外圖8.37中的U4單元電路用來設置整個系統的靜態工作點,當電路無干擾時,系統工作在此靜態工作點上。其實在實際應用中,這一單元電路可省去,系統的靜態工作點可通過 U3 單元電路的積分初值來設定。

(1)壓控移相器設計

圖8.38給出一種壓控移相器實現電路。根據運算放大器原理列寫節點方程如下

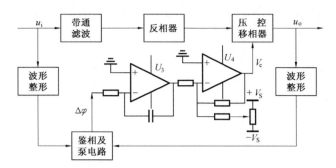

圖 8.37　動態誤差閉環補償原理結構圖

$$V_1 sC + \frac{10V_i}{R} + \frac{10V_2}{R} = 0 \tag{8.64}$$

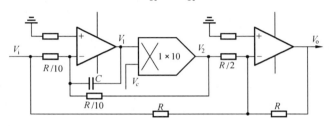

圖 8.38　壓控移相器原理圖

$$V_2 = \frac{V_1 V_c}{10} \tag{8.65}$$

$$\frac{2V_2}{R} + \frac{V_o}{R} + \frac{V_i}{R} = 0 \tag{8.66}$$

聯立式(8.64) ~ (8.66)可得該移相器的傳遞函數為

$$T(s) = \frac{V_o}{V_i} = \frac{1 - sRC/V_c}{1 + sRC/V_c} \tag{8.67}$$

其中 V_c 為控制電壓。

由式(8.67)可見,該網絡對所有的頻率具有相同的增益,僅引入一個相移

$$\varphi = -2\tan^{-1}\frac{\omega RC}{V_c} \tag{8.68}$$

當 V_c 改變時,即可獲得 $-180° \leqslant \varphi \leqslant 0$ 的相移量。根據式(8.68)可得壓控移相器相移量同電壓的關係及同頻率的關係曲綫如圖 8.39 所示。

從以上的討論可知,在設計壓控移相器時,RC 是一個可選參數。該參數的選取對壓控移相器的特性有很大的影響,RC 愈小則同樣控制電壓下移相器能提供的相位滯後愈小,RC 選定之後,V_c 愈大則移相器提供的滯後相位愈小。若 $\omega_0 = 2\,000$ Hz,則選 $RC = 100$ μs 較合適。

(2)鑒相器及泵電路設計

鑒相器及泵電路用來完成圖 8.37 中 U_o 和 U_i 的相位比較,並給出一個與相差成正比的模擬電壓以控制壓控移相器產生相應的補償相移量。鑒相器可采用 MC4044 器件,而泵電路可采用與本章圖 8.29 所示的電路相同的原理設計,此處不再贅述。

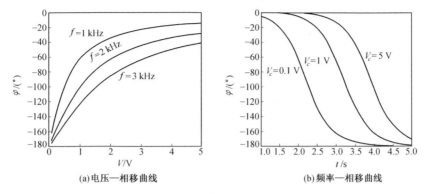

(a)电压—相移曲线   (b)频率—相移曲线

圖 8.39   壓控移相器的特性曲綫

3. 閉環系統設計

(1)閉環相位補償原理

由圖 8.37 可見,當系統處於靜態工作點時,輸入信號經過帶通濾波器及反相器後產生一個超前相移,加上壓控移相器在靜態工作點處提供的等量滯後相移,則整個電路的輸入輸出信號同相。一旦由於時、溫漂干擾或輸入信號頻率發生變化造成帶通滯後相移增加,則經反相後的超前相移減小,此時 u_o 將滯後於 u_i,u_i 和 u_o 信號經過鑒相、泵電路及積分電路使壓控移相器的控制電壓增大,從而使壓控移相器提供的滯後相移減小,使得相位重新鎖定到輸入信號相位上;反之當干擾使帶通濾波器的相位滯後減小時,通過如上的分析過程可得,系統同樣能使輸出信號相位重新鎖定到輸入信號相位上。

(2)控制系統穩定性及誤差分析

根據圖 8.37 的系統結構及以上分析可得如下的相位閉環控制方塊圖如圖 8.40 所示。其中 $\varphi_{10} < 180°$ 為靜態時帶通濾波器引入的相位滯後,$\Delta\varphi_1$ 為時、溫漂及信號頻率變化引入的相移擾動,外加的 $180°$ 為反相器的相移,$\Delta\varphi_{20}$ 為靜態工作點處壓控移相器提供的相移,$\Delta\varphi_{22}$ 為信號頻率變化時壓控移相器引入的干擾相移,φ_2 為壓控移相器提供的相移,φ_i、φ_o 分別為輸入輸出信號的相位,K_1、K_2、$K_3(\omega, V_{c0})$ 分別為鑒相及泵電路、積分電路及壓控移相器動態相移對控制電壓的增益,$\Delta\varphi$ 為 U_i 同 U_o 的相差,在靜態工作點處有下式成立

$$180° - \varphi_{10} - \varphi_{20} = 0 \tag{8.69}$$

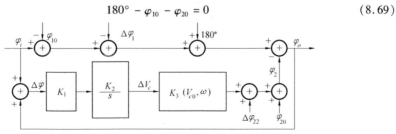

圖 8.40   閉環控制系統方塊圖

下面推導壓控移相器的傳遞函數。

一般由於干擾引入的相移是在靜態工作點附近變化,因此可在工作點處進行小範圍綫性化處理。由式(8.68)結合圖 8.40 中對壓控移相器輸出變量的定義可得

$$\Delta\varphi_2 = \frac{\partial\varphi}{\partial V_c}\Big|_{V_c = V_{c0}} \cdot \Delta V_c + \frac{\partial\varphi}{\partial\omega}\Delta\omega = \frac{2\omega RC}{V_{c0}^2 + (\omega RC)^2}\Delta V_c + \frac{\partial\varphi}{\partial\omega}\Delta\omega = K_3(V_{c0},\omega)\Delta V_c + \Delta\varphi_{22}$$

$$(8.70)$$

其中 $K_3(V_{c0},\omega) = \dfrac{2\omega RC}{V_{c0}^2 + (\omega RC)^2} > 0, \Delta\varphi_{22} = \dfrac{\partial\varphi}{\partial\omega}\Delta\omega$。

則壓控移相器提供的相移可表示為

$$\varphi_2 = \varphi_{20} + \Delta\varphi_{22} \qquad (8.71)$$

進一步根據圖 8.40 推導系統的閉環傳遞函數如下：

$$\varphi_i - \varphi_{10} - \Delta\varphi_1 + 180° - \varphi_2 = \varphi_o \qquad (8.72)$$

$$\varphi_2 = \varphi_{20} + \Delta\varphi_2 = \varphi_{20} + K_3(V_{c0},\omega)\Delta V_c + \Delta\varphi_{22} \qquad (8.73)$$

$$\Delta V_c = \frac{K_1 K_2}{s}\Delta\varphi \qquad (8.74)$$

$$\Delta\varphi = \varphi_i - \varphi_o \qquad (8.75)$$

聯立式 (8.71) ~ (8.75) 及式 (8.69) 可得

$$\varphi_o = \varphi_i - \frac{s}{s + K_1 K_2 K_3(V_{c0},\omega)}\left[\Delta\varphi_1 + \Delta\varphi_{22}\right] \qquad (8.76)$$

進一步可得輸入輸出相位差在階躍擾動下的穩態誤差為

$$\Delta\varphi(\infty) = \lim_{s\to 0} s \cdot \frac{s}{s + K_1 K_2 + K_3(V_{c0},\omega)} \cdot \frac{1}{s}\left[\Delta\varphi_1 + \Delta\varphi_{22}\right] = 0 \qquad (8.77)$$

由以上分析可見，雖然壓控移相器等效為一個時變比例環節，但是由於系統為一階，這種時變特性並不影響系統的穩定性，該系統為一絕對穩定系統。同時，由於時、溫漂和速度的變化都具有階躍性質，該系統對這些干擾是穩態無差的。

（3）系統帶寬考慮及輸入噪聲的影響

從以上討論可見，系統的帶寬取決於前向通道的放大係數，合理選取這一參數可以保證系統快速有效地抑制時、溫漂及速度變化等干擾。考慮到一般時、溫漂是相當緩慢的過程，而回轉運動從一個速率到另一速率變化的梯度也會受到最大加速度的限制，因此該系統的帶寬不必設計得過寬，一般設計在 20 Hz 以內。另外，由於鑑相信號取自未經帶通濾波的 U_i，系統輸入中含有高次諧波噪音，但這些噪音一般都具有很高的頻率，它對帶寬小於 20 Hz 的系統的精度不會造成影響。

8.4　測角傳感器安裝及接綫對信號質量的影響

感應同步器作為角位置精測傳感器，對安裝有比較嚴格的要求。一般地應該保證如下條件：

（1）定、轉子間隙要小於 20 道（0.2 mm）。

（2）定、轉子保証同心。

（3）定、轉子保証平行。

在以上要求中，間隙和同心的影響比較大，當間隙不滿足要求或同心度較差時，感應出的信號在幅值上將有很大的衰減。

旋轉變壓器作為角位置的粗測傳感器，在接綫時也要注意。一般旋轉變壓器的定子和轉子都提供補償繞組。在連綫時，輸出繞組（反饋信號）的補償繞組一般懸空，如果將其短接，則會給感應出的信號造成比較大的衰減；輸入繞組（激磁）的補償繞組則要短接，如果不短接，則會引入噪音，從而給輸出信號造成干擾，影響粗測精度的穩定性。

第9章　　閉環系統數字控制設計實例

一般地，一個實際系統的數字控制實現分為如下幾大步驟：第一，首先基於任務要求提出控制系統要實現的功能和指標，然後根據控制功能和控制指標確定整體控制系統方案；第二，基於古典或現代控制理論進行控制系統的控制器設計；第三，數字控制實現的系統硬件設計和軟件編程；第四，閉環控制系統的實際調試和性能測試。

本章結合某型測試轉臺的數字控制給出一個實際例子，以使讀者對一般閉環數字控制的設計、實現及調試等全過程有一個切實的瞭解和掌握。

9.1　　設計任務提出

測試轉臺是用來對慣性器件或慣導系統進行測試、檢驗或標定的一種高精度設備。根據測試試驗需要，轉臺應該能提供任意位置的精確定位，寬範圍、超低速、高精度、高平穩性的精密速率功能。結合某型撓性陀螺的測試需求，給出如下技術指標要求：

(1) 具有精密位置和精密速率功能。

(2) 采用精密機械軸承。

(3) 回轉範圍：連續回轉。

(4) 傾角回轉誤差：±5″。

(5) 速率範圍：±0.01 ～ ±250°/s。

(6) 速率精度及平穩性：1×10^{-3}(360° 平均)。

(7) 位置工作範圍：0.000 0 ～ 359.999 9°。

(8) 位置精度：±2″。

(9) 定位重復性：±0.5″。

(10) 位置控制分辨力：0.000 1°。

(11) 能通過計算機和標準 RS232 接口實現遠程控制。

9.2　　總體方案設計

9.2.1　　總體搆成

整個設備由一個機械臺體、一個控制櫃及連接電纜搆成。其中控制櫃中包含一套力矩電機驅動器及電磁兼容處理設備、軸位置及速率數字控制系統、軸角位置測量系統、安全保護及故障診斷和顯示系統。用戶可以通過上位機的 RS232C 接口完成所有控制功能。

9.2.2　　電機參數及驅動方式選擇

一般地對於動態仿真轉臺，技術指標上都會專門提出一個最大加速度要求，它是選擇電機輸出力矩的依據，但對於測試轉臺來講，由於對動態性能要求不高，可以不明確提出。

從以上技術要求來看,這裏對轉臺的加速度都沒有明確的指標,考慮到軸係的轉動慣量也不大,選擇電機時,采用一般的有刷力矩電機就可滿足輸出力矩要求。

輸出力矩是根據最大加速度要求,再考慮軸上的摩擦力矩來確定的,具體公式為

$$T - T_f = M = J\Omega_{max} \tag{9.1}$$

其中 T_f 為摩擦干擾力矩,Ω_{max} 為各軸的最大加速度要求,J 為各框的轉動慣量。

由於指標中沒有明確要求最大加速度,為了保證系統有一定的快速性,設計者可以自行選擇一個加速度,這裏選為 $1\,000°/s^2(17.5\ rad/s^2)$。根據實際的機械結構估計軸的回轉質量最大不會超過 40 kg,等效慣性半徑約為 0.064 m,故其轉動慣量為

$$J/kgm^2 = mR^2 = 40 \times (0.064)^2 = 0.164 \tag{9.2}$$

那麼要求電機輸出力矩為

$$T/Nm = J\Omega_{max} = 0.164 \times 17.5 = 2.87 \tag{9.3}$$

以上為理論上的電機輸出力矩要求,實際選擇時,再考慮留 2 倍的餘量,電機力矩應大於等於5.74 Nm。一般按照峰值堵轉力矩滿足最大要求的力矩來選擇。

這裏選擇成都精密電機廠生產的 JI60LYX - 04 電機,該電機具體參數見表 9.1。

表 9.1　力矩電機參數

峰值堵轉			連續堵轉			最大空載轉速	軸慣量	基本外形尺寸
電壓 /V	電流 /A	轉矩 /Nm	電壓 /V	電流 /A	轉矩 /Nm	/(r · min⁻¹)	/kgm²	/mm
60	4.5	≥ 10	32	2.5	≥ 5.2	230	≤ .005 9	$\Phi130 \times \Phi72 \times 64$

電機驅動可以采用綫性方式也可采用數字方式。采用綫性驅動時,功耗比較大,而且能獲得的驅動功率相對較小,驅動器體積大,所以這裏采用基於 PWM 的數字驅動器來完成力矩電機的驅動。

9.2.3　角位置反饋系統方案選擇

根據第 8 章的介紹可知,選用基於感應同步器和旋轉變壓器的單相激磁雙相輸出雙通道鑒幅式測角可同時滿足高精度、低成本,綫路結構簡單、容易調整等要求,故這裏角位置測量及反饋的實現采用此種方案。

9.2.4　速度反饋傳感器選擇

從原理上來講,對於類似的轉臺系統,測速反饋可有可無,但為了保證系統更可靠地工作和某些性能,設計中最好還是引入測速反饋。

引入測速反饋的目的有兩個:其一是為控制系統引入阻尼以保證系統具有良好的穩定性。其二是作為超速保護的信號來源,為轉臺提供安全連鎖保護。

當測角系統采用基於 AD2S80 的鑒幅方式時,速率信號可以由測角系統直接給出,而不采用專門的測速機來實現。

9.2.5　數字控制處理器選擇及數字控制系統整體硬件結構

前面章節講到過,適合數字閉環控制的微處理器有 MCS - 96 系列單片機、DSPLF2407A 等,根據以往的經驗,采用 DSPLF2407A 處理器可獲得比 MCS - 96 單片機快 10 倍以上的採樣

頻率,而且在硬件幾何尺寸上容易實現小型化、低功耗,所以本設計擬采用 DSPLF2407A 作為數字控制的處理器。

數字控制系統硬件要完成上位機控制指令的讀取、角位置數字反饋信號讀取、速度模擬反饋信號獲取以及綜合出的控制量的送出等功能。指令獲得是通過上位機的 RS232 串行接口實現的,RS232 接口還要實現上位機對角位置數字信號的讀取。數字控制系統對角位置反饋的讀取是通過一般的數字 I/O 完成,而對角速度模擬信號的讀取則是通過 A/D 轉換接口實現;電機驅動輸入接口采用模擬輸入形式,它需要數字控制系統將所綜合出的控制量轉換為 ±10 V 的模擬量,因此硬件上必須設置相應的 D/A 轉換接口。

綜上所述,可得如圖 9.1 所示的數字控制系統整體硬件結構原理。

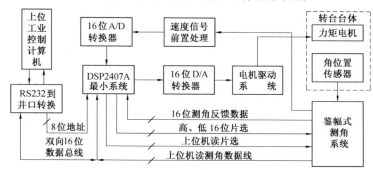

圖 9.1 數字控制系統整體硬件結構示意圖

9.3 數字控制系統硬件設計

從上一節的論述及圖 9.1 可見,硬件設計主要包括如下幾個部分:① 基於 AD2S80A 的角度測量及反饋系統接口硬件;② 上位機指令給定及讀取角度信息的串 – 並轉換接口硬件設計;③DSPLF2407A 處理器本身的最小系統及外擴展接口設計。

9.3.1 角度測量及反饋系統接口硬件

角位置測量及反饋系統采用基於 AD2S80A 軸角轉換器件的鑒幅式測角方式。有關其模擬部分的設計參見第 8 章的介紹,此處不再重復。這裏只介紹一下其接口部分的硬件設計。

角位置測量分為粗、精兩個通道,其轉換得到的 32 位數據直接從 AD2S80A 器件讀取。該芯片內部具有直接同數字控制接口的 16 位鎖存器,大大方便了接口硬件設計。圖 9.2 給出其具體的接口電路。

從圖 9.2 中可見,兩片 AD2S80A 的 16 位數據輸出總綫並接在一起,其輸出允許端由 DSPLF2407A 的片上 I/O 綫來控制。為了避免總綫競爭,采用一根 I/O 分別控制兩個 AD2S80A 的輸出允許,這樣不論該 I/O 綫為何電平,都只能選通一個 AD2S80A 的輸出。CLK 信號由測角系統本身給出,用於同時鎖存兩個通道的數據,保証粗、精數據的同步。JXTS 則是來自於 DSPLF2407A 的片上 I/O 口綫 IOPF1。

9.3.2 上位機指令給定及讀取角度信息的串 – 並轉換接口硬件設計

上位機是通過 RS232 完成給下位數字控制系統指令發送,同時讀取測角系統的角度輸出

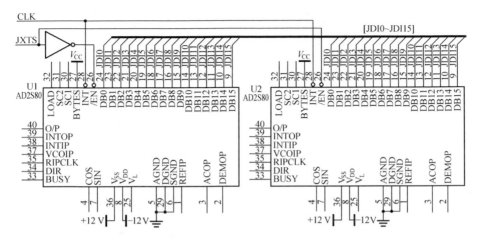

圖 9.2　角位置測量及反饋系統的數據輸出接口電路

數據的。為了實現一個上位機對多個下位數字控制單元的指令發送和控制管理,每個下位數字控制單元都提供上位機通信的接口。這個接口原則上可以直接采用串行結構,但考慮到采用串行通信會影響下位數字控制單元的實時性,還是采用並行接口比較合適。每個下位數字控制單元都提供三個並行口,包括一個8位重構地址口、一個16位重構數據輸出口、一個16位重構數據輸入口,以便完成數據通信。重構的地址綫經過每個數字控制單元的可任意設置本單元有效地址的地址譯碼電路產生所需的片選信號,以便接收或呈送16位數據。因此要通過RS232實現上、下位機之間的數據通信,必須進行串 – 並轉換。

串 – 並轉換要能完成接收來自上位機的串行數據,然後將其轉換為並行方式再傳送給各個下位數字控制單元;同時也能完成讀取下位控制單元的並行接口數據,再轉換為串行格式發送給上位機。

硬件上采用一個專門的 DSPLF2407A 處理器完成這個轉換。該芯片本身提供支持 RS232 協議的異步串行接口,外加一個物理支持芯片 MAX3160 就可完成同上位機的點 – 點串行通信。同下位控制單元的通信則需要擴展一個8位數據輸出口,以便輸出重構地址信息;一個16位的數據輸出口實現指令數據的送出以及一個16位數據輸入口來完成來自下位控制單元的各種數據讀取。為了同數字系統內部地址總綫及數據總綫區別,這裏將外部重構地址稱為AB0 ~ AB7,而將外部數據總綫稱為 DB0 ~ DB15。圖 9.3 給出其硬件原理設計。

圖 9.3 中未畫出 DSPLF2407A 芯片本身的結構,左邊一排信號即是從該芯片引腳接出的信號,有關 DSPLF2407A 芯片外圍電路的具體接法參見第3章的介紹。U3 為 16 位數據輸出口,U4 位16 位數據輸入口,U5 則為8 位地址數據輸出口。U6 為同上位機串行通信的 RS232 接口。U2 和 J0 只用於仿真調試,同本單元實現的功能無關。

這裏有個問題必須引起注意,這就是重構的 16 位數據輸出口的輸出允許端必須專門設置一個控制信號綫,如圖 9.3 中的 IOPC0 來控制,每次輸出數據操作完畢後應立即置高該信號綫,以保証不輸出時該16 位數據輸出口總處於三態,避免出現總綫競爭。8 位重構的地址輸出口因為只有串 – 並轉換單元對其有操作權,其輸出允許端可以直接接地而不會出現總綫衝突,但為了避免空閒時刻有設備佔用數據總綫 DB0 ~ DB15,每次地址總綫操作完畢後都應該保持 AB0 ~ AB7 = 00H(規定的全局無效地址)以禁止任何設備被選中。

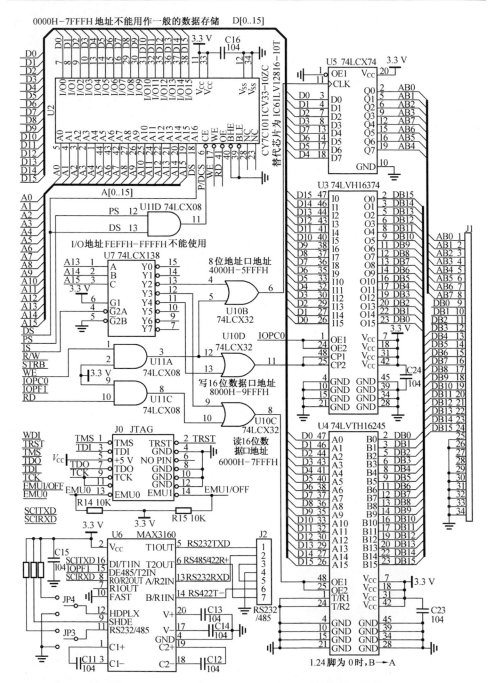

圖 9.3　基於 DSPLF2407A 處理器的串 – 並轉換單元硬件原理

在製作印刷電路時,所有的芯片都采用貼片封裝,以縮小體積。由於電路並不復雜,信號頻率也不高,設計時可采用雙層板以減少製作成本。

圖9.4 為實際的串－並轉換單元硬件系統。

圖9.4　實際的串－並轉換單元

9.3.3　DSPLF2407A 處理器本身的最小系統及外擴展接口設計

這部分硬件由以下幾部分搆成:①DSPLF2407A 最小系統;②讀 64 位指令給定數據的兩個 16 位輸入接口及外部 8 位地址及地址譯碼電路;③讀 32 位未耦合的角位置數據的 16 位輸入口及耦合後的角位置數據輸出口;④一個 16 位 A/D 轉換接口及一個 16 位 D/A 轉換接口。下面分別介紹。

1. DSPLF2407A 最小系統設計

前面章節曾經介紹過,最小系統是保証處理器正常工作的最基本硬件搆成,主要包括電源模塊、上電及手動復位電路設置、時鐘電路、用於仿真調試的輔助數據程序存儲器擴展以及 JTAG 接口。

數字控制系統采用3.3 V供電,由外接的5 V直流電源轉換得來。目前有許多類似的穩壓模塊可供選擇如德州儀器公司的 TPS73 系列、TPS757 系列及 TPS768 系列器件,可根據數字系統的功率大小來選擇。這裏選擇TPS75733電壓調整器來產生3.3 V電源,它能提供最大3A的輸出電流,具有高瞬態特性。

上電及手動復位電路也采用德州儀器公司的TPS3823 – 33芯片,它不僅有電源管理、上電復位及手動復位功能,還具有看門狗復位功能。由於 DSPLF2407A 本身具有看門狗功能,此芯片的看門狗功能可接可不接,這裏用 DSPLF2407A 的一根 I/O 綫作為看門狗控制,當不使用時可將該綫設置為輸入功能。

為了獲得較高質量的時鐘信號,時鐘采用外部有源 10 M 晶體振盪器,而不采用簡單的晶體。該振盪器輸出的時鐘信號通過 DSPLF2407A 的 CLKIN 端接入,采用内部鎖相環(PLL) 可將其倍頻到40 M。

為了程序仿真調試方便,以一片128K 容量的 SRAM 擴展程序及數據存儲,通過圖9.5 所示的接法,將該器件的高 64K 定義為程序存儲空間,低 64K 設置為數據存儲空間。

JTAG 接口則采用標準的接法以便仿真和程序下載。

具體的最小系統設計如圖9.5 所示。

DSPLF2407A 的最小系統設計中,復位電路、時鐘電路及外擴的程序、數據存儲器按照圖9.5 的方式連接。除此之外,還涉及到處理器本身的功能引脚接法。對於 DSPLF2407A 則主要

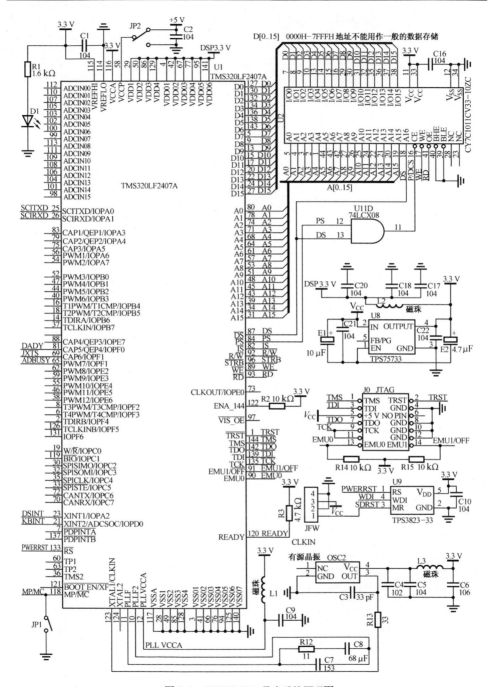

圖 9.5　DSPLF2407A 最小系統原理圖

涉及如下幾個功能引脚：READY、ENA_144、BIO、VCCP、BOOT_EN/XF、MP/MC 引脚、XINT1、

XINT2、PDPINTA、PDPINTB 管脚及其他片上 I/O 引脚。有關這些引脚的接法在第 2 章中曾簡單介紹過,下面再詳細介紹其在實際使用時的具體接法。

(1)READY 引脚為訪問外設慢速器件增加等待週期而設置,為防止干擾一般將其通過一個 5 kΩ 左右電阻上拉。

(2)ENA_144 信號對接口外擴來講是一個比較關鍵的信號,只有高電平時才使能所有外擴用到的 16 位地址、16 位數據及控制綫,因此必須通過 5 ~ 10 kΩ 上拉電阻拉高。

(3)BIO 信號為外部輸入控制程序分支的信號,若為低則會執行分支程序。本設計中未用此功能,則必須將其通過 5 kΩ 左右的上拉電阻接高。

(4)VCCP 為片內 FLASH 編程提供 + 5 V 電源,由外部專門提供,當下載程序時必須接 + 5 V。在仿真調試過程中或編程完畢實際運行時,這個引脚可接懸空也可接 + 5 V。但為了提高可靠性,編程完畢後此引脚最好懸空,以避免片內 FLASH 內容被意外更改。設計時通過一個開關連接到外接的 + 5 V 電源上,以便隨時更改設置。

(5)BOOT_EN/XF 是決定 DSP 是否啟動引導程序的控制引脚,一般不需要引導時應通過上拉電阻接高。仿真及 FLASH 程序下載時該引脚接高無所謂。為了方便可以設置一個單刀雙擲開關,分別通過一個 10 kΩ 電阻接 3.3 V 和地。

(6)MP/MC 信號是控制 DSP 處理器工作模式用的,接地時使處理器工作於微控制器模式,此時 DSP 復位後程序從內部程序存儲器(FLASH) 的 0000H 開始執行程序,否則從外部擴展的程序存儲空間 RAM 的 0000H 處開始執行程序。仿真調試時,該脚必須接高電平,而實際工作時一般運行片內 FLASH 程序,必須接地,所以該引脚必須通過一個上拉電阻接 3.3 V 同時通過單刀開關接地,以便高、低電平設置。通過 JTAG 口下載程序到 FLASH 時,該引脚必須接地,同時 VCCP 接 + 5 V。

(7)XINT1、XINT2 及 PDPINTA、PDPINTB 分別為外部中斷輸入和功率保護中斷輸入引脚。在本設計中,XINT1 作為數字控制系統採樣定時中斷用,接來自測角系統的 2 K 方波信號;XINT2 則作為鍵盤輸入中斷,接收上位機產生的外部 8 位地址經過譯碼電路產生的片選信號。功率保護中斷沒用到,為防止意外中斷,通過 5 kΩ 上拉電阻接 3.3 V 電源上。在處理定時中斷和鍵盤中斷時必須注意,由於這兩個信號都來自於 5 V 供電的電路模塊,需要采用一個 74LVC04 先進行電平轉換再同 3.3 V 供電的 DSPLF2407A 最小系統連接。

(8)DSPLF2407A 最小系統還提供用於查詢 16 位 A/D 轉換是否結束的輸入信號綫 ADBUSY,佔用處理器的 IOPE1 引脚;選通測角粗、精 AD2S80A 數據輸出鎖存器的控制端 JXTS,佔用 IOPF1 引脚;供上位機判斷測角耦合完畢的數據是否可用的查詢信號 DADY,佔用 DSPLF2407A 的 IOPF0 引脚。

除了以上處理器本身引脚的特殊接法外,JTAG 接口的連接也需要引起注意。JTAG 接口采用第 6 脚懸空的準 IDC14 連接器,必須外部提供一個 + 5 V 電源到其第 5 脚。為了減小幾何尺寸,設計印刷電路時,該連接器一般采用雙排標準插針。為了防止插錯,將雙排插針的第 6 脚拔掉,而在仿真器的 JTAG 接口的 FEMALE 形式插口的對應孔進行物理堵塞。

2.64 位指令給定數據輸入接口硬件設計

上位機指令包括位置指令、速率指令和正弦等指令,采用 32 位數據即可表示一個完整的指令信息。指令格式定義為最高 8 位表示控制功能,後 24 位表示指令數據。為了實現更豐富的指令格式,下位數字控制系統在硬件上設置了一個 64 位數據輸入並行口,它為指令功能的擴展提供了空間,可以為主指令提供一個輔助的功能定義。比如當實現位置給定時,輔助的

32 位數據可以提供包含要求速度及加速度的信息,使數字控制系統按照這些輔助信息的要求實現從當前位置走到新的位置。

　　設計上將 64 位接口分成 4 個 16 位接口,上位機分 4 次寫操作完成一個指令數據的寫入過程。這 4 個 16 位指令數據輸入口設計成被動接收方式,每個口佔用一個外部重構地址,其鎖存信號由外部地址經過後面將要介紹的圖 9.8 所示的譯碼電路產生。而數字系統對 4 個輸入口的讀入操作則由內部片選信號同 DSPLF2407A 的"讀"信號綫相"與"的結果來控制。4 個輸入口的 16 位數據輸入端同串 – 並轉換單元提供的重構數據總綫 DB0 ~ DB15 相連,輸出端則連接到 DSPLF2407A 的數據總綫 D0 ~ D15 上。具體硬件設計如圖 9.6 所示。

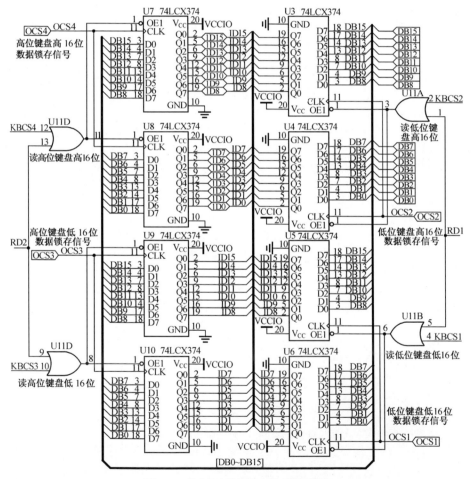

圖 9.6　指令給定數據輸入接口硬件設計

　　指令給定過程如下:上位機先將指令數據通過 RS232 傳送給串 – 並轉換單元,該單元完成串行接收後,將數據分 4 次通過 16 位重構的外部數據總綫寫入到下位數字控制系統的 4 個接口鎖存器裏。寫數據的時候,先將數據呈送到外部數據總綫接口(圖 9.3 的 U3),然後輸出相應的有效地址到外部重構地址總綫 AB0 ~ AB7 上,延時若干 μs 再寫一個 00H,產生一個有效的鎖存信號,將數據鎖存進圖9.6相應的接口內。完成4次這樣的操作後,再通過外部重構地址總綫產生一個中斷信號(圖9.8中的 KBINT) 給數字系統,通知數字控制系統來讀取指令。

圖9.6的電路采用一個 EPLD – EPM7128S 來實現,以提高集成度,減小印刷電路板的尺寸。EPM7128S 芯片可以兼容3.3 V 電平,但其電源設置需要特殊處理。內核部分的電源 (VCCINT) 應接 + 5 V 電源,而 I/O 接口模塊電源(VCCIO) 則應采用3.3 V 電源供電。

3. 未耦合的角位置信息讀入及耦合後的角位置輸出接口設計

這一部分硬件電路完成測角雙通道的32 位數據讀取及耦合完畢數據的輸出。讀入的32 位數據是測角 AD2S80 輸出的未經耦合處理的數據,該數據經過數字控制系統耦合處理完後,形成一個24 位二進制角度數據,然後輸出供上位機讀取。其硬件接口原理設計如圖9.7 所示。

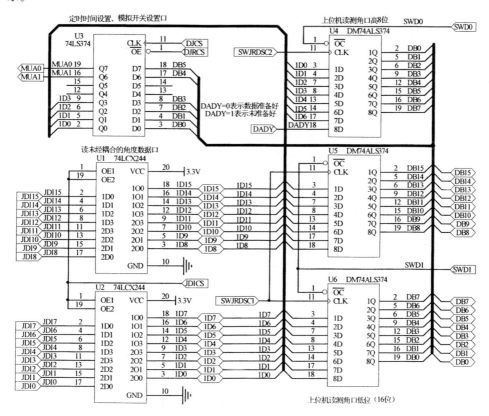

圖9.7 未耦合的角位置信息讀入及耦合後的角位置輸出接口原理設計

未耦合的角位置信息來自圖9.2 所示的硬件電路輸出,讀取時分兩次分別讀入粗、精通道的16 位數據,粗、精通道數據選通是由 DSPLF2407A 的 IOPF1 來控制的。測角的粗、精16 位數據通過圖9.7 中的 U1、U2 口讀入,這個接口裏設置兩個 74LCX244 看似多餘,其實是為了完成電平轉換。因為從 AD2S80A 輸出的數據不兼容 DSPLF2407A 系統的3.3 V 電平,通過這兩個 74LCX244 後能將 AD2S80A 的5 V 電平數據信息轉換為適合 DSPLF2407A 處理的3.3 V 電平數據信息。U1、U2 接口的輸出允許則由數字系統內部片選電路產生。

經過數字系統耦合處理完畢的測角數據通過圖9.7中的 U4、U5 及 U6 構成的輸出口輸出，供上位機讀取。其鎖存信號也由數字系統內部片選電路提供，而輸出允許則由圖9.8所示的外部地址片選電路產生。24 位數據中只有 22 位有用，最高位用作供上位機讀取時查詢數據是否可用的信號指示。

此外這部分硬件中還包含一個用於設置顯示時間和多路模擬開關狀態的 8 位輸出口。

為提高硬件的集成度，減小印刷電路板幾何尺寸，整個電路采用一片 EPLD – EPM7128S 來實現。

4. 外部地址譯碼電路及内部片選信號發生電路設計

外部重構地址 AB0 ~ AB7 來自串 – 並轉換單元，用來通過地址分配實現上位機對下位數字控制系統及其他設備的控制和數據通信。每個下位數字控制系統單元都設置一個外部重構地址輸入接口及相應的譯碼電路如圖9.8所示。

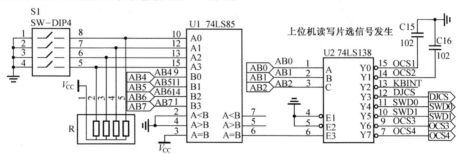

圖9.8　外部 8 位地址輸入接口及外部片選發生電路

圖中 U1 74LS85 用於產生板選信號，而 U2 74LS138 則用於產生本單元電路的各種片選及鎖存控制信號。設計中采用一個 4 位的撥碼開關，以便實現 16 種板選信號的隨意設置。基於圖9.8的設計，本單元的各種片選按照如下方式分配：X0H、X1H、X6H、X7H 為指令寫入鎖存控制信號，X2H 為通知本數字控制系統單元讀取指令的中斷信號，X3H 為本數字控制系統單元的角位置測量及反饋模塊的顯示時間設置鎖存信號，X4H、X5H 為上位機讀取角位置數據的有效片選信號。

值得說明的是，外部 8 位地址譯碼電路產生的片選信號，除了 KBINT 外其餘的都是提供給實現圖9.6 及圖9.7 所示電路的 EPLD 器件的。由於此部分電路使用的是 5 V 供電，而 EPLD 器件的 VCCIO 采用的3.3 V 供電，因此這些信號同 EPLD 連接時存在電平兼容問題，但 VCCIO 接3.3 V 的 EPLD 器件有個優點，就是它的輸入同時兼容5V 和 3.3 V 的輸入信號，故不用考慮電平轉換。唯獨 KBINT 是提供給 DSPLF2407A 的外中斷輸入引腳 XINT2 的，它必須經過 3.3 V 供電的 74LCX04 實現電平轉換，然後再連接到 DSPLF2407A 的 XINT2 上。3.3 V 供電的 74LCX04 器件的輸入引腳也能同時兼容 5 V 和 3.3 V 的輸入信號。

數字系統內部地址片選及鎖存信號發生電路則是為數字控制系統的各種外擴 I/O 接口的控制而設計的，其功能是產生輸出接口的鎖存"寫"信號和輸入信號接口的"讀"選通信號，該部分內容屬於 DSPLF2407A 處理器的一般數字 I/O 擴展設計範疇，此處不再給出其詳細的硬件設計原理圖。

5. 16 位 A/D 轉換輸入接口及 D/A 轉換輸出接口設計

為實現速率反饋模擬信號讀入,采用 16 位 A/D 轉換 AD976A 將其轉換為數字量形式。基於 DSPLF2407A 的數字系統同 AD976A 的接口設計同第 3 章介紹的模擬 I/O 接口設計完全相同,詳細電路參見圖 3.39,此處不再贅述。唯一值得說明的是,A/D 轉換"忙"信號通過 DSPLF2407A 的 IOPE1 進行查詢,為了兼容 DSPLF2407A 的 3.3 V 電平,該信號必須經過一級 74LCX04 反向後接入。

16 位 D/A 轉換是為了將數字系統綜合出的數字量形式的控制量轉換為電機驅動器所需的 ±10 V 模擬信號,這裏采用第 3 章中介紹過的 AD569 來實現。圖 9.9 給出其接口電路設計,其接口設計的詳細說明參見第 3 章中有關部分。

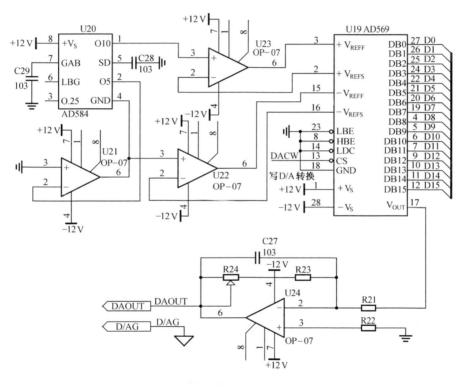

圖 9.9　基於 DSPLF2407A 的數字控制系統的 16 位 D/A 轉換接口硬件擴展設計

這裏需要說明的是,由於 AD569 是 DSPLF2407A 數字系統的輸出接口,雖然它采用 5 V 供電電壓,但其數字輸入包括 16 根數據及片選控制信號都可以兼容 3.3 V 電平,所以可以直接同 DSPLF2407A 接口而不必考慮電平轉換問題。其數據輸入端 DB0 ~ DB15 可以直接同系統的數據總綫 D0 ~ D15 相連,片選引脚 CS 也直接連到圖 9.8 所示的內部地址片選輸出 DACW。

以上詳細介紹了某型測試轉臺閉環數字控制系統硬件的原理設計,在實際實現時,印刷電路板應采用多層設計,地綫和電源分別佔用一層,這樣一方面有利於布綫設計,另一方面可以改善數字系統的電磁兼容性能。圖 9.10 給出完整的轉臺數字控制系統實際構成。

圖9.10　實際的轉臺閉環數字控制硬件系統

9.3.4　數字控制系統的電源管理硬件設計

電源管理部分主要涉及數字系統的 + 5 V、±12 V 直流電源的發生,功率驅動器及上位計算機交流 220 V 電源的控制與管理。

數字系統的 + 5 V、±12 V 直流電源的發生部分相對簡單,直接采用現成的開關電源模塊或綫性電源模塊即可,其交流 220 V 輸入經過外部開關後接入。上位計算機電源也相同。

驅動器部分中的弱電系統和功率模塊的電源由專門的交流 220 V 或者 380 V 輸入提供,但通過受控的交流接觸器接入,交流接觸器的控制綫圈采用交流 220 V 格式,由主數字控制系統控制。驅動器部分的電源管理要求如下:① 設備電源開關閉合後,驅動器部分不能上電,何時上電由上位計算機根據系統工作狀態控制;② 控制系統停止工作時,必須切斷驅動器部分的電源。

如果上位機采用並行口完成電源管理及同下位數字控制系統進行數據通信,在電源管理設計時還必須注意一個問題,這就是上位計算機在外部開關閉合後才能啟動,其操作系統的啟動可能需要花1 ~ 2 min 時間,然後再自動執行上位機的控制界面程序,最多可能要花 3 min 的時間才能完成初始化處理。在這個過程中,上位機用於控制驅動器交流 220 V 電源的輸出信號綫是一個隨機電平,有可能意外造成驅動器部分上電,造成系統上電過程中出現異常。圖9.11 給出整個數字控制系統的電源管理硬件結構。

± 12 V 直流供電電源,該模塊的 + 12 V 還用於控制電源管理中的某些繼電器;J1 繼電器為一中間繼電器,J2 繼電器為電機驅動器中的交流接觸器提供控制綫圈的 220 V 電壓。

圖9.11 中的 K 為總的電源控制開關;開關電源模塊是給數字控制系統提供 + 5 V、當總開關 K 閉合後,上位計算機和開關電源模塊直接上電,此時上位計算機即啟動,開關電源模塊即輸出相應的直流電壓。延時時間繼電器綫圈開始工作,但其觸點並未閉合,也使得中間繼電器J1 的驅動綫圈不上電,J1 繼電器觸點也處於斷開狀態,J2 繼電器的輸入端懸空。此時由於上位計算機處於啟動過程,給圖中 75451(集電極開路)的控制信號是隨機的,有可能使得 J2 繼電器綫圈通電,但由於該繼電器輸入端處於懸空狀態,故不會給電機驅動器提供交流 220 V 輸出。當時間繼電器延時結束後,給中間繼電器綫圈上電,此時才給 J2 繼電器輸入端提供交流 220 V 電壓,但由於此時上位計算機已經完成本身的啟動過程及界面程序的運行,初始化處理程序已將 75451 的控制端置高,切斷 J2 繼電器的綫圈供電,所以也不會有給電機驅動器的 220 V 交流電壓輸出,從而避免驅動器的非正常上電。

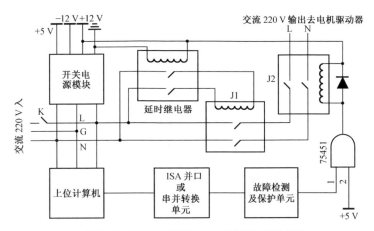

圖 9.11　整個數字控制系統的電源管理硬件結構

　　對於采用串口方式實現上位機同下位數字控制系統的數據通信及交流電源管理時,圖 9.11 中的延時繼電器和J1繼電器可以不用,對J2繼電器的控制由串 – 並轉換單元初始化處理完成,由於該單元上電初始化處理只需要幾十個 ns 時間,不會造成電機驅動器部分非正常上電。

9.4　控制器結構及參數設計

　　測試轉臺的控制系統屬於一類高精度伺服系統,它對系統的控制精度有很高的要求,同時還要求系統具備較寬的系統帶寬。為了獲得大剛度和高精度,在精密位置和速率系統設計時,系統設計為 Ⅲ 型系統,這樣該系統對給定和階躍干擾都是穩態無差的。但是由於實際系統中難免存在飽和非綫性特性,故此時系統為一條件穩定系統,該系統在大偏差時會出現不穩定。為此大偏差時系統應采用另一控制器來保證系統大偏差的穩定和快速歸零。故精密位置控制系統應設計為具有雙控制器切換的結構形式。采用數字控制可以很方便地實現這樣的非綫性切換控制[3]。精密速率是采用精密位置的增量形式以位置斜坡輸入實現的,由於採樣頻率很小,對應某個速率下的增量值也很小,不存在大偏差飽和問題,可直接用一個位置反饋的精控制器來完成。圖 9.12 給出這種雙控制器切換控制系統原理方塊圖。

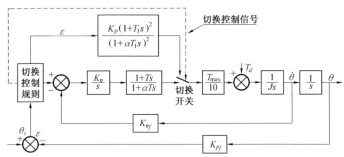

圖 9.12　雙控制器切換控制系統方塊圖

9.4.1 精密位置控制的雙控制器切換規則

圖9.12所示的系統采用了切換控制這種非綫性控制方法,因此控制系統設計時,首先會遇到切換規則設計問題。這裏切換控制規則是根據當前位置偏差及偏差的變化率來決定控制系統采用哪個控制器的決策機構,根據經驗,具體的切換規則如下:

(1)當$|\varepsilon| \geqslant \varepsilon_0$時,系統按一個較大速率給定$(\dot{\theta}_i = \pm\dot{\theta}_0)$的速度反饋回路運行,控制器采用一個純速率反饋的粗控制器實現閉環控制;

(2)當$\varepsilon_1 < |\varepsilon| < \varepsilon_0$時,則以一個小的速率給定$(\dot{\theta}_i = \pm\dot{\theta}_1)$的速度反饋回路運行,控制器依然采用粗控制器。這個過程是為了保證雙控制器切換的速率條件滿足;

(3)當$|\varepsilon| < \varepsilon_1$時,系統切斷速率反饋環,而直接讀取測角系統的角度反饋構成一個精密位置控制系統,同時將系統切換到精控制器去實現純位置閉環控制。

其中ε為位置偏差信號,$\varepsilon_0 > \varepsilon_1$。一般為保证系統的平穩切換選$\dot{\theta}_0 \leqslant 30°/s, \dot{\theta}_1 = 3°/s$, $\varepsilon_0 = 2°, \varepsilon_1 = 0.02°$。

由此可見,位置系統實質上由一個純測速機速度回路和一個純位置回路構成。兩個回路不同時工作,各自獨立,根據以上切換規則進行切換。故設計上就分為速度反饋的粗控制器設計和純位置反饋的精密控制器設計。

9.4.2 粗位置控制器結構及參數設計

本小節首先介紹粗控制器模式下的控制系統結構,然後討論其控制器參數設計問題。

1. 粗控制器工作時的控制系統結構

粗位置控制器是為了保证系統大偏差時的穩定,對控制精度等並無過高的要求(滿足粗、精切換的精度要求即可),因此采用測速機反饋加位置反饋的雙環結構。一般在大偏差時,系統還要求以給定的速率運行到期望位置。為了實現這一功能,在位置環中引入一飽和非綫性網絡,以使大偏差時測速機環的輸入處於某個固定的速率給定,此時系統的位置反饋不起作用,相當於運行在測速機狀態。位置反饋係數取為1。綜上所述可得粗位置控制器模式時的控制系統方框圖,如圖9.13所示。其中$T_{max} = 10$ Nm, $J = 0.164$ kgm^2。

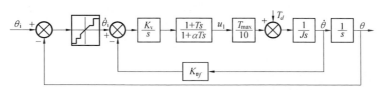

圖9.13　粗位置控制器模式時控制系統方框圖

由圖9.13可見,粗位置控制器的設計實質上主要是速度反饋內環的設計,而位置環僅起偏差大小的監督,以便決定是否切換。下面討論基於速率反饋的粗控制器設計。

2. 粗控制器設計

粗控制器設計實際上就是一個速率反饋的校正環節設計。為了提高系統的抗干擾能力和速度控制精度,速率環校正采用一級積分校正,這樣可保证速度環對速率給定和負載力矩階躍干擾的穩態誤差均為0。相應地,為保证系統的絕對和相對穩定性,前向環節應加入一超前校正。速率環的設計實質上就是如何從設計指標出發來選取超前環節的α和T。粗控制器結構

如下

$$G_c(s) = \frac{K_v(1 + Ts)}{s(1 + \alpha Ts)}$$ (9.5)

為了保證系統具有一定的快速性,選速率環的開環剪切頻率為 20 Hz,同時為了獲得良好的相對穩定性,保證系統具有較小的超調,希望速率環在其剪切頻率處具有較大的相角裕度。根據古典控制,超前校正網絡在其幅頻特性的幾何中心的頻率上能提供最大的補償相角。此時 $\omega_0 = \sqrt{\frac{1}{\alpha}} \frac{1}{T}$

所提供的最大超前相角

$$\varphi_{max}(\omega_0) = \text{tg}^{-1}\sqrt{\frac{1}{\alpha}} - \text{tg}^{-1}\sqrt{\alpha}$$ (9.6)

顯然,若令

$$\omega_0 = \omega_c = \frac{1}{\sqrt{\alpha}} \frac{1}{T}$$ (9.7)

則可保證速率環在剪切頻率處獲得最大的相角裕量。設計時首先選取一個合適的 α 值,然後根據式(9.7)可求得 T 即完成超前校正網絡的參數選取,進一步將 α、T 代入圖 9.13 所示系統的開環傳遞函數表達式中,並令

$$20\log K_v \mid G(j\omega) \mid = 0$$ (9.8)

可求得前向通道的放大係數 K_v。

由上可見,α 的選取具有任意性,那麼如何來選取 α 呢? 由式(9.6)可知,α 愈小則校正網絡能提供的最大超前相角愈大,因此在實際應用中 α 應選得適當小。

針對圖 9.13 所示的系統,選取不同的 α 畫出系統速率環的開環頻率特性,如圖 9.14 所示。其中麴綫 1、2、3 分別對應於 $\alpha = 1/80$、$1/40$、$1/0$ 時的情形。由圖 9.14 可見,隨着 α 選值的減小,系統獲得的相角裕度增大。

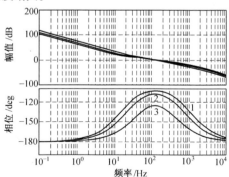

圖 9.14 速率回路開環頻率特性

9.4.3 位置控制的精控制器設計

1. 精控制器結構及精密位置系統搆成

精控制器是轉臺控制系統的核心,它不僅要求具有一定的帶寬(大於 10 Hz),而且要滿足系統要求的精度(±2″)和一定的動態剛度。由於該回路要求達到很高的精度,考慮到目前速

度反饋的紋波噪音較大,系統中不應引入速度反饋而設計為基於精密測角系統的單位置反饋形式。其控制系統原理結構如圖9.15所示。

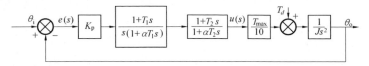

圖9.15　精位置控制系統原理方框圖

由圖9.15可見,系統中引入了一個純積分環節,其靜態精度和剛度指標自然滿足,因此設計時主要考慮其帶寬和系統穩定性。

精控制器結構如下

$$G_c = \frac{K_p(1 + T_1s)(1 + T_2s)}{s(1 + \alpha T_1s)(1 + \alpha T_2s)} \tag{9.9}$$

2. 精控制器參數選取

由於系統中引入了純積分環節,為了保証整個系統的穩定性,必須加入兩級超前校正網絡。根據古典控制理論可知,兩個串聯的超前校正網絡在其幅頻特性的幾何中心點 ω_0 為

$$\omega_0 = \frac{1}{\sqrt{\alpha}} \frac{1}{\sqrt{T_1 T_2}} \tag{9.10}$$

處能獲得最大的超前相角,而且 T_1, T_2 愈接近,該超前相角愈大。當 $T_1 = T_2 = T$ 時,能獲得最大的補償相角

$$\varphi_{max}(\omega_0) = 2\left[tg^{-1}\sqrt{\frac{1}{\alpha}} - tg^{-1}\sqrt{\alpha} \right] \tag{9.11}$$

同理,α 選得愈小,則超前校正網絡所能提供的補償相角愈大;同時 α 愈小,則系統開環幅頻特性中第一個轉折頻率愈小,系統的前向通道的放大係數設計值愈小,系統綫性工作區愈大,這一點對精回路特別重要。

當選 $T_1 = T_2 = T$,同時令 $\alpha = 0.01$,則

$$\omega_0 = \omega_c = \frac{1}{\sqrt{\alpha}} \frac{1}{T} = 62.8s^{-1} \tag{9.12}$$

則得 $T_1 = 0.1592$ s,此時系統的相角裕度大約為67°。

圖9.16給出系統在 $\alpha = 0.01, \omega_c = 62.8s^{-1}$ 時的開環頻率特性。圖9.17為該系統在階躍輸入 $r(t) = 0.02°$ 作用下的響應曲綫。

3. 系統動態剛度的考慮

選用 Ⅲ 型系統,則系統的靜態剛度為無窮大,但是實際上還希望系統在階躍干擾下的動態失調角盡量小。原則上系統帶寬愈寬,則動態剛度愈大,動態失調角愈小。但在同樣的剪切頻率下如何保証獲得最小的失調角? 通過仿真可知,α 選的越小,則同樣干擾下的動態失調角越大,所以雖然 α 選的越小能獲得的相角裕度越大,在選取 α 時還應充分考慮是否滿足最大動態失調角的要求。圖9.18為系統在階躍力矩干擾下的響應曲綫。圖9.19為考慮反饋信號中包含高頻噪音時的位置階躍響應。

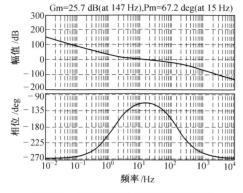

圖 9.16　精位置控制系統開環頻率特性

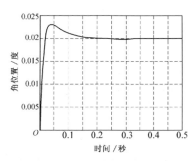

圖 9.17　精控制模式位置階躍響應曲綫

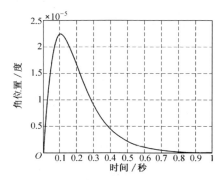

圖 9.18　精位置控制系統對階躍干擾信號的響
　　　　應曲綫

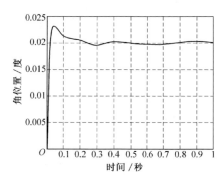

圖 9.19　反饋中含有噪聲情況下的精位置控制
　　　　系統的階躍響應

9.5　數字控制系統軟件設計

數字控制軟件設計主要包括如下幾方面內容：① 基於 VC 的上位計算機人機交換界面軟件設計；② 實現指令給定及測角數據讀取的串 - 並轉換數字單元的匯編語言軟件設計；③ 數字閉環控制實現的匯編語言軟件設計。

9.5.1　上位機人機交換界面設計

1.上位機界面設計要求

（1）界面內容設置

a.設置角度顯示窗口，用稍大的字體顯示角度值

b.定時測角時間設置數據輸入框

c.位置指令輸入框

d.速率指令輸入框

　　d1.高／低速設置無綫電按鈕

　　d2. ＋／－號設置無綫電按鈕

　　d3. 數據輸入框

　e. 準備或確定按鈕設置

　f. 修改按鈕

　g. 運行按鈕

　h. 停止按鈕

　l. 自動定位按鈕

　k. 退出按鈕

（2）初始化處理

　　只設置有關上位機用到的寄存器初值,形成界面,然後轉入讀取當前測角數據和保護信息,再不斷監視是否有鼠標點擊動作。

（3）讀測角值和保護信息及保護信息處理

　　放在 ONTIMER 裏實現。0.5 s 更新一次界面。

（4）定時測角時間設置處理

　　設置完畢完後馬上給出指令,不必等到按確定及運行才送。

（5）缺省狀態設置

　　界面進入默認為位置狀態,這時有關速率的操作按鈕均處於"灰"態。

（6）高/低速設置處理

　　只在速度給定時才能操作。一旦設定瞭高/低速,則給定速度值必須和高低速設置相關。如果設置的是低速,則速度輸入值不得超過50°/s,程序裏加判斷和保護處理,一旦輸入超過這個限制則彈出提示對話框,要求操作者重新輸入。高速最高限制不得超過250°/s。

　　高低速設置操作必須在靜止狀態下進行。

（7）指令的形成處理

　　在點擊"確定"或者"準備"按鈕後形成指令數據,真正送出則在點擊"運行"按鈕後進行。

（8）高速率最好加速率牽引處理

　　速率牽引一次處理,不用考慮狀態切換。即送出一次高速設置操作指令,然後送出速率數據,等待若干秒再送下次牽引速率指令。速率牽引過程中界面不得響應其他操作,除了"停止轉臺"。

（9）"修改"按鈕

　　只有在有鍵盤輸入後該按鈕才能有效,否則"灰態",執行過"停止轉臺"後也變"灰"。

（10）"運行"按鈕執行過程

　　先判斷220 V繼電器是否已打開,若沒打開則執行閉合220 V繼電器操作,延時3～5 s,然後再送出控制指令。若已經打開則直接送出控制指令。

（11）"停止轉臺"執行過程

　　先送00H指令,延時若干秒,再發送軟件保護指令,切斷功率驅動器的動力輸出(但並不切斷驅動器電源),延遲若干秒,再送出切斷220 V繼電器指令。

　　執行完"停止轉臺"後界面回到初始狀態。即只有位置輸入框可以操作,速率輸入有關內容全部變"灰"。

（12）"自動定位"執行過程

　　一旦有"自動定位"則除了讀取測角數據及保護信息、可以響應"停止轉臺"按鈕外,不響應其他操作,故其他操作相關內容變"灰"。

點擊"自動定位"後首先彈出對話框,要求輸入相關設置。對話框內容有:初始位置輸入、位置間隔、等待時間、"取消"和"確定"按鈕。

如果點擊了"取消"則對話框消失,退出"自動定位";點擊"確定"後,界面其他按鈕均變"灰",(除了"停止轉臺")開始執行"自動定位"功能。

"自動定位"的執行順序是先送低速設置,然後不斷地根據算出的位置執行數據,依次送出位置指令,判斷每個位置到位後等待設定的時間,然後再送出下次位置指令。執行到最後一個位置完畢後,轉臺一直定位在該位置上,直到有"停止轉臺"操作,才退出"自動定位"功能。

(13)保護信息處理

上位機界面不斷讀取測角值和保護信息,並將角度數據送到相應的顯示框顯示,然後判斷是否有保護;一旦出現保護,則彈出提示對話框,給出保護信息說明。對話框上也設置"OK"按鈕,點擊該按鈕後,對話框消失,程序退回到主程序,再次讀取以上內容,若故障未排除,會再次彈出提示對話框。對話框裏提示內容包括:故障類型、溫馨提示用戶先排除故障,然後再按前面板上的綠色復位按鈕等。

一旦出現保護有效,則界面不會再響應其他任何按鈕操作。其他按鈕可以不必變"灰",但不允許點擊操作。

(14)軟件設計的其他考慮

① 高/低速設置

a.初始化裏功能默認為"位置",同時設置為"低速";"高/低速"設置必須在初始化裏送出執行。

b.每次點擊"位置"按鈕時,都必須先設置"低速",然後在轉臺真正靜止狀態下送出,然後才能執行位置功能。

c.每次點擊"速率"按鈕時,自動根據速率給定值確定設置為"高速"還是"低速",然後在轉臺靜止狀態下送出"高低速"設置,延時一小會再送出"速率"指令。

② 速率牽引及牽引臺階

第一次速率狀態給定時,當給定速率大於某個設定的值,必須進行牽引。如果當前已經處於速率狀態,再次給定新的速率設定時,則必須根據本次給定同前次給定速率差是否大於某個值來判斷要不要加速率牽引。

牽引臺階設置為 30°/s 或 50°/s,臺階內的值直接給出,大於臺階的值則一個一個臺階的送出,每個臺階中間間隔一定的時間。

2. 操作界面軟件設計

界面采用 VC 來設計,可以達到接口友好,輸入方便,顯示直觀等效果。

上電時,轉臺處於不控狀態,進入接口時先初始化處理,確保轉臺處於自由狀態,然後根據用戶的接口選擇,確定進入哪一個控制狀態以及輸入控制量,用戶輸入確認後,則計算機根據用戶指令,執行不同的程序,完成不同的功能。

為了用戶操作方便,人機交換界面按照虛擬儀器的形式設計。系統所有的控制功能、控制輸入、保護按鈕以及角度顯示等都平面擺放在操作界面上。

一切設置都以一個文件的形式自動存儲,每次設定完畢後,在點擊"開始"鍵後,則自動將以上設定存儲。在下一次上電時若不進行新的設定,則計算機仍以最後一次工作的狀態及參數作為缺省設定,這時如果點擊"開始"鍵,則自動進入上一次設定的工作狀態。有關具體的 VC 高級語言程序設計此處不詳細介紹,圖9.20 給出實際設計的操作界面。

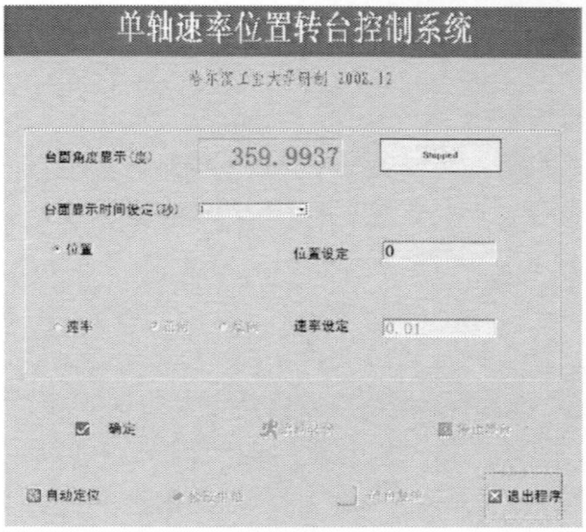

圖9.20　上位計算機操作界面示意圖

3. 上位機同串－並轉換單元的串行通信數據格式定義

一切由界面操作的輸出及界面讀取測角數據的操作都通過 RS232 口實現,這部分底層操作只涉及到上位機同串－並轉換單元的數據通信,下面給出通信數據格式約定設計。

通信數據從整體上分為 13 類,分別包括指令輸出數據(10 種)、從串－並轉換單元返回的輸入數據(3 類),下面詳細說明。

(1) 位置指令

srcom5	srcom4	srcom3	srcom2	srcom1	srcom0
D47 ~ D40	D39 ~ D32	D31 ~ D24	D23 ~ D16	D15 ~ D8	D7 ~ D0
yy	XF	XX	XX	XX	5A

其中 XXXXXX 代表對應 0 ~ 3599999 的數據二進制表示,XF 為位置指令標誌,5A 為指令類標誌。yy 表示軸選。yy = 50h - > 主軸軸選,yy = 70h - > 俯仰軸軸選(可選),yy = 90h - > 外軸軸選(可選)。X 為負載信息 X = 0 ~ 7。

(2) 速率指令

srcom5	srcom4	srcom3	srcom2	srcom1	srcom0
D47 ~ D40	D39 ~ D32	D31　D30 ~ D24	D23 ~ D16	D15 ~ D8	D7 ~ D0
yy	XE	+ / －　XX	XX	XX	5A

其中 XE 表示速率指令, + / － 為速率方向位(D31 位),XXXXXX(共23 位) 為速率數據,對應 0 ~ 250°/s 的每 1 ms 採樣週期的位置增量的 10 000 000 倍的二進制數,即 0 ~ 2 500 000 的二進制表示。指令類也是 5A。X 為負載信息 X = 0 ~ 7。yy 表示軸選。yy = 50h - > 主軸軸選,yy = 70h - > 俯仰軸軸選(可選),yy = 90h - > 外軸軸選(可選)。

(3)00H 指令

srcom5	srcom4	srcom3	srcom2	srcom1	srcom0

D47 ～ D40	D39 ～ D32	D31 ～ D24	D23 ～ D16	D15 ～ D8	D7 ～ D0
yy	00	12	34	56	5A

其中 00 為指令標誌,123456H 為糾錯碼,指令類也是 5A。yy 表示軸選。yy = 50h – > 主軸軸選,yy = 70h – > 俯仰軸軸選(可選),yy = 90h – > 外軸軸選(可選)。

(4)05H 指令

srcom5	srcom4	srcom3	srcom2	srcom1	srcom0

D47 ～ D40	D39 ～ D32	D31 ～ D24	D23 ～ D16	D15 ～ D8	D7 ～ D0
yy	05	12	34	56	5A

其中 05 為指令標誌,123456H 為糾錯碼,指令類也是 5A。yy 表示軸選。yy = 50h – > 主軸軸選,yy = 70h – > 俯仰軸軸選(可選),yy = 90h – > 外軸軸選(可選)。

(5) 正弦指令(可選)

srcom5	srcom4	srcom3	srcom2	srcom1	srcom0

D47 ～ D40	D39 ～ D32	D31 ～ D24	D23 ～ D16	D15 ～ D8	D7 ～ D0
yy	XC	12	34	56	5A

其中 XC 為指令標誌,123456H 為糾錯碼,指令類也是 5A。X 為負載信息 X = 0 ～ 7。yy 表示軸選。yy = 50h – > 主軸軸選,yy = 70h – > 俯仰軸軸選(可選),yy = 90h – > 外軸軸選(可選)。

(6) 伺服指令(可選)

srcom5	srcom4	srcom3	srcom2	srcom1	srcom0

D47 ～ D40	D39 ～ D32	D31 ～ D24	D23 ～ D16	D15 ～ D8	D7 ～ D0
yy	XB	12	34	56	5A

其中 XB 為指令標誌,123456H 為糾錯碼,指令類也是 5A。X 為負載信息 X = 0 ～ 7。

yy 表示軸選。yy = 50h – > 主軸軸選,yy = 70h – > 俯仰軸軸選(可選),yy = 90h – > 外軸軸選(可選)。

(7) 仿真指令(可選)

srcom5	srcom4	srcom3	srcom2	srcom1	srcom0

D47 ～ D40	D39 ～ D32	D31 ～ D24	D23 ～ D16	D15 ～ D8	D7 ～ D0
yy	XD	12	34	56	5A

其中 XD 為指令標誌,123456H 為糾錯碼,指令類也是 5A。X 為負載信息 X = 0 ～ 7。yy 表示軸選。yy = 50h – > 主軸軸選,yy = 70h – > 俯仰軸軸選(可選),yy = 90h – > 外軸軸選(可選)。

(8) 讀測角及保護信息指令

srcom5	srcom4	srcom3	srcom2	srcom1	srcom0

D47 ~ D40	D39 ~ D32	D31 ~ D24	D23 ~ D16	D15 ~ D8	D7 ~ D0
yy	12	34	56	78	55

其中 D39 ~ D8 的 12345678H 為糾錯碼,55 為指令類標誌。yy 表示軸選在此指令裏無用。

（9）寫定時測角時間及高低速設置指令

① 定時時間設置指令

srcom5	srcom4	srcom3	srcom2	srcom1	srcom0
D47 ~ D40	D39 ~ D32	D31 ~ D24	D23 ~ D16	D15 ~ D8	D7 ~ D0
yy	55	XX	34	56	AA

其中 srcom4 = 55H,表示指令為定時時間設置,srcom3 = XX 為小於 0BH 的數,表示定時時間,3456H 為糾錯碼,AA 為指令類。yy 表示軸選,yy = 50h - > 主軸軸選,yy = 70h - > 俯仰軸軸選(可選),yy = 90h - > 外軸軸選(可選)。

② 高/低速設置指令

srcom5	srcom4	srcom3	srcom2	srcom1	srcom0
D47 ~ D40	D39 ~ D32	D31 ~ D24	D23 ~ D16	D15 ~ D8	D7 ~ D0
yy	AA	80	34	56	AA
yy	AA	40	34	56	AA

其中 srcom4 = AAH 表示是寫高/低速設置,srcom3 = 80 表示高速,srcom3 = 40 表示低速。yy 表示軸選,yy = 50h - > 主軸軸選,yy = 70h - > 俯仰軸軸選,yy = 90h - > 外軸軸選。

（10）軟件保護及 220V 繼電器操作指令

① 設置繼電器操作指令

srcom5	srcom4	srcom3	srcom2	srcom1	srcom0
D47 ~ D40	D39 ~ D32	D31 ~ D24	D23 ~ D16	D15 ~ D8	D7 ~ D0
yy	55	0X	34	56	A5

其中 srcom4 = 55H 表示指令是設置繼電器操作,3456H 為糾錯用,A5 為指令類。yy 表示軸選,無用。srcom3 的低 8 位的低 4 位控制繼電器。D2D1D0 = 001 - > 主軸,D2D1D0 = 010 - > 俯仰軸(可選),D2D1D0 = 100 - > 外軸(可選),D3 = 0 - > 繼電器打開,D3 = 1 - > 繼電器關斷。

② 軟件保護操作指令

srcom5	srcom4	srcom3	srcom2	srcom1	srcom0
D47 ~ D40	D39 ~ D32	D31 ~ D24	D23 ~ D16	D15 ~ D8	D7 ~ D0
yy	AA	X0	34	56	A5

其中 srcom4 = AAH,表示指令是軟件保護操作,3456H 為糾錯用,A5 為指令類。yy 表示軸

選,無用。srcom3 的低 8 位的高 4 位控制軟件保護。D6D5D4 = 001 – > 主軸,D6D5D4 = 010 – > 俯仰軸(可選),D6D5D4 = 100 – > 外軸(可選),D7 = 0 – > 軟保護有效,D7 = 1 – > 軟保護無效。

(11) 串 – 並轉換單元返回給上位機的指令格式

stcom11 stcom10 stcom9	stcom8 stcom7 stcom6	stcom5 stcom4 stcom3	stcom2 stcom1	stcom0
(最高 3 個字節為外軸角度數據)	(此 3 個字節為俯仰軸角度數據)	(中間 3 個字節為主軸角度數據)	(此 2 個字節為保護信息)	55

其中(stcom11,stcom10,stcom9)24 位數據表示外軸角度位置的二進制數據值(可選)(stcom8,stcom7,stcom6)24 位數據表示俯仰軸角度位置的二進制數據值(可選),(stcom5,stcom4,stcom3)24 位數據為主軸角度的二進制表示,(stcom2,stcom1)16 位數據為保護信息,55 為指令類。stcom2,stcom1)定義如下:

	stcom2										stcom1				
D15	D14	D13	D12	D11	D10	D9	D8	D7	D6	D5	D4	D3	D2	D1	D0
應急	鎖緊	未用	未用	未用	未用	未用	未用	未用	未用	軟件	未用	未用	激磁	超速	功放

每位為"0"時為有保護,為"1"為無保護。

(12) 串 – 並轉換單元正確接收返回信息指令

stcom11	stcom10	stcom9	stcom8	stcom7	stcom6	stcom5	stcom4	stcom3	stcom2	stcom1	stcom0
00	00	00	00	00	00	00	00	00	00	00	A5

其中前面的 0000000H 可以作為糾錯用途,A5 為表示正確接收。

(13) 串 – 並轉換單元錯誤接收返回信息指令

stcom11	stcom10	stcom9	stcom8	stcom7	stcom6	stcom5	stcom4	stcom3	stcom2	stcom1	stcom0
00	00	00	00	00	00	00	00	00	00	00	AA

其中前面的 0000000H 可以作為糾錯用途,AA 為表示接收不正確。

4. 上位機界面操作軟件設計

(1) 啟動轉臺的上位機操作過程

當用戶選擇完各軸功能並輸入相應數據後,先點擊"確定"按鈕,然後點擊"啟動轉臺"按鈕,此時界面上的"修改"按鈕、"停止轉臺"按鈕和"退出界面"按鈕可操作。啟動轉臺後上位機程序要執行如下對底層端口的操作:

① 先根據界面輸入確定是給多個軸還是只對某一個軸發閉合 220 V 交流繼電器的指令,發這一指令前先判斷一下對應的軸的 220 V 繼電器是否已經打開,若未打開則發完指令後必須延時 5 s,否則不用延時;由於兩個軸的 220 V 繼電器要分別操作,可能出現一個打開另一個不打開,或者一個要延時另一個不用延時,故雖然他們是對一個端口進行操作,但最好分兩次操作,而且哪個沒有等待哪個先發。如果兩個都是第一次打開,則可以發一次,然後一起等待

5 s。

② 確保對應軸的 220 V 繼電器已經打開後,接着根據用户輸入功能發"位置"或"速率"或"自動定位"等指令;

③ 在發以上控制指令前,要先判斷是否是狀態切換,有狀態切換,則上位機要先發 05H 指令,然後延時 3 s 再送本次輸入的指令;

④ 如果本次輸入的指令是"速率",則要先判斷速率的大小,然後發"高 / 低速"設置指令,並按照 10°/s 牽引不斷發出"速率"指令;

⑤ 如果本次是位置類("自動定位"也屬於位置類指令)指令,則先發"低速"設置指令,然後再發當前"位置"指令。

注意:每次發主軸的"位置"、"速率"或"自動定位"指令時,上位機界面程序都會先發一個"高 / 低速"設置。

(2) 時間設置及負載設置上位機操作

只要界面上有顯示時間選擇操作和負載設置操作,則隨時給軸測角系統發送一個時間設置,或者形成主控系統指令的負載字段。這裏負載設置並不馬上發送什麼,而只形成負載字段,等真正發送控制指令時再把這兩個字段綜合到控制指令字段裏。

顯示時間設置和負載設置還有一個重要區別是:顯示時間不論何時都是可操作的,而負載設置則是在點擊完"啟動轉臺"後就變"灰",而且在進入界面後第一次點擊"確定"按鈕前必須給出提示信息,用户在點擊了信息框中的"確定"後方可進行別的操作,否則返回初始界面。

注意:時間設置和負載設置,在初次進入界面時默認為最小時間和最小負載,當設置完畢後,則在點擊"退出界面"前的任何時間裏,不論界面如何更新,都要保持。

(3) 停止轉臺底層操作過程

當用户點擊"停止轉臺"按鈕後,界面程序要執行如下一系列底層端口操作,然後界面要重新回到初始狀態,但以前的顯示時間設置和負載設置要保持。

① 給主控系統分別發 00H 指令,等待 3 s,然後發軟保護有效指令(一條指令裏同時完成,這時功率驅動系統的功率輸出會切斷,但 220 V 交流電並不下電);

② 軟保護發出後延時 0.5 s 後再發切斷驅動器 220 V 繼電器的指令,並同時復位軟保護(一條指令裏同時完成,繼電器和軟保護是一個端口);

③ 除了時間設置和負載設置保持外,程序界面回到初始狀態;

(4) 故障保護處理上位機操作過程

整個上位機程序一直在不間斷地讀取軸的測角數據並顯示,同時讀取軸的故障保護信息,一旦發現有保護則執行如下操作:

① 根據保護信息內容,來確定是否切斷 220 V 繼電器,并發出相應的切斷 220 V 繼電器指令,但注意不要發軟保護有效;

② 然後給主控系統發 00H 指令;

除了執行上述兩個底層操作外,還要彈出保護信息提示,並提醒用户在排除了故障後按下主控系統前面板上的綠色"復位"按鈕。這時界面上的其他操作區的按鈕全部變"灰",只有"轉臺復位"可以操作。當故障不再出現時,點擊完"轉臺復位"按鈕後,界面回到初始狀態(除了顯示時間設置和負載設置保持外)。當故障並未排除,則點擊"轉臺復位"按鈕後,程序還會再次彈出保護信息提示。

9.5.2 串－並轉換單元的軟件設計

1. 軟件功能及整體結構設計

　　串－並轉換數字單元是上位計算機同下位數字控制系統之間的中轉機構,起上傳下達作用,其匯編語言軟件主要完成對下位數字閉環控制系統的初始化處理、上位計算機的指令數據接收、解析及給上位機發送測角數據、指令分發及讀取測角數據和保護信息。

　　初始化處理具體包括對電源管理模塊的上電狀態的控制、無效指令的下達、故障的巡迴檢測及實時處理、測角數據的讀取及上傳。

　　上位計算機的指令數據接收和給上位機發送測角數據則主要涉及 RS232 的串行數據通信,具體包含數據的串行接收和發送、通信過程中的糾錯及指令數據解析。

　　指令分發處理包括對兩個不同模塊的控制操作,一是對數字控制系統的指令鎖存送達,另一是對故障檢測及保護模塊中的電源管理繼電器通斷控制操作。讀取測角數據和保護信息也涉及兩個不同模塊,一是從測角系統讀取,另一是從故障檢測及保護模塊讀取。這些操作都是通過本單元擴展的外部16位並行數據口和8位地址輸出口完成的。具體的操作在下面的有關部分詳細介紹。

　　整個程序分兩大部分,其一是初始化處理部分,其二是串行接收中斷處理部分。有關串行接收和發送、通信過程中的糾錯及指令數據解析及指令分發處理和讀取測角數據和保護信息部分都放在串行中斷處理程序段完成。

2. 串－並轉換單元同上位機的串行通信數據格式及接收、發送處理

　　串－並轉換單元同上位機的串行通信數據分為兩類,一類是從上位機接收的下行數據,另一類是傳回到上位機的上行數據。下行數據規定為 6 個字節長度,全部屬於指令數據;而上行數據規定為 12 個字節長度,包含返回給上位機的角位置信息同保護信息組合、正確或錯誤接收指示的返回信息。這裏的指令數據不同於以上介紹的指令數據結構,它不僅包含指令信息,還包含軸信息和糾錯信息。其具體結構在上位機軟件設計部分已經介紹過,此處不再重復。下面只介紹上位機同串－並轉換單元之間的數據通信過程。

　　通信處理放在串行接收中斷處理程序段裏完成,每次接收中斷接收一個 8 位數據,首先判斷是否接收完一組下行數據,不是則直接中斷返回,是的話表明完整接收完一組(6 個字節) 數據,然後形成一個完整的下行數據。接着判斷接收過程中是否出錯,接收正確則返回給上位機一個 12 字節的十六進制數 000000000000000000000000A5H,出錯的話則返回一個000000000000000000000000AAH信息。如果接收正確,則解析下行數據,得到真正的指令信息,然後按照指令要求完成相應的操作。

　　如果接收到的指令是讀測角及保護信息,則直接返回一個 12 字節的角位置與保護信息組合的返回信息,而不再返回正確或錯誤指示信息了。在中斷程序設計中,需要注意的是,中斷返回前一定要專門清除有關中斷標誌位,否則只能響應一次中斷請求。

　　另外當串行中斷在主程序的中斷禁區發生時或其他意外情況,在接收過程中可能丟失一組信息中的若干字節,這樣會造成上位機發送完畢6個字節而下位機只接收到少於6個字節的內容,這時下位機並不返回一個錯誤指示,而是等到接收下次發送的信息中若干字節湊夠 6 個字節時才會返回錯誤信息,引起接收錯位問題。為解決這個問題,要求上位機每次發送時加在正確信息後幾個字節無用信息以減少接收錯位的幾率。故這裏要先禁止接收並加入一定的等

待時間以丟棄多餘的發送信息字節。

串－並轉換單元與上位計算機串通信的接收中斷處理程序流程如圖9.21所示。

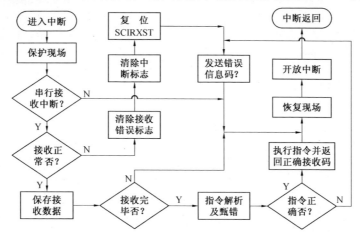

圖9.21　串－並轉換單元與上位計算機串行通信接收中斷處理程序流程

3.串－並轉換單元的下達指令數據格式及所有指令的具體處理過程

串－並轉換單元接收到的上位計算機指令分兩大類型:一類是下達指令,另一類是上傳指令。下達指令包括:① 發功能控制指令(00H、05H、XFH 和 XEH 指令) 給主控數字系統;②220 V 繼電器控制及軟保護操作;③ 高／低速設置及顯示時間設置操作。而上傳指令則包括:① 讀測角數據操作;② 讀保護信息操作。

下面詳細介紹下達指令的數據格式規定及下達、上傳的具體操作方法。

(1) 功能控制指令(00H、05H、XFH 和 XEH 指令) 數據格式

功能控制指令包括00H、05H、XFH和XEH指令,串－並轉換單元將這些指令發往主、耳軸(可選)的下位主控數字系統,下位主控數字系統按照這些指令工作在不同的狀態下。指令為32 位的數據,具體格式如下:

Ⅰ.00H 指令:　　D31 ～ D24 = 00H　D23 ～ D0 = 任意

Ⅱ.05H 指令:　　D31 ～ D24 = 05H　D23 ～ D0 = 任意

Ⅲ.XFH 指令(位置指令)

D31 D30 D29 D28 D27 ～ D24　　D23 ～ D0

0　0　X　X　F　　0 ～ 3 599 999 之間的數據。其中 XX = 00、01、10、11 中的某個,代表負載大小。

Ⅳ.XEH 指令(速率指令)

D31　D30　D29　D28　D27 ～ D24 D23　D22 ～ D0

0　0　X　X　E　＋／－　0 ～ 5 000 000 之間的數據(250°／s)

其中 XX:00、01、10、11 中的某個,代表負載大小。 ＋／－:0 或 1 代表速率方向。

(2)220 V 繼電器及軟保護操作指令數據格式

對電源管理的 220 V 繼電器及軟保護操作,是通過設置在保護板上的一個接口完成的,該口的片選地址設為 31H。往該口寫入一個 8 位數據即可同時完成兩個軸的 220 V 繼電器及軟

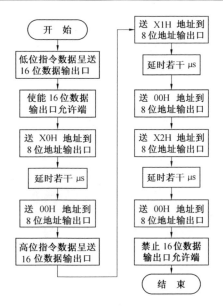

圖 9.22　下達指令操作流程

保護操作,8 位數據定義如下:

　　D7　D6　D5　D4　D3　D2　D1　D0 分別對應 X,X,耳軟保,主軟保,X,X ,耳繼電器,主繼電器。其中 X 代表未用,軟保位"1"為無效,"0"代表軟保有效,繼電器位"1"表示斷開繼電器,"0"表示打開繼電器。其中 D1 和 D5 位為可選位,一個軸時為 X(任意)。

　　(3)高／低速設置及顯示時間設置操作指令數據格式

　　顯示時間設置操作是通過設置在主控數字系統板上的專用端口(圖 9.7 中的 U3)完成,高／低速設置操作是通過設置在測角系統板上的專用端口完成的。這兩個端口共用一個端口地址。該端口的有效片選地址由設置在主控數字系統板上的圖 9.8 所示的電路產生,設為 X3H。對應的指令數據格式如下:

D7	D6	D5　D4	D3 ~ D0
X	X	兩位未用	顯示時間(00H ~ 0BH)

其中:XX = 01H 為低速,10H 為高速。

　　(4)下達指令的操作過程

　　下達指令的執行過程如下:

　　串 - 並轉換單元先將低(高)位指令數據寫入到外擴的數據總綫接口,接着打開其輸出允許端,將數據呈送到 DB0 ~ DB15 上,然後通過 8 位地址數據輸出口將低(高)位對應的有效地址數據寫入到外擴地址總綫 AB0 ~ AB7 上,由設置在主控數字系統板上的外部地址譯碼電路產生相應的有效片選,延遲若干 μs 再寫入一個公共無效地址 00H,人為產生一個低(高)位的鎖存信號,將 DB0 ~ DB15 上的指令數據鎖存到數字控制系統的指令輸入接口。32 位指令數據分兩次完成。最後寫一個中斷發生信號的有效地址,給 DSPLF2407A 發出中斷申請,完成一次下達指令操作過程。最後 AB0 ~ AB7 上保持的是 00H 數據,使外部數據總綫 DB0 ~ DB15

處於三態。程序流程圖如圖9.22所示。

（5）讀保護信息操作過程

軸的保護信息是從保護板上的一個口讀入的,該口的片選地址設為30H。當讀取保護信息時,串－並轉換單元先通過8位地址數據輸出口將有效地址數據30H寫入到外擴地址總綫AB0～AB7上,由保護板的片選譯碼電路產生有效片選信號,將一個16位的保護信息數據呈送外部數據總綫DB0～DB15,然後串－並轉換單元執行一個讀操作完成一次讀入,最後再往AB0～AB7寫入一個公共的無效地址00H,使DB0～DB15處於三態。讀保護信息的程序流程如圖9.23所示。

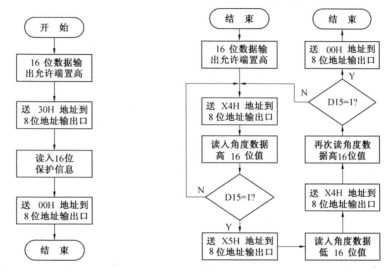

圖9.23　讀保護信息流程圖　　　　圖9.24　讀角度數據流程圖

（6）讀測角數據操作過程

軸的測角數據從主控數字系統板讀入,數據格式為32位(分高低16位),其片選信號分別從各自的主控板上圖9.7所示的電路產生。測角數據的高16位的有效地址為X4H,低16位的有效地址為X5H,X代表軸選地址。當串－並轉換單元管理多個軸主控制數字系統時,X可分別選為X＝5、7、9等。其具體讀入過程如下:

串－並轉換單元先通過8位地址數據輸出口將對應的有效地址數據寫到外擴地址總綫AB0～AB7上,該地址信息通過主控數字系統板上的地址片選譯碼產生片選信號,使能測角數據輸出高(低)允許,將16位角位置數據高(低)呈送外部數據總綫DB0～DB15上,執行一次讀操作完成一次測角數據高(低)位輸入。連續執行兩次這樣的過程,實現32位數據讀入。讀入完畢後,再往AB0～AB7上寫公共無效地址00H,使DB0～DB15處於三態。

角度數據的32位中只有24位有效,最高位代表數據準備好,用於同步。所以在讀取時,應該先讀高位,判斷最高位是否有效,再決定是否繼續讀取低16位數據,最高位無效時,則循環等待。每讀完一個完整的角度數據後再次讀入高位值,判斷D15是否有效,若變無效則本次數據作廢,重新讀取。圖9.24給出讀取角位置數據的流程圖。

4.串－並轉換單元的初始化處理及主程序設計

串－並轉換單元上電後,首先要進行初始化處理,包括所有的變量初始化和對接口的初

始化處理,然後循環檢測保護信息,有保護則及時進行保護處理,否則返回到循環檢測主程序。對接口的初始化操作過程如下:

(1)上電後,盡可能早地先發切斷電機驅動器的交流 220 V 控制繼電器,同時復位軟保護指令。由於主、耳軸(可選)的切換交流 220 V 繼電器和軟保護是對同一個底層端口操作,故發一次指令即可(發一個 0FFH 數據到 31H 端口即可);

(2)給主、耳軸(可選)主控數字系統發一個 00H 指令(自由狀態控制,可選);

(3)給主軸測角系統發一個低速設置和 0.5 s 時間顯示設置,由於這兩個操作也是對同一底層端口操作,故發一條指令即可;

(4)讀取兩個軸的保護信息數據(耳軸為可選)並判斷是否有保護,有保護則直接執行保護操作,無保護則繼續;

(5)開放串行接收中斷,返回到(4)。

初始化處理及主程序流程圖如圖 9.25 所示。

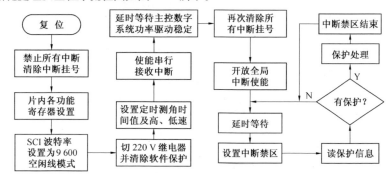

圖 9.25　串 — 並轉換單元的初始化處理及主程序流程

9.5.3　主控數字系統的軟件設計

主控數字系統的軟件設計包括許多方面的內容。首先需要考慮如何將基於模擬設計的控制器轉換為適合數字算法實現的離散化形式、軟件控制器的結構安排、精密速率的實現方法以及一些有關過零處理等軟件設計基礎,其次得考慮數字控制軟件要實現哪些功能及整體結構、每部分程序的具體設計流程等等。下面詳細介紹。

1. 雙控制器離散化處理

用軟件編程實現數字控制,首先需要將粗控制器和精控制器的連續校正環節對應的微分方程離散化為差分方程,常用的方法是採用雙線性變換。離散化時要先選定一個採樣週期,為了減小零階保持器的影響,一般基於以下兩個原則來選取採樣週期:① 應盡量使轉折頻率 $2/T_s$ 在整個系統中為最大;② 它在剪切頻率處引入的相位滯後不能太大,一般以小於 $5°$ 為宜。選 $T_s = 0.001$ s,因此 $2/T_s = 2\,000$ rad/s。當系統剪切頻率為 20 Hz 時,零階保持器引入的相位滯後位 $\Delta PM \approx 5.39°$[49]。

採用雙線性變換的精控制器的校正環節表達如下

$$D(z) = \frac{u(k)}{e(k)} = \frac{K_p(1 + Ts)^2}{s(1 + \alpha Ts)^2}\bigg|_{s = \frac{2}{T_s}\frac{z-1}{z+1}} \tag{9.13}$$

其中 $e(k)$ 為系統的位置偏差量，$u(k)$ 為精控制器的控制量。整理式(9.13)，可得精控制器的差分表達

$$u(k) = \frac{6\alpha T - T_s}{2\alpha T + T_s}u(k-1) + \frac{(6\alpha T + T_s)(T_s - 2\alpha T)}{(2\alpha T + T_s)^2}u(k-2) + \frac{T_s^2 - 4\alpha T T_s + 4\alpha^2 T^2}{(2\alpha T + T_s)^2}u(k-3) +$$

$$\frac{K_p T_s(T_s^2 + 4T T_s + 4T^2)}{2(2\alpha T + T_s)^2}e(k) + \frac{K_p T_s(3T_s^2 + 4T T_s - 4T^2)}{2(2\alpha T + T_s)^2}e(k-1) +$$

$$\frac{K_p T_s(3T_s^2 - 4T T_s - 4T^2)}{2(2\alpha T + T_s)^2}e(k-2) + \frac{K_p T_s(T_s^2 - 4T T_s + 4T^2)}{2(2\alpha T + T_s)^2}e(k-3) \qquad (9.14)$$

采用雙綫性變換的粗控制器結構為

$$D'(z) = \frac{u_1(k)}{v(k)} = \frac{K_c(1 + Ts)}{s(1 + \alpha Ts)}\bigg|_{s = \frac{2}{T_s}\frac{z-1}{z+1}} \qquad (9.15)$$

整理式(9.15)，可得粗控制器的差分表達

$$u_1(k) = \frac{4\alpha T}{T_s + 2\alpha T}u_1(k-1) + \frac{T_s - 2\alpha T}{T_s + 2\alpha T}u_1(k-2) + \frac{K_c T_s(T_s + 2T)}{2(T_s + 2\alpha T)}v(k) +$$

$$\frac{K_c T_s^2}{T_s + 2\alpha T}v(k-1) + \frac{K_c T_s(T_s - 2T)}{2T_s + 4\alpha T}v(k-2) \qquad (9.16)$$

其中 $v(k)$ 為系統的速率偏差量，$u_1(k)$ 為粗控制器的控制量。

将採樣週期和模擬控制器參數代入式(9.14)及(9.16)，即可求得數字控制器的參數，然後利用專用程序或手工將這些參數轉換為第5章的5.8.1中介紹的6字節浮點數形式。

2.控制器實現的軟件結構安排

控制器實質上由兩部分搆成，一部分是控制變量的RAM，另一部分是控制器參數表。對於DSPLF2407A處理器的數字控制實現來講，控制變量安排在片內RAM區B1裏，而控制器參數則直接以表的形式安排在程序代碼段。具體情形如下：

控制變量存放RAM設置到片內RAM – B1 256個字空間(0300H ~ 03FFH)，三個字表示一個浮點數變量，尾數為32位，數符在最高位隱含，階碼為移碼表示僅用到低8位(SSRx – > 浮點數高字，SSRx + 1 – > 浮點數低字，SSRx + 2 – > 浮點數階碼)。

```
------------------- 控制變量 -------------------
         CJTTAB    .usect   "defvar1",  32;   380H(DP = 07h)
         SSR12.     usect   "defvar1",   3;   u1(k – 2) – 3a0H
         SSR11.     usect   "defvar1",   3;   u1(k – 1) – 3a3H
         SSR10.     usect   "defvar1",   3;   v(k – 2) – 3a6H
         SSR9.      usect   "defvar1",   3;   v(k – 1) – 3a9H
         SSR8.      usect   "defvar1",   3;   v(k) – 3acH
         SSR7.      usect   "defvar1",   3;   u(k – 3) – 3afH
         SSR6.      usect   "defvar1",   3;   u(k – 2) – 3b2H
         SSR5.      usect   "defvar1",   3;   u(k – 1) – 3b5H
         SSR4.      usect   "defvar1",   3;   e(k – 3) – 3b8H
         SSR3.      usect   "defvar1",   3;   e(k – 2) – 3bbH
         SSR2.      usect   "defvar1",   3;   e(k – 1) – 3beH
         SSR1.      usect   "defvar1",   3;   e(k) – 3c1H
```

```
        SSR0.        usect       "defvar1",   3;       留白空間 – 3c4H
```

– – – – – – – – – – – – – – – 變量定義結束 – – – – – – – – – – – – – – – –

以 CPTAB1、CPTAB2、CPTAB3 為表頭的三個表分別代表位置精控制器參數,位置粗控制器參數和速率控制器參數。每個參數都以 3 字浮點數表示,前兩個字為 32 位尾數,第 3 個字表示階碼,從低字位到高字位依次存放。精控制器參數 7 個,粗控制器參數有 5 個。具體如下:

```
                                   . text
```

– – – – – – – – – – – – – 精位置控制器參數表 – – – – – – – – – – – –

```
    CPTAB1:     . word    6ffah,0ef7bh,007bh        ; – a3  ts = 1 ms.
                . word    2043h,0e57fh,007fh        ; – a2
                . word    285eh,3580h,0080h         ; – a1
                . word    4004h,7f7eh,007eh         ;b3
                . word    0cec4h,107eh,007eh        ;b2
                . word    0bfbch,007eh,007eh        ;b1
                . word    4f0ch,907eh,007eh         ;b0
```

– – – – – – – – – – – – – 粗位置控制器參數表 – – – – – – – – – – – –

```
    CPTAB2:     . word    0a00ah,6e00h,0080h        ; – a2
                . word    1401h,4d00h,0080h         ; – a1
                . word    0ec84h,5300h,0080h        ;b2
                . word    3a64h,8c00h,0080h         ;b1
                . word    7257h,217eh,007eh         ;b0
                                   . align
```

– – – – – – – – – – – – – 精密速率控制器參數表 – – – – – – – – – – – –

```
    CPTAB3:     . word    6ffah,0ef7bh,007bh        ; – a3  ts = 1 ms.
                . word    2043h,0e57fh,007fh        ; – a2
                . word    285eh,3580h,0080h         ; – a1
                . word    4004h,7f7eh,007eh         ;b3
                . word    0cec4h,107eh,007eh        ;b2
                . word    0bfbch,007eh,007eh        ;b1
                . word    4f0ch,907eh,007eh         ;b0
```

– –

以上兩個段用 2407A. CMD 文件中帶陰影部分來定義,分別指向片內 RAM – B1 和程序存儲區,具體如下:

MEMORY

{

　PAGE 0:／* 程序存儲空間 */

　　PM :ORIGIN = 0H ,LENGTH = 08000H／* 32K 片上 flash 空間 */

　　SARAM_P :ORIGIN = 08000H,LENGTH = 0800H／* 2K SARAM in program space */

　　EX1_PM :ORIGIN = 08800H,LENGTH = 07600H／* 外部 RAM */

　　B0_PM :ORIGIN = 0FF00h,LENGTH = 0100h／* 片內 DARAM 當 CNF = 1 時,否則外部

*/

```
                    /* B0 = FF00 to FFFF */
  PAGE 1: /* 數據存儲空間 */
    REGS :ORIGIN = 0h ,LENGTH = 60h /* Memory mapped regs & reservd address */
    BLK_B2 :ORIGIN = 60h ,LENGTH = 20h /* Block B2 */
    BLK_B0 :ORIGIN = 200h ,LENGTH = 100h /* Block B0,片內 DARAM 當 CNF = 0 時 */
    BLK_B1 :ORIGIN = 300h ,LENGTH = 80h /* Block B1 */
    BLK_B11 :ORIGIN = 380h ,LENGTH = 80h /* Block B1 */
    SARAM_D :ORIGIN = 0800H ,LENGTH = 0800h /* 2K SARAM in data space */
    PERIPH :ORIGIN = 7000h ,LENGTH = 1000h /* 外設寄存器空間 */
    EX2_DM :ORIGIN = 8000h ,LENGTH = 8000h /* 外部數據 RAM */
  PAGE 2: /* I/O 地址空間 */
    IO_EX :ORIGIN = 0000h,LENGTH = 0FFF0h/* External I/O mapped peripherals */
    IO_IN :ORIGIN = 0FFF0h,LENGTH = 0Fh/* On – chip I/O mapped peripherals */
}
SECTIONS
{
    vectors :{} > PM PAGE 0          /* 中斷向量指向程序存儲空間 */
    .text :{} > PM PAGE 0            /* 程序代碼段指向程序存儲空間 */
    .bss :{} > BLK_B2 PAGE 1         /*    */
    defvar :{} > BLK_B1 PAGE 1
    defvar1 :{} > BLK_B11 PAGE 1     /* 控制變量定義到片內 B1 塊 */
}
```

3. 精密速率的軟件實現方式

精密速率以位置的斜坡給定來實現,每個採樣週期位置給定增加一個對應速率給定的位置增量,閉環系統采用與精密位置控制相同的結構。

但由於要實現最低 0.000 1°/s 的速率分辨率,採樣週期選為 1 ms,則每個採樣週期的位置增量將為 0.000 000 1。為了計算方便,位置反饋采用放大 10 000 倍的角度數據,即 0.000 1 的位置分辨率對應當量 1,則位置每採樣週期的增量當量表示為 0.001,也無法用匯編語言實現直接運算(匯編語言只能直接處理整型數據),為此必須將精密速率的位置給定再放大 1 000 倍,轉變為整型數據格式後參與運算。比如若要實現 123.456 7°/s 的速率給定,則每個採樣週期的位置增量可表達為 1 234 567。為保持反饋位置量同指令位置量的當量一致,對反饋的位置量也必須做 1 000 倍的放大處理,因此求得的偏差其實也放大了 1 000 倍。

上面講到,在精密速率方式下,位置偏差的值被放大了 1 000 倍,為了保證系統穩定,前向通道的放大倍數應該乘以 0.001,因此精密速率的控制器參數中的 b_0、b_1、b_2 都將相應地是精密位置控制器對應參數的 0.001 倍。

4. 精密位置控制方式下的最短路徑軟件處理

回轉運動存在一個 360° 過零問題,這就可能造成控制過程中轉臺不是按照最短路徑運動,尤其是當目前位置同目標位置分處 0° 兩邊附近時表現得更加明顯。為瞭解決這個問題,在程序設計時需要加如下處理。判斷每個採樣週期求得的位置偏差之絕對值是否大於 180°;當大於時,則進一步判斷偏差的符號,若是負號,則在偏差值上加 360°,否則減 360°。偏差不大於 180° 則不加處理,直接參與控制量綜合。這樣就可保証在任何時候,轉臺都能按照最短路徑運動。

5. 精密速率控制模式下的軟件過零處理

對於增量位置方式實現的精密速率,一般位置處不會出現問題,但過零時則會出現一個非常的位置偏差,這時必須進行過零處理。這種過零包括兩種不同的情況,一是不斷疊加增量的指令過零,另一個是由於實際反饋位置量的過零造成位置偏差的過零問題。

指令的過零處理非常簡單,每次疊加位置增量後判斷指令值是否超過 360° 或者遞減後是否出現負值。超過 360° 則減去 360° 作為當前的指令;若小於 0 則加 360° 作為當前的指令值。

絕對精密速率方式下,一周只出現一次過零;而相對精密速率方式下,則會出現若干次過零(本設計裏會出現 360 次)。為方便設計,這裏采用絕對方式。偏差的過零處理如下:若偏差為負并且絕對值大於 1 800 000 000,則帶符號的偏差加 3 600 000 000 得到最終的偏差值;若偏差為正且絕對值大於 1 800 000 000,則偏差減去 3 600 000 000 得到最終的偏差值。

這裏有個問題需要引起注意,這就是以這種方式實現精密速率,其允許的最大速率要受到兩個因素限制。一是受 24 位指令數據位能表示的最大數的限制,另一是受到過零判斷的閾值的限制。

6. 主控數字系統軟件功能及整體結構設計

主控數字系統是完成閉環數字控制的核心部分,它要接收上位機的鍵盤指令,測角數據的粗 - 精耦合,實現角位置反饋、輸出及顯示,而且要求取指令與反饋的偏差,完成數字控制算法的運算及控制量的輸出,實現閉環控制。 對應的主控數字系統軟件則主要實現 DSPLF2407A 本身的初始化設置、測角系統粗 - 精耦合處理及控制系統的相關寄存器初始化、指令數據讀取的鍵盤中斷處理、採樣定時中斷裏的測角系統粗 - 精耦合角位置反饋數據形成、角度顯示及閉環系統數字控制算法運算。

整個軟件分為三個部分:① 初始化部分;② 指令數據讀取的鍵盤中斷子程序部分;③ 完成測角數據處理、顯示及數字控制器算法的採樣定時中斷處理子程序部分。

7. 主控數字系統鍵盤中斷處理子程序設計

前面提到,串 - 並轉換單元分發指令給主控數字系統時,先將 32 位指令數據鎖存到主控數字系統的接口鎖存器裏,然後發一個中斷信號給主控數字系統。主控數字系統讀取上位機的指令就是通過響應這個中斷來實現的。

硬件上采用 DSPLF2407A 的外中斷 XINT2 實現鍵盤中斷,在軟件上同採樣定時中斷、SCI、SPI、CAN 等中斷共用一個 CPU 中斷向量地址 0002H,外設中斷向量為 0011H。

CPU 響應一級中斷後,進一步根據外設中斷寄存器的內容來判斷是否是 XINT2 中斷,是則進入鍵盤中斷處理。進入中斷處理後首先需要清除 XINT2 中斷標誌,否則處理器只響應一次中斷,不再響應下次中斷請求。然後從 2000H、1000H 兩個 I/O 地址處分別讀入上位機指令數據。進一步判斷是位置指令還是速率指令,再分別進行指令的甄錯、形成主控數字系統格式的指令數據、更新控制指令寄存器,最後重新使能整體中斷控制位,中斷返回。

位置指令的甄錯處理是判斷位置給定值是否超過 3 600 000,超過則當 0 給定處理。速率指令的處理則先將當前角位置值擴大 1 000 倍,得到位置斜坡給定的初值,然後判斷速率給定是否超過最大限制,超過則當零速率給定處理。具體的子程序設計流程如圖 9.26 所示。

8. 主控數字系統採樣定時中斷處理子程序設計

採樣定時中斷處理程序是數字控制的核心程序段,硬件上采用 DSPLF2407A 的外中斷 1

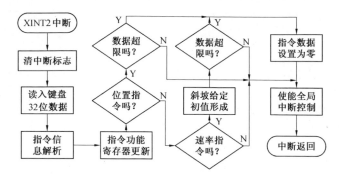

圖9.26　主控數字系統鍵盤中斷子程序流程圖

作為觸發源,1 ms 中斷一次。它主要完成測角系統的粗－精耦合,求取角位置反饋量、輸出 BCD 碼顯示、輸出供上位機讀取的角位置信息,同時完成整個數字閉環系統的偏差求取、多控制器算法的浮點運算、多控制器切換控制的切換律實現、控制量的 D/A 輸出等。

測角系統粗－精耦合是該程序段中一個重要的部分,它在每個採樣週期內,讀取測角系統的未耦合的雙通道數據,然後根據第8章的8.2.11節介紹的方法進行粗－精耦合處理,得到一個高分辨率、高精度的絕對角位置值。此段程序實現的功能包括粗－精耦合、定時測角、十平均處理、BCD 碼顯示輸出、供上位計算機讀取的角位置信息輸出等等以及原理方法都與 8.2.11 節中介紹的基本相同,所不同的是這個實例中的粗－精耦合處理器和數字控制採用同一個處理器,這樣不僅有利於簡化硬件設計,而且角位置反饋量直接從處理器的內部 RAM 讀取,軟件設計上也相對簡單。

雖然每個採樣週期都需要進行測角數據處理,但角度的顯示不是每個採樣週期都更新,而是根據設置來確定,定時是由採樣週期的時鐘週期實現計時。十平均顯示處理則是固定 1 s 鐘更新一次。有關內容的詳細介紹參見 8.2.11 節,此處不再贅述。

在每個採樣週期內不僅要完成以上的測角系統的數據處理,更主要還得完成數字閉環控制,這一段程序必須順序安排在測角數據處理之後,這是因為數字控制實現首先需要得到測角的反饋數據。進入此段程序後,首先判斷當前指令功能是位置、速率、00H、05H 指令還是其他非法指令,非法指令則一律不響應。00H 指令時,則系統先進行制動,然後將控制量置 0,系統處於開環。執行 05H 指令時,則只進行制動處理,這時閉環系統工作在 0 速率給定下的速度反饋狀態下,等待新的指令給定。響應位置指令時,先啟動測速 A/D,然後求位置偏差,根據偏差大小進行切換控制,當前系統具體工作在哪個狀態,則根據 9.4.1 節介紹的規則決定。大、中偏差下工作於不同速度給定下的測速閉環狀態,小偏差時則工作於精密位置控制狀態。若當前為速率給定,則先對位置反饋進行 1 000 倍放大,然後與疊加了每個採樣週期對應的位置增量的斜坡位置指令比較,求取偏差信號,接着進行過零處理,然後直接調用精密速率控制器算法。每個採樣週期內都要對控制變量序列進行移位更新處理,同時更新當前的偏差和當前的控制量,最後通過 D/A 轉換送出當前的控制量。

整個採樣定時中斷程序的大概流程圖如圖 9.27 所示。

9. 主控數字系統初始化處理設計

初始化處理程序段主要完成 DSP 本身的一些控制寄存器、工作方式、管脚特性配置等設置,上電後第一個測角數據處理及顯示,控制系統相關的狀態、寄存器等設置,然後開放中斷,

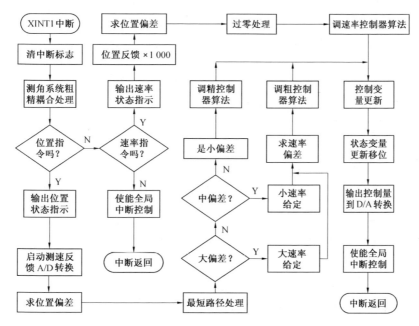

圖 9.27　主控數字系統採樣定時中斷處理子程序流程圖

循環等待響應 XINT1 或 XINT2 的中斷申請。

外部中斷輸入 XINT1、XINT2,SCI、CAN 總綫等都配置為基本功能,分別用於實現採樣定時中斷、鍵盤給定中斷、RS485/422 串行通信、CAN 總綫數據通信。IOPB7 用於 RS485/422 的控制切換,IOPF1 用於使能測角數據的高、低 16 位輸出口,IOPF0 用於測角數據準備好信號,IOPF6 可設置為外部看門狗的"餵狗"信號端,它們都設置成一般 I/O 的輸出功能。IOPE1 用於讀入 A/D 轉換結束標誌,配置為一般 I/O 的輸入功能。

串行通信的波特率設置為 9 600,一個停止位、偶校驗、8 位數據位、空閒綫模式。

所有中斷都使用高優先級的 INT1 中斷向量。I/O 等待週期設置為等待 2～3 個狀態週期,外部程序空間讀、寫等待 0 個狀態週期。

控制指令默認為 00H,控制變量序列全部清 0,D/A 轉換送 0 控制量輸出。

由於初始化處理比較簡單,這裏只簡單介紹一下其要處理的內容和設置哪些功能等,不再給出程序設計流程圖。

9.6　閉環數字控制系統的實際調試

實際調試分為兩大階段:一是對如上設計或選取的各個子系統包括上位機系統、串－並轉換單元、主控數字系統、角位置反饋及測量系統、電機及其驅動系統等進行功能調試,確保每個部分能正常工作。二是整個閉環系統的聯調。

對於串－並轉換單元、主控數字系統及上位機部分,主要是功能調試,不涉及精度等指標,調試內容則包括硬件和軟件兩部分。其一般方法和步驟如下:①PCB 板焊接完畢後,先測試電源部分是否正常;② 結合軟件調試各個接口硬件功能;③ 整體軟件功能調試。

9.6.1　閉環數字控制系統調試的一般步驟

開始聯調之前,首先將各個部分通過外接電纜相連,構成一個完整的數字控制系統,然後再進行閉環控制系統的參數調試,以保証系統穩定及滿足要求的精度等指標。一般的調試步驟如下:

(1)檢查連接電纜的正確性,確保每個信號按照原理設計相連并且不與任何不該相連的信號短接。

(2)開環檢查執行器也即電機是否能正常工作,並進一步確定輸入信號的極性同運動方向的關係。這裏可不必保証輸入信號為正時,電機必須正向轉動,但如果信號為正時,電機反向轉動,則為了保証控制系統前向通道的正性,必須在軟件上進行調整。

(3)開環檢查位置反饋單元的正確性,確定位置增大方向是否和規定的正方向一致,不一致則更改位置反饋單元的設置。在調試控制系統時,可先不考慮角位置的精度問題,待控制系統調試完畢後再進行測角精度調試。

(4)開環檢查速率反饋的正確性,並測試其反饋信號極性,也可不必追求正轉時其速率反饋的模擬信號必須為正,但為保証負反饋特徵,必須在 A/D 轉換的數據處理時糾正。

(5)利用仿真器在程序裏給定一個速率輸入,調試速度反饋閉環系統。先按照設計的參數設置一個前向同道放大係數,進行調試,看系統是否能夠穩定,不穩定則將前向放大係數減小。若放大係數改變不能保証系統穩定,則根據實際情況改變其他參數,直到系統穩定。

(6)利用仿真器人為給定一個小的位置階躍,調試位置閉環的精控制器,直到系統穩定並滿足系統帶寬要求,同時具有合適的階躍力矩干擾抑制能力。

(7)利用仿真器給定一個大的位置階躍輸入,調試雙控制器切換律,直到系統能按照要求穩定切換。

(8)將上位機、串－並轉換單元同主控數字系統相連,指令通過上位機人機交互界面輸入,調試整個系統的功能。

(9)基於調試完畢的控制系統,利用外部光學基準測試角位置測量及反饋單元的精度,並進行調整,直到滿足系統的精度指標。

(10)最後按照檢測大綱,對設備進行綜合檢測。

9.6.2　利用仿真器調試數字控制系統時的一些注意事項

在數字閉環控制系統的調試中,為了調試過程中的參數等更改方便,一般采用仿真器方式進行,此時整個控制系統的程序不是存放在最終的程序存儲器裏執行。因此有些問題需要注意。

1. DSPLF2407A 的 SCSR2 設置問題

系統控制與狀態寄存器 2(SCSR2)中有兩位關乎到處理器上電運行方式,其中 SCSR2.3 位為使能或禁止引導 ROM 控制位,調試過程中一般不會使用內部引導,故該位一定設置為 1,SCSR2.2 位控制 MP/MC 選擇,仿真時應該選擇為 MP 方式,故該位應置 1。因此在仿真時 SCSR2 應裝載的值為 000EH。但程序調試完畢,在下載到 DSP 片內 FLASH 程序存儲器時,必須將 SCSR2 的裝載值改為 000AH,也即 SCSR2.2 必須置 0 方可正確脫機運行。

2. 等待週期問題

DSPLF2407A 為同外部慢速器件接口,提供了總綫等待週期設置功能,通過初始化設置等待狀態發生器控制寄存器WSGR實現。它允許對外部I/O、數據和程序讀/寫操作的等待週期分開單獨設置。本系統只涉及 I/O 和程序空間操作的狀態等待設置,下面分別介紹。

(1)I/O 空間操作的等待週期設置

不論在仿真還是脫機運行,都是對同樣的擴展 I/O 進行操作,故設置上不必更改。實際檢測可知,當 I/O 等待設置為 0、2、3、4、7 時,真實的寫片選負脈沖寬度分別為 22 ns、68 ns、97.6 ns、121 ns 和 198 ns,而實際的讀片選則分別為 13.6 ns、88.8 ns、118 ns 和 188 ns。所以根據實際情況并且兼顧讀和寫的差別和可靠性,設置等待週期為2~3個狀態週期比較合適。若為了提高速度,也可設置為 1 個等待狀態週期。

(2)程序空間操作等待狀態週期設置

仿真方式和 FLASH 運行方式在等待週期設置上會有區別,這是因為仿真時程序在外部 RAM 裏運行,而脫機運行時,則是在 FLASH 裏運行。為了保證可靠,仿真時最好把程序空間的等待週期設置為 1 個狀態週期,而在下載程序時改為 0 個等待狀態週期。實驗證明,其實即使在仿真方式下,0 個程序空間狀態等待也是可以的。另外為確定整個程序運行的時間時,在 0 個等待狀態週期設置下測量比較準確。

3. 程序下載問題

DSPLF2407A 有三種程序下載方式。第一種方式是 SPI 下載,此時調試完畢的程序以十六進制格式存儲在外部的串行 EPROM 裏,上電時通過內部引導 ROM 完成下載;第二種方式是 SCI 下載,此時程序存儲在上位計算機裏,上電時通過內部引導 ROM 將程序下載到目標系統運行。第三種是使用調試工具包中的內置下載器,通過調用 LOAD 命令可將程序下載到 DSPLF2407A 內部 FLASH 裏。

對於 DSPLF2407A 常用第三種方式完成程序下載。在下載時,DSPLF2407A 的 VCCP 引腳必須接到外部提供的 +5 V 電源上,MP/MC 引腳必須接到"0"。下載前程序中需要更改的設置如 SCSR2 控制寄存器、等待狀態週期設置及看門狗設置等一定要注意先更改後再下載。

4. 看門狗設置問題

在程序調試期間,禁止開啟看門狗功能,這是因為看門狗一旦啟動就會獨立運行,所以在仿真方式下,由於要實現單步執行、斷點執行等經常會出現看門狗定時器溢出。而在下載程序前應該開啟看門狗功能。

9.6.3 調試過程中的其他值得考慮的問題

1. 切換閾值設置問題

在控制系統設計一節可知,切換閾值理論上可選為 0.02°,但在實際調試中,可以調整,取決於精控制器模式下的系統的綫性範圍。有時因為精控制器下閉環系統的超調過大,會造成系統在兩個控制器之間多次切換,為避免這一情況出現,就需要將切換閾值放大一些;也有時因為精控制器下的系統前向放大係數要求較大導致綫性範圍變小,此時為了保證切換的穩定,需要將切換閾值設計的小些;具體如何選取則根據實際情況調整。

同樣,切換律中從粗控制器切換到精控制器的切入速率也需要根據實際情況進行調整,有時需要進一步減小切入速度。

2. 切換滯環設置

在實際系統調試時,可能會遇到精控制器下的系統綫性範圍相對較大,但為了更平穩地切換,切換閾值選擇的比較小,同時閉環系統超調還相對較大,造成雙控制器的多次切換甚至不穩定切換。為解決這個問題,可以將切換閾值設計成帶狀切換域的形式,即切入時的閾值較小,而切出的閾值較大,保証一次切入成功。

3.隨機大干擾的保護問題

在轉臺運行過程中比如精密速率狀態下,有時會由於隨機大干擾造成大的位置偏差,從而導致精密速率系統出現"飛車",出現超速保護,甚至可能給被測試件造成損害。為瞭解決這個問題,在主控數字系統程序中加入一段異常大偏差處理代碼。其原理是,每個採樣週期內都判斷系統偏差,一般正常情況下偏差不會超過1°,因此若偏差超過3°或5°,則程序上會自動執行一個00H指令,並立刻返回。這樣當下一個採樣週期到來時,程序會先運行一段速度反饋制動,等轉臺速率降到某個小的速度時,給D/A轉換送一個0輸出量,然後將系統切到開環方式,使轉臺處於自由狀態。

4.角位置反饋中一、二次諧波對系統速率平穩性的影響

當位置控制系統參數調試完畢後,在進行速率系統調試時有時會出現低頻振盪,那麼到底是因為系統校正參數調試的問題還是系統中存在的其他因素造成這樣的振盪往往會給調試者造成困惑。從原理上講,一般在位置方式下調整完校正參數後再出現振盪,大部分情況下不是因為控制器參數不合適引起的,因為對於以鑒幅型測角系統作為運動控制的角位置反饋的數字控制系統來講,其速率功能可以靠位置斜坡指令給定方式來實現,此時系統仍然是一個位置閉環系統,故控制器參數造成振盪的可能性很小。

在控制系統功能調試過程中,往往不考慮測角系統的誤差,但未經調試的測角系統一般至少含有一次和二次諧波誤差,這樣的誤差會造成系統走速率時出現波動,其波動頻率同速率大小成正比,速率越大,則波動頻率越大。

如果調試中出現這樣的低頻振盪,可以通過示波器檢測數字控制系統的D/A轉換信號看到波動的波形。假設是由於系統參數調整不合適造成振盪,則可以通過改變前向通道的放大係數改變波動的頻率,但如果是由於測角系統的一、二次諧波引起的波動,則通過調整前向放大係數不會改變波形的頻率,只會改變振盪的幅度。

由測角系統一、二次諧波引起的速率波動,其表現形式如下:令系統以1 °/s的速率運行,通過示波器檢測D/A轉換的波形可見,當測角系統采用360對極的感應同步器作為精測傳感器時,存在一次諧波誤差時,速率波動將是1 Hz;存在二次諧波誤差時,速率波動頻率將是2 Hz。

所以在進行最終的系統調試時,最好先將系統的測角精度調好,以便排除測角誤差的影響。如果測角系統精度滿足要求還有波動出現的話,則可進一步查找其他因素的影響,然後設法從控制律等角度來消除這樣的波動。

9.6.4　轉臺閉環數字控制的位置響應實測曲線

圖9.28為直接給定小階躍時的位置響應[49],此時控制系統直接進入精控制器模式。從圖9.28中可見,經過大約1.4 s後位置誤差穩定在±0.000 1°之間,精控制模式下的閉環控制系統具有一定的超調。

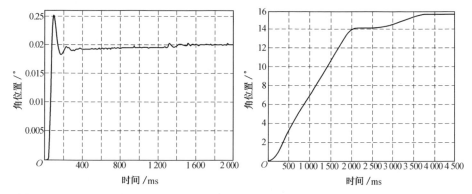

圖9.28　精控制器模式下位置系統階躍響應的　　圖9.29　雙控制器切換控制下系統位置階躍響
　　　　實測曲綫(定位到0.02°)　　　　　　　　　　　應的實測曲綫(定位到15.652 2°)

圖9.29給出0~16.652 2°階躍響應實測曲綫。從圖9.29中可見,系統在0.4~1.9 s之間以7.5°/s左右的速度穩定運行;從1.9 s後切入一個很小的速度狀態運行(大約1.8°/s),然後當進入精位置控制域内切換到精控制器模式,具有非綫性控制特性的切換控制過程表現得十分明顯,而且能獲得良好的控制效果。

9.7　閉環數字控制系統的性能測試

閉環數字系統在調試完畢後,需要對系統指標進行逐項綜合檢測。檢測方法主要基於國、軍標或者行業標準進行。這裏簡單介紹一下有關控制系統的主要指標的檢測方法和過程。

9.7.1　角位置定位精度檢測

1. 檢測儀器

檢測儀器包括光管、17面稜體。

2. 檢驗方法

角位置定位精度包含兩部分内容:其一是測角精度,另一部分則是控制精度。為了方便起見,這裏直接在控制系統閉環方式下進行檢測,得到的精度即為包含以上兩部分誤差在内的定位精度。

試驗前將17面體裝在被測軸旋轉中心,光管安置於穩定地基上,使光管光軸垂直於稜體,啟動轉臺測角系統,使其工作正常。通過上位計算機操作界面的"自動定位"功能控制被測軸按照如下表中的位置給定順序運轉,並讀取每個點下的光管讀數,記入表9.2中。測量過程重復進行三次。

表9.2　角位置定位精度測試數據記錄

點數	標準讀數	光管讀數 θ_i	誤差 u	點數	標準讀數	光管讀數 θ_i	誤差 u
0	000.000 0			10	211.764 7		
1	021.176 5			11	232.941 2		
2	042.352 9			12	254.117 6		

續表 9.2

點數	標準讀數	光管讀數 θ_i	誤差 u	點數	標準讀數	光管讀數 θ_i	誤差 u
3	063.529 4			13	275.294 1		
4	084.705 9			14	296.470 6		
5	105.882 4			15	317.647 1		
6	127.058 8			16	338.823 5		
7	148.235 3			17	000.000 0		
8	169.411 8			歸零			
9	190.588 2						

3. 數據處理

角位置測量精度取每次測量 u_i 中正最大值和負最大值之差並進行平均,得到的值即為角位置定位精度。

9.7.2　角位置定位重復性檢測

1. 檢測方法

采用 17 面稜體,從被測軸任意角位置 θ_1 開始,使稜體 1 面對準光管,記下光管讀數 $a_{1,1}$,以角位置測量系統數字顯示為準,依次使被測軸轉動稜體規定的角度,記下光管相應讀數 $a_{1,i}$。以 θ_1 開始,反向轉動被測軸,重復上述試驗。記下光管相應讀數 $a_{2,i}$。將所測數據記錄在表 9.3 中。

表 9.3　角位置定位重復性測試記錄

點數	標準讀數	光管讀數 $a_{1,i}$(正向)	光管讀數 $a_{2,i}$(反向)	誤差(正向)	誤差(反向)
0	000.000 0				
1	021.176 5				
2	042.352 9				
3	063.529 4				
4	084.705 9				
5	105.882 4				
6	127.058 8				
7	148.235 3				
8	169.411 8				
9	190.588 2				
10	211.764 7				
11	232.941 2				

續表 9.3

點數	標準讀數	光管讀數 $a_{1,i}$(正向)	光管讀數 $a_{2,i}$(反向)	誤差(正向)	誤差(反向)
12	254. 117 6				
13	275. 294 1				
14	296. 470 6				
15	317. 647 1				
16	338. 823 5				
17	000. 000 0				
歸零					

2. 數據處理

$$e_{1,i} = a_{1,i+1} - a_{1,i} \qquad e_{2,i} = a_{2,i+1} - a_{2,i}$$

式中　$e_{1,i}$—— 被測軸正轉時,相鄰測試點實測值之差;

　　　$e_{2,i}$—— 被測軸反轉時,相鄰測試點實測值之差。

$$\varepsilon_a = \pm \sqrt{\frac{1}{2N} \sum_{i=1}^{N} (e_{1,i} - e_{2,i})^2}, \quad N\text{— 測量點數。}$$

9.7.3　速率準確度及平穩性檢測

1. 實驗儀器

經過外基準標定過的轉臺測角數顯及轉臺時間基準。

2. 檢測方法

選擇幾個速率,按定時測角方法,讀取 10 個瞬時速率,每個選擇的速率下都正反轉各測量一次。

3. 數據處理(定時測角法)

(1) 速率準確度 $U_w = \frac{1}{\theta} | \bar{\theta} - \theta |$。

(2) 速率平穩性 $\sqrt{\frac{1}{9} \sum_{i=1}^{10} (\theta_i - \bar{\theta})^2}$。

9.7.4　速率分辨力檢測

1. 實驗方法

在 0.01 °/s 速率指令基礎上增加速率分辨力 0.000 1 °/s(0.000 1°/s 為用戶要求的速率分辨力) 作為速率指令值,用定時測角法(定時 100 s) 連續測量三次,得出 $\theta'_1, \theta'_2, \theta'_3$。

2. 數據處理

速率分辨力定義為

$$R_\omega = | \omega' - \omega |, \omega' = \frac{\overline{\theta'}}{100}, \omega = \frac{\overline{\theta}}{100}$$

式中　ω —— 給定速率下,被測軸的平均速率;

　　　ω'—— 給定速率增加速率分辨力 0.000 1 °/s 增量後被測軸的平均速率。

3. 結果評定

當 R_w > 0.000 1 °/s 的 50%,即大於 0.000 05 °/s,即為合格。

參考文獻

[1] 劉植楨. 計算機控制[M]. 北京:清華大學出版社,1981.

[2] 顧興源. 計算機控制系統[M]. 北京:冶金工業出版社,1981.

[3] 王茂. 測試轉臺全數字化控制系統設計[J]. 中國慣性技術學報,1999,7(1):52-56.

[4] 張載鴻. 微型機(PC 系列) 接口控制教程[M]. 北京:清華大學出版社,1994.

[5] 王士元. IBM PC/XT(長城 0520) 接口技術及其應用[M]. 天津:南開大學出版社,1990.

[6] 何立民. MCS-51 系列單片機應用系統設計[M]. 北京:北京航空航天大學出版社,1990.

[7] 張友德. 飛利浦80C51 系列單片機原理與應用技術手冊[M]. 北京:北京航空航天大學出版社,1992.

[8] 李華. MCS-51 系列單片機實用接口技術[M]. 北京:北京航空航天大學出版社,1993.

[9] 孫涵芳. Intel 16 位單片機[M]. 北京:北京航空航天大學出版社,1989.

[10] 徐愛卿. Intel 16 位單片機(修訂版)[M]. 北京:北京航空航天大學出版社,2002.

[11] 復旦大學計算機科學係. 十六位單片機8096 的原理和設計方法[M]. 重慶:科學技術文獻出版社重慶分社,1988.

[12] 江思敏. TMS320LF240X DSP 硬件開發教程[M]. 北京:機械工業出版社,2003.

[13] 徐科軍. TMS320LF/LC24 系列 DSP 的 CPU 與外設[M]. 北京:清華大學出版社,2004.

[14] 徐科軍. TMS320X281X DSP 原理與應用[M]. 北京:北京航空航天大學出版社,2006.

[15] 《中國集成電路大全》編寫委員會. 中國集成電路大全 —TTL 集成電路[M]. 北京:國防工業出版社,1985.

[16] 竇振中. 單片機外圍器件手冊 — 存儲器分冊[M]. 北京:科學出版社,1989.

[17] 金革. 可編程邏輯陣列 FPGA 和 EPLD[M]. 合肥:中國科學技術大學出版社,1996.

[18] 朱明程. 現場可編程門陣列器件 FPGA 原理及應用設計[M]. 北京:電子工業出版社,1994.

[19] 王茂. 單片機系統的加密技術[J]. 工業控制計算機,1997(5): 31-32.

[20] 雷霖. 現場總綫控制網絡技術[M]. 北京:電子工業出版社,2004.

[21] 饒運濤. 現場總綫 CAN 原理與應用技術[M]. 北京:北京航空航天大學出版社,2003.

[22] 鄔寬明. CAN 總綫原理與應用系統設計[M]. 北京:北京航空航天大學出版社,1996.

[23] 徐麗娜. 數字控制[M]. 哈爾濱:哈爾濱工業大學出版社,1991.

[24] K. J 奧斯特隆姆. 計算機控制系統 — 理論與設計[M]. 北京:科學出版社,1987.

[25] 劉明俊. 數字控制系統原理 — 分析與設計[M]. 長沙:國防科技大學出版社,1990.

[26] 王茂. 雙軸速率位置臺全數字化控制系統實現[J]. 中國慣性技術學報, 1997, 3(5): 39-43.

[27] PAUL K. Digital Control Using Microprocessor[M]. London: Prentice-Hall International Inc. 1981.

[28] 王茂. 寬頻帶系統數字控制的雙單片機並行實現[J]. 微處理機,1997,6: 53-55.

[29] BAKER A,LOZANO J. Windows 2000 設備驅動程序設計指南[M]. 施諾,等譯. 北京:機

械工業出版社,2001.

[30] CHRIS C. Windows WDM 設備驅動程序開發指南[M]. 孫義,等譯. 北京:機械工業出版社,2000.

[31] 武安河. Windows 2000/XP WDM 設備驅動程序開發[M]. 2 版. 北京:電子工業出版社,2005.

[32] 李友善. 自動控制原理 [M]. 3 版. 北京:國防工業出版社,2005.

[33] 吳本炎. 電子電路的電磁兼容性[M]. 北京:人民郵電出版社,1982.

[34] 諸邦田. 電子綫路抗干擾技術手冊[M]. 北京:北京科學技術出版社,1982.

[35] 山崎弘郎. 電子電路的抗干擾技術[M]. 北京:科學出版社, 1989.

[36] 王茂. 測試轉臺測控系統電磁兼容性設計[J]. 中國慣性技術學報,1999,9(6):54-58.

[37] 戴維德·斯圖特. 運算放大器電路設計手冊[M]. 北京:人民郵電出版社,1983.

[38]《中國集成電路大全》編寫委員會. 集成運算放大器[M]. 北京:國防工業出版社,1985.

[39] 趙保經. 簡明集成運算放大器應用手冊[M]. 北京:科學出版社,1989.

[40] 施良駒. 集成電路應用集錦[M]. 北京:電子工業出版社,1988.

[41] D.E 約翰遜. 有源濾波器的快速實用設計[M]. 北京:人民郵電出版社,1980.

[42] 曾慶雙. 基於軸角變換器的一種高精度動態測角系統[J]. 中國慣性技術學報,2002,10(5):60-64.

[43] 李謀. 位置檢測及數顯技術[M]. 北京:機械工業出版社, 1988.

[44] 陸永平. 感應同步器及其系統[M]. 北京:國防工業出版社, 1985.

[45] 王茂. 三軸測試臺測角系統粗、精耦合的計算機處理[J]. 中國慣性技術學報,1995,3(1):59-62.

[46] 金海亮. 帶自補償功能的測角系統的研究[D]. 哈爾濱:哈爾濱工業大學碩士學位論文,2009.

[47] 王茂. 高精度角位置測量系統誤差補償參數調試方法[J]. 儀器儀表學報,2000,21(4):395-398.

[48] 王茂. 高精度角位置測量系統動態誤差自動補償[J]. 哈爾濱工業大學學報,2001,33(5):628-631.

[49] 張嵩. 雙軸伺服轉臺控制系統設計與實現[D]. 哈爾濱:哈爾濱工業大學碩士學位論文,2009.

國家圖書館出版品預行編目(CIP)資料

現代數位控制實踐 / 王茂，申立群編著. -- 初版.
-- 臺北市 : 崧燁文化，2018.04

　　面 ;　　公分

ISBN 978-957-9339-93-3(平裝)

1.自動控制

448.9　　　　107006820

作者：王茂、申立群 編著

發行人：黃振庭

出版者 ：崧燁出版事業有限公司

發行者 ：崧燁文化事業有限公司

E-mail：sonbookservice@gmail.com

粉絲頁　　　　　　　　網址:http://sonbook.net

地址：台北市中正區重慶南路一段六十一號八樓 815 室

8F.-815, No.61, Sec. 1, Chongqing S. Rd., Zhongzheng

Dist., Taipei City 100, Taiwan (R.O.C.)

電　話：(02)2370-3310 傳　真：(02) 2370-3210

總經銷：紅螞蟻圖書有限公司

地址：台北市內湖區舊宗路二段 121 巷 19 號

電話:02-2795-3656　　傳真:02-2795-4100　網址：

印　刷 ：京峯彩色印刷有限公司（京峰數位）

定價：350 元

發行日期：2018 年 4 月第一版